SOIL
ENVIRONMENTAL
MONITORING

土壤环境监测
前沿分析测试方法研究

中国环境监测总站　编著

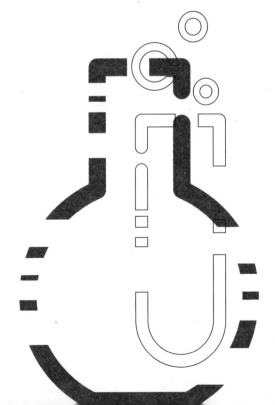

中国环境出版集团·北京

图书在版编目 (CIP) 数据

土壤环境监测前沿分析测试方法研究 / 中国环境监测总站编著.
—北京：中国环境出版集团，2018.12
ISBN 978-7-5111-3876-7

Ⅰ.①土… Ⅱ.①中… Ⅲ.①土壤环境—土壤监测—研究
Ⅳ.① X833

中国版本图书馆 CIP 数据核字（2018）第 296834 号

出 版 人　武德凯
责任编辑　赵惠芬
责任校对　任　丽
封面设计　彭　杉

出版发行　**中国环境出版集团**
　　　　　（100062　北京市东城区广渠门内大街 16 号）
　　　　　网　　　址：http://www.cesp.com.cn
　　　　　电子邮箱：bjg1@cesp.com.cn
　　　　　联系电话：010-67112765（编辑管理部）
　　　　　　　　　　010-67112736（第五分社）
　　　　　发行热线：010-67125803，010-67113405（传真）
印　　刷　北京中科印刷有限公司
经　　销　各地新华书店
版　　次　2018 年 12 月第 1 版
印　　次　2018 年 12 月第 1 次印刷
开　　本　787×960　1/16
印　　张　22.75
字　　数　314 千字
定　　价　98.00 元

中国环境出版集团郑重承诺：

中国环境出版集团合作的印刷单位、材料单位均具有中国环境标志产品认证；
中国环境出版集团所有图书"禁塑"。

编委会成员

参加编写人员

第一篇　土壤有机物前沿分析测试方法研究

负 责 人： 姜晓旭　田志仁　夏　新

《土壤和沉积物　氯苯类化合物的测定　气相色谱法》
编写人员

主要编写人员： 贺小敏

参与编写人员： 吴　昊　刘　彬　吕国安　李爱民　姜晓旭　田志仁

审　　　核： 王艳丽　王效国　孙　静　沈冬君

《土壤和沉积物　硝基苯类化合物的测定　气相色谱－质谱法》
编写人员

主要编写人员： 吴宇峰　王艳丽

参与编写人员： 李利荣　张肇元　王效国　姜晓旭　田志仁　夏　新

审　　　核： 孙　静　沈冬君　丁紫荣　刘　旺

《土壤和沉积物　甲基叔丁基醚的测定　吹扫捕集 / 气相色谱 - 质谱法》
编写人员

主要编写人员: 朱明吉

参与编写人员: 孙　静　郭志顺　寨　川　张　芹　郑　璇　邹家素
　　　　　　　　沈冬君　夏　新

审　　　核: 姜晓旭　田志仁　王艳丽　王效国　刘　旺　丁紫荣

《土壤和沉积物　地恩梯、梯恩梯、黑索金的测定　气相色谱法》
编写人员

主要编写人员: 张　芹

参与编写人员: 郭志顺　万　伟　寨　川　朱明吉　郑　璇　邹家素
　　　　　　　　田志仁　夏　新

审　　　核: 姜晓旭　刘　旺　丁紫荣　王艳丽　王效国

第二篇　土壤无机元素前沿分析测试方法研究

负 责 人: 杨　楠　封　雪　于　勇

《土壤和沉积物　汞、砷、硒、锑、铋的测定　水浴 / 原子荧光分光光度法》
编写人员

负 责 人: 林海兰

编写人员: 朱日龙　成永霞　于　磊　朱瑞瑞　刘　沛　杨　楠

审　　　核: 贺小敏　范俊楠　刘　彬　杜治舜

《土壤和沉积物　4种形态砷的测定　液相色谱－原子荧光法》
编写人员

负 责 人： 贺小敏

编写人员： 田文娟　李永蓉　杜维　杨楠　封雪　于勇

审　　核： 林海兰　朱瑞瑞　刘沛

《土壤和沉积物　4种形态硒的测定　液相色谱－原子荧光法》
编写人员

负 责 人： 贺小敏

编写人员： 范俊楠　施敏芳　张胜花　封雪　李宗超

审　　核： 杨楠　刘沛　朱瑞瑞　林海兰

《土壤　锰的测定　火焰原子吸收分光光度法》
编写人员

负 责 人： 朱瑞瑞

编写人员： 朱日龙　于磊　林海兰　刘沛　封雪　于勇

审　　核： 贺小敏　范俊楠　刘彬

前　言

　　加强土壤环境保护是推进生态文明建设和维护国家生态安全的重要内容，2016 年国务院印发的《土壤污染防治行动计划》中明确要求，建设国家土壤环境质量监测网络，提出完成土壤环境监测等技术规范制修订和形成土壤环境监测能力等工作任务。

　　环境监测分析方法是开展环境监测的技术基础，其科学性和可行性及其执行都是关乎监测数据准确可靠的重要因素。为更好地推动土壤环境监测前沿分析测试方法研究，支撑土壤环境监测分析新方法制修订工作，基本摸清几类分析测试方法开发的可行性和适用性，中国环境监测总站组织湖北省环境监测中心站、湖南省环境监测中心站、重庆市生态环境监测中心、天津市生态环境监测中心、生态环境部华南环境科学研究所、湖南大学共 6 家研究机构开展土壤环境监测前沿分析测试方法研究。

　　本书由"土壤有机物前沿分析测试方法研究"和"土壤元素前沿分析测试方法研究"两部分组成，其中"土壤有机物前沿分析测试方法研究"包括"土壤和沉积物　氯苯类化合物的测定　气相色谱法""土壤和沉积物　硝基苯类化合物的测定　气相色谱 - 质谱法""土壤和沉积物　甲基叔丁基醚的测定　吹扫捕集 / 气相色谱 - 质谱法""土壤和沉积物　地恩梯、梯恩梯、黑索金的测定 气相色谱法"四部分组成，"土壤无机元素前沿分析测试分析方法研究"包括"土壤和沉积物 汞、砷、硒、锑、铋的测定 水浴／原子荧光分光光度法""土壤和沉积物 4种形态砷的测定 液相色谱‐原子荧光法""土壤和沉积物 4种形态硒的测定 液相色谱‐原子荧光法"和"土壤 锰的测定 火焰原子吸收分光光度法"四部分，对八类技术条件成熟但尚未建立方法标准的分析测试技术进行了方法开发研究。

本书可供土壤监测人员和分析测试方法开发人员在监测工作过程中参照使用，也可供其他土壤环境监测技术人员参考。

由于时间匆忙和时间有限，书中疏漏和不当之处在所难免，恳请广大读者批评指正。

编　者

2018年11月11日

目　录

第一篇　土壤有机物前沿分析测试方法研究　/1

土壤和沉积物　氯苯类化合物的测定　气相色谱法　/　3

土壤和沉积物　硝基苯类化合物的测定

气相色谱 - 质谱法　/　58

土壤和沉积物　甲基叔丁基醚的测定　吹扫捕集 /

气相色谱 - 质谱法　/　141

土壤和沉积物　梯恩梯、地恩梯、黑索金的测定　气相色谱法　/　171

第二篇　土壤无机元素前沿分析测试方法研究　/199

土壤和沉积物　汞、砷、硒、锑、铋的测定　水浴 /

原子荧光分光光度法　/　201

土壤和沉积物　4 种形态砷的测定　液相色谱 - 原子荧光法　/　234

土壤和沉积物　4 种形态硒的测定　液相色谱 - 原子荧光法　/　272

土壤　锰的测定　火焰原子吸收分光光度法　/　323

第一篇

1

土壤有机物前沿
分析测试方法研究

土壤和沉积物
氯苯类化合物的测定　气相色谱法

1　方法研究的必要性分析

1.1　氯苯类农药的理化性质和环境危害

1.1.1　氯苯类化合物的基本理化性质

氯苯类化合物多属于持久性有机污染物，普遍存在于大气、水体、沉积物和土壤环境中，是一类化学性质稳定的人工合成有机污染物，其难溶或不溶于水，可溶于苯、醇和醚等有机溶剂，被认为具有潜在的毒性，具有"三致"作用。

氯苯类化合物包含的种类繁多，主要包括：邻-二氯苯、对-二氯苯、间-二氯苯、三氯苯、氯甲苯、二氯甲苯和三氯甲苯等。常见的 11 种氯苯类化合物理化性质见表 1-1-1。

1.1.2　氯苯类化合物的环境危害

农药、染料、医药、塑料及日用化工产品的生产产业是氯苯类化合物的主要来源，如：在染料和医药工业中用于制造苯酚、硝基氯苯、苯胺和硝基酚等有机中间体，橡胶工业用于制造橡胶助剂，农药工业用于制造滴滴涕，涂料工业用于制造油漆，轻工工业用于制造干洗剂和快干油墨，化工生产中用作溶剂和传热介质，分析化学中用作化学试剂。其可通过各种途径进入土壤和水环境中，最终通过食物链进入人体富集，对人体器官产

表 1-1-1　常见氯苯类化合物理化性质一览表

序号	中文名称	英文名称	CAS 号	结构式	理化性质
1	1,2-二氯苯	1,2-dichlorbenzene	95-50-1	（苯环邻位二氯结构式）	无色易挥发液体，有芳香味；辛醇/水分配系数的对数值：3.56；溶解性：不溶于水，溶于醇、醚等多数有机溶剂在水溶和光照作用下，放出微量腐蚀性强的氯化氢；对橡胶的腐蚀性强
2	1,3-二氯苯	1,3-dichlorbenzene	541-73-1	（苯环间位二氯结构式）	无色液体，有刺激性气味；熔点，−24.8℃；沸点，173℃；密度（水=1），1.29；溶于乙醇、乙醚，易溶于丙酮；能进行氯化、硝化、磺化和水解反应，遇铝反应剧烈，用于有机合成
3	1,4-二氯苯	nitro-p-dichlorobenzene	89-61-2	（苯环对位二氯结构式）	白色结晶，有樟脑气味；熔点，53.1℃；沸点，174℃；密度（水=1），1.46；不溶于水，溶于乙醇、乙醚和苯
4	1,2,4-三氯苯	1,2,4-trichlorobenzene	120-82-1	（苯环1,2,4三氯结构式）	无色液体，熔点，17℃；沸点，213.5℃；相对密度（水=1），1.45；不溶于水，微溶于醇，可混溶于乙醚、苯、石油醚，二硫化碳及多数有机溶剂；干燥纯净的1,2,4-三氯苯对金属无腐蚀性；干氯和水作用下，放出微量腐蚀性强的氯化氢；在热和水解作用下，水解生成2,5-二氯苯酚硝化生成2,4,5-三氯硝基苯

序号	中文名称	英文名称	CAS 号	结构式	理化性质
5	1,2,3- 三氯苯	1,2,3-Trichlorobenzene	87-61-6		无色液体或板状结晶；相对密度（固体）：1.69；相对密度（g/ml，1004℃）：1.381，熔点，53.5℃；沸点（常压），218.5℃；不溶于水，微溶于乙醇，易溶于乙醚，苯，石油醚，二硫化碳，氯化烃等溶剂；受热或燃烧时分解，生成含氯、氯化氢和一氧化碳的有毒和腐蚀性烟雾；与强氧化剂发生反应
6	1,3,5- 三氯苯	1,3,5-trichlorobenzene	108-70-3		长针状结晶；熔点，63.5℃；闪点，126℃；沸点，208.5℃；有特殊气味；不溶于水，微溶于乙醇，易溶于乙醚；在空气中受热分解释出剧毒的光气和氯化氢气体
7	1,2,3,4- 四氯苯	1,2,3,4-tetrachlorobenzene	634-66-2		白色结晶；熔点，46.6℃；沸点，254.9℃；不溶于水，微溶于乙醇，易溶于乙醚；密度是水的1.7倍；化学性质较为稳定
8	1,2,3,5- 四氯苯	1,2,3,5-tetrachlorobenzene	634-90-2		无色结晶；熔点，51℃；沸点，246℃；不溶于水，溶于苯、二硫化碳；化学性质稳定

序号	中文名称	英文名称	CAS 号	结构式	理化性质
9	1,2,4,5-四氯苯	1,2,4,5-tetrachlorobenzene	95-94-3		无色；可升华的针状晶体；密度，1.454g/cm³（150℃）；熔点，138℃；沸点，245℃；不溶于水、溶于许多有机溶剂
10	五氯苯	Pentachlorobenzene	608-93-5		无色针状晶体；密度，1.625g/cm³（85℃），1.609g/cm³（100℃），熔点，276℃，沸点，85℃；不溶于水，溶于苯、氯仿、乙醚，常温常压下，或不分解产物
11	六氯苯	Hexachlorobenzene	118-74-1		常温下为无色晶状固体；熔点，230℃；沸点，23～326℃；难溶于水，微溶于乙醇，溶于热的苯、氯仿、乙醚；密度是水的2.44倍；化学性质比较稳定，不怕酸，但在高温下，在碱性溶液中能分解生成五氯酚钠盐；受高热分解产生有毒的腐蚀性烟气

生不同程度的伤害。

摄入高剂量的氯苯会对呼吸道和肺部细胞有明显的刺激现象。有报道指出，因职业需要接触氯苯的女性，发生慢性呼吸道疾病，如支气管炎和哮喘等的概率增大。此外还会伴有免疫系统失调、扰乱白细胞的吞噬行为、皮肤感染、皮炎。在工作环境中长期吸入氯苯蒸气以后，可以观察到支气管中上皮细胞产生坏死斑及产生上呼吸道黏液膜疼痛。呼吸系统的轻度中毒通常表现为咽喉充血、鼻咽管分泌物明显增多以及咽部腺体肿大，重度中毒则表现为肺泡细胞损伤和气管灼痛感。

在污染的土壤、废水、湖水、污泥、饮用水、蔬菜、沉积物、鱼类，甚至在人类的脂肪组织和乳液中，都已检出氯苯类化合物。氯苯类化合物中的一氯苯、间 - 二氯苯、对 - 二氯苯、1,2,4- 三氯苯和六氯苯都是毒性很高的化合物，被美国国家环境保护局列为优先控制污染物。

现代工业进程的发展导致了氯苯类化合物的增多，对环境带来了较大的压力。因此，对于环境中氯苯类化合物的准确测定显得日益重要。胡枭、胡永梅等在《土壤中氯苯类化合物的迁移行为》中，利用自行研制的土壤污染实时模拟系统，对进入土壤中的氯苯类化合物的迁移行为进行模拟研究，测定目标化合物的挥发量、渗滤量及在土壤中的残留分布，探讨氯苯类化合物在土壤中的迁移行为。土壤装填在一个内径 100 mm、外径 150 mm、高度为 370 mm 的玻璃柱中，上方有布水板，下部有渗滤液取样口，侧面有空气出入口。恒温循环水在土壤柱的加套中流动，以保证设定的土壤温度。在土壤柱中，实验土壤的高度约为 200 mm。实验 15 d 后，从氯苯类化合物在土壤、气和渗滤液中的分布可以看出，土壤相中的各氯苯类化合物的百分含量均大于 96%，说明施入土壤中的氯苯类化合物主要滞留在土壤相中。 氯苯类化合物在不同层深的浓度分布趋势有一致性，说明氯苯挥发和渗滤的阻力主要来自土壤的吸附。在不断的淋洗作用下，氯苯处于吸附和解吸的动态过程中不断下移，各氯苯类化合物在土壤层中向下迁移的实验证据表明：进入土壤中的氯苯类化合物由于降水的淋洗可能对地下水造成污染。

1.2 相关环保方法和环保工作的需要

1.2.1 质量、排放及控制标准对氯苯类化合物的监测要求

1996 年，美国国家环境保护局颁布的《土壤筛选导则》中规定了基于地下水保护的土壤筛选限值，1,2- 二氯苯为 0.36 mg/kg、1,4- 二氯苯为 0.000 41 mg/kg、1,2,3- 三氯苯为 0.087 mg/kg、1,2,4- 三氯苯为 0.006 8 mg/kg、1,2,4,5- 四氯苯为 0.051 mg/kg、五氯苯为 0.22 mg/kg、六氯苯为 0.000 53 mg/kg。美国国家环境保护局 2004 年制定的《饮用水水质标准》中规定饮用水中邻 - 二氯苯低于 0.6 mg/L、对 - 二氯苯低于 0.075 mg/L、六氯苯低于 0.001 mg/L、1,2,4- 三氯苯低于 0.07 mg/L。世界卫生组织（WHO）制定的《饮用水水质标准》中，规定饮用水中氯苯浓度应低于 0.3 mg/L、1,2- 二氯苯低于 1 mg/L、1,4- 二氯苯低于 0.3 mg/L、三氯苯（总）低于 0.02 mg/L。我国 2007 年 7 月 1 日开始实施的《生活饮用水卫生标准》（GB 5749—2006）已将氯苯类化合物列为检测项目，其中六氯苯为 0.001 mg/L、1,2- 二氯苯为 1 mg/L、1,4- 二氯苯为 0.3 mg/L、三氯苯（总量）为 0.02 mg/L、氯苯为 0.3 mg/L。

《土壤环境质量 建设用地土壤污染风险管控标准（试行）》（GB 36600—2018）规定了第一类用地和第二类用地中氯苯、1,2- 二氯苯和 1,4- 二氯苯的风险筛选值（5.6 ～ 560 mg/kg）和管制值（56 ～ 1 000 mg/kg）。因此，建立高效、准确的土壤和沉积物中氯苯类化合物的分析方法，是开展环境质量评价和土壤环境管理工作的前提条件。

1.2.2 环境保护重点工作涉及的氯苯类化合物监测要求

我国规定了饮用水中氯苯类化合物的最高残留限量为 1 mg/kg，且有配套的《水质 有机氯农药和氯苯类化合物的测定 气相色谱 - 质谱法》（HJ 699—2014）。目前，我国缺乏完整、系统的大气中氯苯类化合物检测的标准分析方法，也缺乏成熟、可靠的土壤和沉积物中氯苯类化合物检测的标准分析方法，国内对土壤和沉积物中氯苯类化合物残留量的分析研究的报道为数不多。已有的文献报道表明，部分农田土壤和水体沉积物中有氯苯类化合物检出。目前，我国亟须建立土壤、沉积物等环境介质中氯苯类化合物检测的标准分析方法。方法的建立有利于规范氯苯类化合物的使用、监管控制土壤和沉积物中氯苯类化合物的污染；利于完善土壤环境质量标准体系，对于贯彻《中华人民共和国环境保护法》、保护生态环境、保障社会和经济发展、维护人体健康，有着重要的作用和实际应用价值。

2 国内外相关分析方法研究

2.1 主要国家、地区及国际组织相关分析方法研究

有关土壤和沉积物中氯苯类化合物的分析方法主要包括美国国家环境保护局 US EPA Method 524.2、欧盟环境标准 EN ISO 6468—1996 及国内外文献中报道的相关分析方法，下面分别进行介绍和评述。

2.1.1 美国国家环境保护局 US EPA EN–CAS Method 524.2 方法

1995 年，美国环保局环境化学实验室（United States, Environmental Protection Agency, Environmental Chemistry Laboratory）发布 US EPA EN-CAS Method 524.2 方法，适用于挥发性强、低水溶性的有机化合物。依据目标化合物的不同，方法检出限 0.02 ～ 1.6 μg/L。

其方法概要为：利用有机溶剂将挥发性有机化合物及其水溶性低的

衍生物，通过惰性气体鼓泡的方式从样品基质中萃取，利用含有适当吸附剂材料的净化管对萃取液进行净化除水，净化完成后，将净化管加热，使用氦解吸目标化合物，并定容。利用气相色谱仪的程序升温，以便于分离的方法分析物，然后于 MS 检测。测定标准曲线，获得目标化合物的参考光谱和保留时间。通过比较目标化合物保留时间定性，通过内标法定量，并加入替代物来确定实验的准确性。

2.1.2　欧盟 EN ISO 6468—1996

1996 年 12 月，欧盟标准法规学通过了《水质 有机氯杀虫剂，多氯联苯和氯苯测定　液 - 液萃取后气相色谱法》（EN ISO 6468—1996），根据所要检测的化合物的类型和水源情况，方法的检出限适用于有机物含量低的水域。该方法也适用于含有高达 0.05 g/L 目标化合物的悬浮固体样品，在有机物、悬浮物和胶体的存在下，干扰较多，检出限较高。

该方法利用有机溶剂对水质中的目标化合物进行萃取，萃取后除去萃取液中的水，对除水后的萃取液进行净化浓缩。通过比较目标化合物保留时间定性，通过外标法定量。

2.1.3　国外文献中报道的相关分析方法

Tor Ali 在 其 研 究 *Determination of chlorobenzenes in water by drop-based liquid-phase microextraction and gas chromatography-electron capture detection* 中建立了基于液相微萃取 - 电子捕获检测器气相色谱法测定水中氯苯类化合物的分析方法，可以测定 5 ml 水中氯苯、1,2- 二氯苯、1,3- 二氯苯、1,4- 二氯苯和 1,2,3- 三氯苯。最低检测限为 0.004 ～ 0.008 μg/L，依据 3 种不同加标水平的水样，氯苯类化合物的回收率是 90% ～ 94%，相对标准偏差低于 6%。

Khajeh Mostafa 等用顶空溶剂微萃取（HSME）- 电子捕获检测器气相

色谱法（ECD）分析水样中痕量氯苯类化合物（氯苯、1,2- 二氯苯、1,3-二氯苯、1,4- 二氯苯、1,2,3- 三氯苯和 1,2,4- 三氯苯），最低检测限为 0.1 ～ 3.0 μg/L，在 5 μg/L 的水平时相对标准偏差应小于 10%，该方法适合于不同水样中氯苯类化合物的测定。

Podil Rosario 等建立了搅拌吸附萃取与加压亚临界水萃取法结合（PSWE-SBSE）分析土壤中氯苯类化合物的方法。PSWE-SBSE 方法作为测定土壤中氯苯类化合物的参考方法，是一种常规的加压液体萃取方法。在最优化条件下，测定的精密度、准确度和检测限都令人满意。土壤样品的检测限 0.002 ～ 4.7 ng/g，加标浓度在 25 ～ 155 ng/g 时回收率最高达 85.2%。该方法的优势是不用清洁和浓缩样品，同时减少了有机溶剂的使用量，被用于测定德国比特菲尔德地区被污染的土壤。

2.2 国内相关分析方法研究

2.2.1 国内相关标准分析方法

目前，我国涉及氯苯类化合物的测试标准主要集中在对空气、食品和饮用水中氯苯类化合物的测定（见表 1-1-2）。

《水质 氯苯类化合物的测定 气相色谱法》（HJ 621—2011）中首先用二硫化碳萃取水样中氯苯类化合物，提取液经液液萃取（二硫化碳）、无水硫酸钠脱水、浓缩、净化、定容后，使用气相色谱仪（ECD 检测器）进行分析测定，以外标法定量。

《大气固定污染源 氯苯类化合物的测定 气相色谱法》（HJ/T 66—2001）中首先将用二硫化碳对采样吸附管进行解吸，解吸液经无水硫酸钠脱水后，使用微量进样器进样 1μl，使用气相色谱法测定、标准曲线法定量。

表 1-1-2 国内氯苯类化合物检测的相关标准分析方法

序号	方法名称	介质	提取	净化	仪器	检出限
1	水质　氯苯类化合物的测定　气相色谱法（HJ 621—2011）	水体	二硫化碳	—	GC-ECD	0.01 μg/L
2	大气固定污染源　氯苯类化合物的测定　气相色谱法（HJ/T 66—2001）	气体	二硫化碳	—	GC/FID	0.20 mg/m³
3	水质　有机氯农药和氯苯类化合物的测定　气相色谱 - 质谱法（HJ 699—2014）	水体	正己烷	硅酸镁柱	GC/MS	液液萃取：0.038 μg/L 固相萃取：0.021 μg/L
4	固定污染源排气中氯苯类的测定　气相色谱法（HJ/T 39—1999）	气体	乙醇	—	GC/FID	0.02 mg/m³
5	水源水中氯苯系化合物卫生检验标准方法　气相色谱法（GB/T 11938—89）	水体	石油醚	浓硫酸	GC-ECD	0.02 μg/L
6	室内空气中对二氯苯卫生标准（GB 18468—2001）	气体	二硫化碳	—	GC-ECD	0.01 μg/L
7	染料产品中多氯苯的测定（GB/T 24164—2009）	染料	正己烷	—	GC/MS 或 GC-ECD	GC/MS：0.1 mg/kg GC-ECD：0.01 mg/kg

　　《水质　有机氯农药和氯苯类化合物的测定　气相色谱 - 质谱法》（HJ 699—2014）的原理为：试样采用液液萃取或固相萃取方法，萃取样品中有机氯农药和氯苯类化合物，萃取液经脱水、浓缩、净化、定容后经气相色谱 - 质谱仪分离检测；根据保留时间、碎片离子质核比及不同的离子丰度比定性，以内标法定量。

　　《固定污染源排气中氯苯类的测定　气相色谱法》（HJ/T 39—1999）的原理为：氯苯类化合物经疏水性富集剂捕集后，用溶剂洗脱；取洗脱液进行气相色谱分析；以氢火焰离子化检测器进行检测；以色谱柱保留时间定性、色谱柱峰高（或峰面积）定量。

《水源水中氯苯系化合物卫生检验标准方法　气相色谱法》（GB/T 11938—1989）的原理为：用石油醚提取水中氯苯系化合物，经净化后，用气相色谱（电子捕获检测器）法分离、测定；根据保留时间定性，以外标法定量。

《室内空气中对 - 二氯苯卫生标准》（GB 18468—2001）的原理为：用活性炭管采集空气中对 - 二氯苯，用二硫化碳解吸进样，经 FFAP 毛细柱分离后，用氢火焰离子化检测器监测；根据保留时间定性、峰面积定量。

《染料产品中多氯苯的测定》（GB/T 24164—2009）的原理为：用正己烷在超声波浴中萃取试样中的多氯苯，而后用气相色谱 - 质谱法或气相色谱 - 电子捕获检测器法对萃取物进行测定，以外标法定量。

2.2.2　国内文献报道分析方法

除了氯苯类化合物的标准分析方法外，文献中也有一些氯苯类化合物测定的报道；样品类型包括水、土壤、气体、食品和植物等，检测所用仪器既有气相色谱法，也有液相色谱法等。气相涉及的检测器有 ECD、FID、NPD 和质谱等，液相涉及的检测器有荧光检测器和质谱等。氯苯类化合物提取过程中常用的提取剂有丙酮、正己烷、石油醚、甲苯、乙腈、二硫化碳、二氯甲烷和乙酸乙酯等；固体样品提取方式主要是振荡或涡旋；净化方法有液液分配法、硅酸镁柱法和分散固相萃取法等。表 1-1-3 归纳的是部分有代表性的报道。

3　方法研究报告

3.1　研究目标

本方法规定了土壤和沉积物中氯苯类化合物的监测分析方法，包括适用范围、方法原理、干扰和消除、实验材料和试剂、仪器和设备、样品采

表1-1-3 国内文献报道氯苯类化合物检测的相关分析方法

序号	介质	目标物	提取	净化	仪器	色谱柱	检出限	参考文献
1	地表水	1,2,3,5-四氯苯	液液萃取：取100～500 ml水样，加入适量环己烷和乙酸乙酯，振荡静置分离收集有机相，经脱水浓缩后定容1 ml供GC-ECD分析；固相萃取：先后用5 ml正己烷、5 ml甲醇、10 ml超纯水活化硅酸镁萃取小柱，上样淋洗吹干，用10 ml正己烷和乙酸乙酯的混合液（9：1）进行洗脱，氮吹浓缩后定容至1 ml，供GC分析	—	GC-ECD	HP-1	LLE: 0.08 µg/L SPE: 0.10 µg/L	环境科学与技术,2013,36（1）：84-88
		1,2,3,4-四氯苯					LLE: 0.07 µg/L SPE: 0.12 µg/L	
		1,2,4,5-四氯苯					LLE: 0.07 µg/L SPE: 0.11 µg/L	
		2-硝基氯苯					LLE: 0.05 µg/L SPE: 0.13 µg/L	
		3-硝基氯苯					LLE: 0.08 µg/L SPE: 0.16 µg/L	
		4-硝基氯苯					LLE: 0.10 µg/L SPE: 0.12 µg/L	
		2,4-二硝基氯苯					LLE: 0.07 µg/L SPE: 0.11 µg/L	
2	水	1,2-二氯苯	量取1 500 ml水样置于2 500 ml具塞三角瓶内，加入20g氯化钠，使其溶解，再加入60 ml石油醚轻摇1 min并保持同隔放气。再将三角瓶电动振荡器上振荡30 min移入2 500 ml分液漏斗中，静置分层，转移萃取液至250 ml分液漏斗中带净化，最后用10ml石油醚洗涤，合并萃取液	在萃取液中加入5 ml浓硫酸，轻轻振摇，不断放气，静置分层，放出硫酸层，重复5～6次此操作，直至硫酸层变溶清为止	GC-ECD	DB-1	1.0 µg/L	黑龙江环境通报,2009,33（2）
		1,3-二氯苯					1.0 µg/L	
		1,3,5-三氯苯					0.1 µg/L	
		1,2,3-三氯苯					0.1 µg/L	
		1,2,4-三氯苯					0.1 µg/L	

序号	介质	目标物	提取	净化	仪器	色谱柱	检出限	参考文献
3	饮用水	1,4-二氯苯	取100 ml水样置于250 ml分液漏斗当中,加入2.5 g NaCl并完全溶解,在水样中加入10 ml石油醚萃取,充分振荡并放气,取下静置分层,放出水层,得到萃取液	在所得萃取液当中加入1 ml浓硫酸轻振,放气,静置,净化,萃取,反复萃取,直至硫酸层变澄清为止	GC-ECD	HP-5	0.000 5 L	仪器仪表与分析监测,2011 (2)
		1,2-二氯苯					0.000 5 L	
		1,3,5-三氯苯					0.000 5 L	
		1,2,4-三氯苯					0.000 5 L	
		1,2,3-三氯苯					0.000 5 L	
		1,2,4,5-四氯苯和1,2,3,5-四氯苯					0.000 5 L	
		1,2,3,4-四氯苯					0.001 L	
		六氯苯					0.000 1 L	
4	水样	1,2,3-三氯苯	在萃取瓶中加入一个搅拌子与15 ml标准溶液,将瓶置于水浴中待温度平衡10~20 min 将固相微萃取装置的不锈钢针管插入瓶中,退出萃取头,使其浸入到溶液中,并调整位置,开始进行直接微萃取	—	GC/MS	HP-5MS	0.042	黑龙江环境通报,2016,12,40 (4)
		1,2,4-三氯苯					0.019	
		1,3,5-三氯苯					0.014	
		1,2,3,4-四氯苯					0.012	
		1,2,3,5-四氯苯					0.011	
		1,2,4,5-四氯苯					0.001	
		六氯苯					0.054	
		对-硝基氯苯					0.015	
		邻-硝基氯苯					0.032	
		间-硝基氯苯					0.019	
		2,4-二硝基氯苯					0.030	

序号	介质	目标物	提取	净化	仪器	色谱柱	检出限	参考文献
5	草甸棕壤	1,2,4-三氯苯	称取土样 5.0 g 置于超声管中，加入无水硫酸钠并混匀，加入 15 ml 10% 的丙酮 - 正己烷混合液，加盖后干超声水浴提取 2 h	加入 10 ml 正己烷淋洗硅胶，加入浓缩提取液，用 5 ml 正己烷淋洗	GC-ECD	HP-5	—	辽宁城乡环境科技, 1997 (2)
6	空气	2- 氯苯 3- 氯苯 4- 氯苯 1,3- 三氯苯 1,4- 二氯苯 1,2- 二氯苯 1,3,5- 三氯苯 1,2,4- 三氯苯 1,2,3- 三氯苯 1,2,3,5- 四氯苯 1,2,4,5- 四氯苯 1,2,3,4- 四氯苯	在活性炭吸附剂采样管中，以 10 μl 微量进样器分别注入浓度为 1 000 μg/ml 的 13 种氯苯类标准溶液 10 μl，静置平衡 40 min，连接采样管模拟采样等 40 min，然后将活性炭等填充物全部移至 5 ml 带塞试管，并加入 1 ml 二硫化碳，甲醇，正己烷，苯、乙腈、丙酮等有机物来提取活性炭中的氯苯化合物	—	GC-MS	DB-35MS	—	环境科学与管理, 2017,42 (4)

序号	介质	目标物	提取	净化	仪器	色谱柱	检出限	参考文献
7	地表水	1,2-二氯苯	—	—	GC-MS	DB-624	0.02 μg/L	中国环境监测，2014,30（3）
		1,3-二氯苯					0.02 μg/L	
		1,4-二氯苯					0.02 μg/L	
		1,2,3-三氯苯					0.02 μg/L	
		1,2,4-三氯苯					0.03 μg/L	
		1,3,5-三氯苯					0.06 μg/L	
		1,2,3,4-四氯苯					0.11 μg/L	
		1,2,3,5-四氯苯					0.11 μg/L	
		1,2,4,5-四氯苯					0.10 μg/L	
		五氯苯					0.06 μg/L	
		六氯苯					1.50 μg/L	
8	废水	1,4-二氯苯	通过对各 SPE 小柱参数及氯苯的回收率可以看出 ODS-C$_{18}$ 是最好的选择，所以在提取的时候主要采用 C$_{18}$ 来提取氯苯化物	—	HPLC	C$_{18}$柱	0.085 μg/L	安徽农业科学，2013,41（13）
		1,2-二氯苯					0.076 μg/L	
		1,2,4-三氯苯					0.105 μg/L	

序号	介质	目标物	提取	净化	仪器	色谱柱	检出限	参考文献
9	城市供水	1,3-二氯苯	10 ml 7：3 甲醇的丙酮的洗脱剂洗脱后，氮吹仪吹干，用甲醇溶解，定容至 1 ml	1 000 ml水样，以 5 ml/min 的速度通过富集柱，用 10 ml 7：3 甲醇：丙酮的洗脱剂洗脱	GC-MS	HP-5MS	0.1 μg/L	给水排水 2015,41: 151-152
		1,4-二氯苯					0.1 μg/L	
		1,2-二氯苯					0.1 μg/L	
		1,3,5-三氯苯					0.01 μg/L	
		1,2,4-三氯苯					0.01 μg/L	
		1,2,3-三氯苯					0.01 μg/L	
		1,2,3,5-四氯苯					0.01 μg/L	
		1,2,4,5-四氯苯					0.01 μg/L	
		1,2,3,4-四氯苯					0.01 μg/L	
		五氯苯					0.01 μg/L	
		六氯苯					0.01 μg/L	
10	污水	氯苯	用 4 ml 甲醇洗脱目标物，并取 1.0 ml 上样待测，提取溶剂选用甲醇	在活化完小柱后，以 5 ml/min 的流速上样 200 ml，用纯水冲洗管道	GC-ECD	DB-35MS	0.383 μg/L	生态科学 2012,31 (5)
		1,2-二氯苯					0.544 μg/L	
		1,4-二氯苯					0.571 μg/L	
		1,2,4-三氯苯					0.635 μg/L	
11	污泥	1,2-二氯苯	称取城市污泥样品各 20 g，用 100 ml 丙酮：甲烷（1：1）进行脱硫索氏抽提	浓缩至近干，过三氧化二铝-硅胶-无水硫酸钠柱净化分离	GC-MS	—	—	环境化学 2002,21 (2)
		1,3-二氯苯						
		1,4-二氯苯						
		1,2,4-三氯苯						
		六氯苯						

序号	介质	目标物	提取	净化	仪器	色谱柱	检出限	参考文献
12	土壤	1,2,3-三氯苯	称取 10g 土壤试样, 加入适量硅藻土混匀后填入11ml 苯取池当中, 以正己烷 - 乙酸乙酯 (5+1) 混合液作为苯取溶剂	用正己烷 - 乙酸乙酯 (5+1) 混合液约 12 ml 洗涤活化硅酸镁柱, 加入少许无水硫酸钠	GC-MS	DB-5MS	0.83 μg/kg	理化检测 - 化学分册 2016, 52 (6) : 677-683
		2,4-二氯苯酚					1.34 μg/kg	
		1,2,4-三氯苯					0.91 μg/kg	
		1,3,5-三氯苯					1.17 μg/kg	
		间 - 硝基氯苯					1.03 μg/kg	
		对 - 硝基氯苯					1.03 μg/kg	
		邻 - 硝基氯苯					1.34 μg/kg	
		1,2,3,4-四氯苯					0.91 μg/kg	
		1,2,3,5-四氯苯					1.12 μg/kg	
		2,4,6-三氯苯酚					3.43 μg/kg	
		1,2,4,5-四氯苯					1.20 μg/kg	
		2,4-二硝基氯苯					2.66 μg/kg	
		六氯苯					3.94 μg/kg	
13	底质	邻 - 二氯苯	底质中挥发性有机物常温下经氮气吹脱后用 Tenax 捕集管捕集	—	GC-FID	HP-624	0.9 μg/kg	环境污染与防治 1999, 10, 21 (5)
		间 - 二氯苯				HP-Wax	0.9 μg/kg	
		对 - 二氯苯					0.9 μg/kg	
		1,2,4-三氯苯					1.1 μg/kg	

序号	介质	目标物	提取	净化	仪器	色谱柱	检出限	参考文献
14	土壤	1,2-二氯苯 1,3-二氯苯 1,4-二氯苯 1,2,3-三氯苯 1,2,4-三氯苯 1,2,5-三氯苯 1,2,3,4-四氯苯 1,2,3,5-四氯苯 1,2,4,5-四氯苯 五氯苯 六氯苯	称取 3 g 土壤样品于固相流体萃取仪提取瓶上部，加入 25μl 内标物和 20 ml 正己烷和丙酮混合液，在提取瓶下部加入 80 ml 正己烷和丙酮混合液，提取瓶上部与下部用微孔滤膜隔开。仪器的温度探针用来控制提取温度为 120℃，冷却温度为 30℃，重复提取 10 次，每次 10 min，然后转移提取液至 250 ml 烧瓶中，在旋转蒸发仪上蒸发至 2 ml，重复 3 次可得到 3 次提取液	转移浓缩后的 2 ml 提取液转移至 6 ml 硅胶柱进行净化处理，用正己烷和二氯甲烷进行洗脱，收集柱洗脱液	GC-ECD	DB-XLB	—	分析试验室 2003，11,22（6）

20

集和保存、样品制备、定性定量方法、结果的表示、质量控制和质量保证等几个方面的内容，研究的主要目的在于建立既适应当前环境保护工作的需求，又满足当前实验室仪器设备要求的标准分析方法。

3.1.1 适用范围

适用于土壤和沉积物中 1,4- 二氯苯、1,2- 二氯苯、1,3- 二氯苯、1,3,5- 三氯苯、1,2,4- 三氯苯、1,2,3- 三氯苯、1,2,4,5- 四氯苯、1,2,3,5- 四氯苯、1,2,3,4- 四氯苯、五氯苯和六氯苯 11 种氯苯类化合物的测定。

3.1.2 特性指标

①《土壤环境质量　建设用地土壤污染风险管控标准》（GB 36600—2018）规定的第一类用地 1,4- 二氯苯的筛选值为 5.6 mg/kg，要求本方法对土壤和沉积物中 11 种氯苯类化合物的检出限低于 0.56 mg/kg。

②精密度和准确度的要求：测定结果相对标准偏差小于 30%、目标化合物回收率范围为 50% ～ 120%。

3.2 方法原理

采用合适的萃取方法（索氏提取或加压流体萃取等）提取土壤或沉积物中的氯苯类化合物，对提取液净化、除水、浓缩、定容后进行气相色谱分析。

3.3 目标化合物的确定

常见的氯苯类化合物有 1,4- 二氯苯、1,2- 二氯苯、1,3- 二氯苯、1,3,5- 三氯苯、1,2,4- 三氯苯、1,2,3- 三氯苯、1,2,4,5- 四氯苯、1,2,3,5- 四氯苯、1,2,3,4- 四氯苯、五氯苯和六氯苯等，占据该类化合物总产量的 90% 以上。鉴于目前国内氯苯类化合物生产状况及国内外相关的质量标准和排放标准，本方法目标化合物确定为 1,4- 二氯苯、1,2- 二氯苯、1,3- 二氯苯、1,3,5- 三氯苯、1,2,4- 三氯苯、1,2,3- 三氯苯、1,2,4,5- 四氯苯、1,2,3,5- 四氯苯、1,2,3,4- 四氯苯、五氯苯和六氯苯。

3.4 试剂和材料

除非另有说明，分析时均使用符合国家标准的分析纯试剂。实验用水为新制备的超纯水或蒸馏水。

①二氯甲烷（CH_2Cl_2）：农残级。

②正己烷（C_6H_{14}）：农残级。

③丙酮（C_3H_6O）：农残级。

④正己烷 - 丙酮混合溶剂（$V：V=19：1$）。

用正己烷（②）和丙酮（③）按 19：1 的体积比混合。

⑤正己烷 - 丙酮混合溶剂（$V：V=1：1$）。

用正己烷（②）和丙酮（③）按 1：1 的体积比混合。

⑥无水硫酸钠（Na_2SO_4）。

在马弗炉中 400 ℃下烘烤 4 h，冷却后装入磨口玻璃瓶，于干燥器中保存。

⑦氯苯类标准贮备液：可直接购买有证标准溶液，也可用纯标准物质制备。在 4 ℃冰箱中保存。

⑧氯苯类标准使用液：用正己烷（②）稀释氯苯类标准贮备液（⑦），配制成系列浓度的标准使用液。在 4 ℃冰箱中保存。

⑨硅酸镁柱、氨基柱、C_{18} 柱、硅胶柱或其他等效固相萃取柱（1 g/6 ml）。

使用前用不同极性的溶剂淋洗，最后用洗脱剂浸泡保存备用。

⑩载气：氮气，纯度 ≥ 99.999%。

⑪ 硅藻土：60 ～ 100 目。

在马弗炉中 400 ℃下烘烤 4 h，冷却后装入磨口玻璃瓶，于干燥器中保存。

⑫ 石英砂：20 ～ 100 目（尽量选择和土壤样品相近粒径的石英砂）。

在 400℃下灼烧 4 h，冷却后装入磨口玻璃瓶中，置于干燥器中保存。

⑬ 浓硝酸（HNO_3）：ρ（HNO_3）= 1.42 g/ml。

⑭ 稀硝酸（V ∶ V=1 ∶ 9）

量取 5 ml 浓硝酸，缓慢加入到 45 ml 水中。

⑮ 铜粉（Cu）：99.5%。

铜粉使用前用稀硝酸活化，去除表面的氧化物。用蒸馏水洗去残留的酸，再用丙酮清洗，并在氮气流下干燥铜粉，使铜粉具光亮的表面。每次临用前处理。

⑯QuEChERS 净化剂：25 mg *N-* 丙基乙二胺（PSA）+ 2.5 mg 石墨化碳黑（GCB）+150 mg $MgSO_4$，2 ml 净化管（市售）；也可用购买 PSA、GCB、$MgSO_4$ 填料按比例称取。

3.5 仪器和设备

（1）气相色谱仪：配电子捕获检测器（ECD）。

（2）色谱柱：

① HP-5：长 30 m，内径 0.32 mm，膜厚 0.25 μm，固定相为 5%- 苯基 - 二苯基甲基硅氧烷。

② DB-1701：长 30 m，内径 0.25 mm，膜厚 0.25 μm，固定相为 14%- 氰丙基 - 苯基 - 甲基聚硅氧烷，或其他等效的毛细管色谱柱。

（3）提取装置：加速溶剂提取仪或索氏提取等性能相当的设备。

（4）浓缩装置：旋转蒸发装置、氮吹仪、K-D 浓缩仪或性能相当的设备。

（5）固相萃取装置：固相萃取仪，可通过真空泵调节流速。

（6）分析天平：精度为 0.01 g。

（7）马弗炉。

（8）一般实验室常用仪器和设备。

3.6 样品

3.6.1 采集与保存

按照《土壤环境监测技术规范》（HJ/T 166—2004）规定采集及保存土壤样品；参照《海洋监测规范 第 3 部分：样品采集、贮存与运输》（GB 17378.3—2007）采集及保存沉积物样品。

样品采集后保存在事先清洗洁净的广口棕色玻璃瓶或聚四氟乙烯衬垫螺口玻璃瓶中，应尽快分析。酶在常温下活性较高，在低温条件下易失活，风干处理是在常温状态下进行，所需时间较长，不适合处理此类化合物，如暂不能分析的样品，应在 4℃ 以下避光保存，参考 HJ/T 166—2004 要求 7 d 内完成分析。

3.6.2 试样的制备

去除样品中石子、枝叶等异物，将所采样品完全混合均匀。称取约 10 g（精确到 0.01 g）样品，加入适量干燥剂，研磨均化成流砂状。

土壤样品干物质含量的测定按照 HJ 613—2011 执行，沉积物样品含水率的测定按照 GB 17378.5—2007 执行。

3.6.3 试样的预处理

3.6.3.1 试样的提取

（1）提取方式的选择。

目前，农药残留分析前处理中已报道的提取方法有：索氏提取（SOX）、超临界流体萃取（SFE）、加压流体萃取（ASE 或 PLE）、微波辅助萃取（MAE）、超声辅助萃取（UE）及振荡提取。加压流体萃取为农药的残留分析提供了省时、省溶剂、安全、自动化的萃取技术；索氏提取是经典的固体样品萃取方式，被认为是最稳定的固体样品萃取方法；本研究对比了土壤中氯苯类化合物经加压流体萃取和索氏提取两种提取方法的效果。

①索氏提取：称取 10 g 样品（加标 50 μl）加入无水硫酸钠研磨分散后全部转移至萃取纸质套筒中，开启加热装置，用 100 ml 溶剂抽提 18 h（从回流状态开始时计算），对萃取剂进行优化。将提取液通过无水硫酸钠收集于玻璃氮吹管中，在 35℃下氮吹浓缩，转换溶剂为正己烷，并浓缩定容至 1 ml，混匀后转入 2 ml 样品瓶中，GC-ECD 测定。结果表明（见表 1-1-4），丙酮：正己烷（V：V=1：1）对 11 种氯苯类化合物的提取效果最好，回收率为 79.6%～96.5%；二氯甲烷：丙酮（V：V=1：1）作提取溶剂时，11 种氯苯类化合物的回收率均为 70% 左右；用正己烷：二氯甲烷（1：1）作提取溶剂时，化合物回收率均为 60% 左右。

表 1-1-4　不同提取溶剂体系下的索氏提取回收率　　　　单位：%

目标化合物	二氯甲烷:丙酮（1:1）		正己烷:丙酮（1:1）		正己烷:二氯甲烷（1:1）	
	平均值（n=3）	RSD	平均值（n=3）	RSD	平均值（n=3）	RSD
1,4- 二氯苯	70.2	13.6	82.7	10.9	64.9	13.2
1,3- 二氯苯	69.3	15.7	89.0	15.6	61.3	16.4
1,2- 二氯苯	69.6	16.8	85.6	14.3	66.1	15.3
1,2,4- 三氯苯	74.5	22.5	89.5	13.2	60.3	14.2
1,3,5- 三氯苯	76.7	20.4	81.8	18.9	60.9	16.7
1,2,3- 三氯苯	73.4	17.3	96.5	20.8	69.8	18.1
1,2,4,5- 四氯苯	90.1	13.9	79.8	19.6	65.7	16.9
1,2,3,5- 四氯苯	81.3	11.3	84.2	14.9	63.8	11.2
1,2,3,4- 四氯苯	84.6	16.3	82.9	17.6	64.9	13.4
五氯苯	75.6	8.9	79.6	9.4	76.4	17.1
六氯苯	74.9	17.34	90.7	15.4	71.7	13.2
回收率范围	69.3～73.1		88.6～96.5		53.6～76.4	

②加压流体萃取：称取 10 g 样品（加标 50 μl）加入适量硅藻土研磨

分散后全部转移至萃取池中，预热 5 min，1 500 psi^① 下静态提取 5 min，吹扫 90 s，对萃取溶剂、提取温度和循环次数进行优化。将提取液通过无水硫酸钠收集于玻璃氮吹管中，在 35℃下氮吹浓缩，转换溶剂为正己烷，并浓缩定容至 1 ml，混匀后转入 2 ml 样品瓶中，GC-ECD 测定。

（2）萃取溶剂的选择。

参照水质中氯苯类化合物的标准测定方法及通过国内外文献调研：氯苯类化合物使用的提取溶剂主要涉及甲苯、正己烷、二氯甲烷、丙酮、乙腈和水；其中甲苯毒性较强，乙腈、水浓缩或转溶剂耗时太长，不予使用。其他 3 种溶剂组合成 3 种体系（正己烷：丙酮、二氯甲烷：丙酮、正己烷：二氯甲烷）比较提取效果，最终确定 1 种体系，结果如表 1-1-5 所示。由于土壤是个复杂体系，其表面带有电荷，呈极性，完全采用非极性的正己烷很难进入较小的土壤孔隙，加入一定量的丙酮可以增加提取溶剂的极性，可将土壤表面和孔隙中的农药提取出来。当正己烷：丙酮作为提取剂时，化合物平均回收率为 73.9% ~ 96.8%，高于另外两种体系回收率，这也与索氏提取下不同溶剂体系回收率结果一致。

表 1-1-5　不同提取溶剂体系下的加压流体萃取回收率　　　　单位：%

目标化合物	二氯甲烷：丙酮（1：1）		正己烷：丙酮（1：1）		正己烷：二氯甲烷（1：1）	
	平均值（*n*=3）	RSD	平均值（*n*=3）	RSD	平均值（*n*=3）	RSD
1,4- 二氯苯	70.7	12.6	86.7	12.9	65.0	19.3
1,3- 二氯苯	69.6	15.6	96.8	11.6	64.3	14.9
1,2- 二氯苯	69.8	13.8	86.2	10.7	66.1	13.8
1,2,4- 三氯苯	72.8	17.5	83.1	5.8	90.3	15.4
1,3,5- 三氯苯	70.6	19.5	73.9	12.3	52.9	19.6
1,2,3- 三氯苯	74.0	10.3	80.8	6.2	79.8	18.5
1,2,4,5- 四氯苯	73.4	20.1	84.3	11.7	55.7	16.8

---

① 1 psi=6.895 kPa。

目标化合物	二氯甲烷∶丙酮(1∶1)		正己烷∶丙酮（1∶1）		正己烷∶二氯甲烷（1∶1）	
	平均值（n=3）	RSD	平均值（n=3）	RSD	平均值（n=3）	RSD
1,2,3,5- 四氯苯	71.1	18.5	95.2	10.7	39.5	19.2
1,2,3,4- 四氯苯	70.3	19.2	93.1	11.3	55.2	15.6
五氯苯	69.9	20.1	79.3	9.8	84.3	18.6
六氯苯	82.3	18.6	96.4	7.7	46.7	15.6
回收率范围	69.6 ～ 82.3		73.9 ～ 96.8		35.6 ～ 90.3	

（3）萃取温度的影响

考察了 3 种温度条件下的加压流体萃取效果，结果如表 1-1-6 所示。在 80 ℃的条件下，目标化合物回收率的范围在 77.4% ～ 106.6%，相对于 60 ℃ 和 100 ℃条件下的目标化合物回收率来说，更加适合氯苯类化合物的提取。

表 1-1-6　　不同提取温度下加压流体萃取回收率　　　单位：%

目标化合物	60 ℃		80 ℃		100 ℃	
	平均值（n=3）	RSD	平均值（n=3）	RSD	平均值（n=3）	RSD
1,4- 二氯苯	78.7	12.5	82.7	10.6	66.7	13.2
1,3- 二氯苯	77.5	15.3	78.2	12.1	66.7	17.4
1,2- 二氯苯	79.3	14.5	77.4	14.9	66.2	16.3
1,2,4- 三氯苯	93.0	15.8	106.6	16.8	73.1	19.6
1,3,5- 三氯苯	79.2	16.7	81.6	15.3	73.9	23.7
1,2,3- 三氯苯	84.7	13.4	89.3	14.9	80.8	19.9
1,2,4,5- 四氯苯	74.8	18.9	78.2	22.8	84.3	16.2
1,2,3,5- 四氯苯	55.6	12.6	88.5	16.3	90.1	18.2
1,2,3,4- 四氯苯	76.4	15.3	96.7	18.4	67.9	17.3
五氯苯	43.6	18.7	94.8	19.5	65.3	16.8
六氯苯	82.3	19.2	84.6	17.3	76.1	19.4
氯苯	63.2	13.7	83.9	16.9	78.4	15.8
回收率范围	26.0 ～ 93.0		70.7 ～ 106.6		66.2 ～ 91.1	

（4）萃取次数的影响

考察了静态萃取 1 次、2 次和 3 次下的加压流体萃取效果，结果见表 1-1-7。11 种氯苯类化合物的萃取回收率循环 1 次的回收率范围为 54.3%～89.3%，循环 2 次和循环 3 次的回收率范围比较接近，分别为 81.6%～98.3% 和 82.3%～94.1%，但能够发现循环 2 次的回收率更稳定且平均。两种提取方式的比较见表 1-1-8。

表 1-1-7　不同循环次数下的加压流体萃取回收率　　单位：%

目标化合物	1 次		2 次		3 次	
	平均值（n=3）	RSD	平均值（n=3）	RSD	平均值（n=3）	RSD
1,4- 二氯苯	74.3	17.5	82.7	10.6	87.4	19.6
1,3- 二氯苯	69.3	14.2	83.9	12.1	86.3	19.8
1,2- 二氯苯	75.1	15.3	93.4	14.9	82.3	14.5
1,2,4- 三氯苯	85.3	12.9	97.5	13.8	94.1	15.1
1,3,5- 三氯苯	71.8	18.7	81.6	11.3	83.2	17.7
1,2,3- 三氯苯	89.3	16.3	89.3	14.9	90.8	16.8
1,2,4,5- 四氯苯	76.6	14.5	83.5	12.8	83.1	17.3
1,2,3,5- 四氯苯	84.3	17.6	87.4	12.6	86.5	16.6
1,2,3,4- 四氯苯	54.3	11.3	89.7	11.6	89.6	17.2
五氯苯	56.4	14.9	83.7	14.6	87.5	17.3
六氯苯	65.7	15.3	98.3	12.8	86.4	18.6
回收率范围	29.2～85.3		79.2～98.3		82.3～94.1	

表 1-1-8　两种提取方式的比较

提取方法	消耗时间 /h	消耗有机溶剂体积 /ml	回收率 /%	设备价格 / 万元
加压流体萃取	约 0.3	约 18	73.9～96.8	约 70
索氏提取	18	约 100	71.8～96.5	约 1

3.6.3.2　样品的净化

环境样品组成较复杂，经初步处理后仍存有相当量共萃取的腐殖质、脂肪、色素或其他杂质，不能直接进行色谱分析，需要进一步净化处理。净化不彻底、引入干扰杂质太多，将影响方法的灵敏度和重现性。此外，净化不完全还会产生基质效应，色谱峰保留时间发生漂移，色谱峰前伸或拖尾，造成定性不准确，且易污染气相系统，对后续样品的测试产生影响。

通过国内外相关标准方法及文献调研可知，目前常用的净化方式为铜粉脱硫、分散式固相净化（QuEChERS 净化）和 SPE 小柱净化。

（1）铜粉脱硫

沉积物或颜色较重的萃取液需要脱硫，在萃取液中加入适量铜粉，振荡混合至少 1 ~ 2 min，将溶液与铜粉分离，转移至干净的玻璃容器内，待进一步净化或浓缩。

（2）分散式固相净化（QuEChERS 净化）

QuEChERS 净化法是在固相萃取（SPE）基础上发展起来的一种新的样品前处理技术，具有快速、简单、便宜、高效的优点，可直接将净化剂加入提取液中摇匀、离心、过滤，即可达到净化的目的，该方法有机试剂使用量少、成本较低。其主要成分为 PSA、C_{18}、GCB。PSA 即 *N*- 丙基乙二胺，可通过离子交换有效地除去样品基质中的脂肪酸、酚类、碳水化合物等酸性干扰物质以及部分极性色素，有效避免干扰成分积聚于进样口和柱头而引起的基质效应、农药的响应值降低等现象的发生。由于 PSA 具有极性吸附作用，用量过多也会与一些农药中的—OH，—NH 或—SH 的官能团形成氢键，造成对这些农药的吸附。C_{18} 净化剂属于反相吸附剂，可以除去脂类、蜡类等非极性干扰物质。PSA 和 C_{18} 可以分别除去部分极性色素和非极性色素，但对色素的净化效果均不如石墨化炭黑（Graphitized Carbon Black，GCB），又因活性炭会对基质中农药造成不可逆性吸附，现多用 GCB 除去样品中的色素。

本方法在研究过程中选取市售的 6 种规格的 QuEChERS 净化小管（2 ml），分别为 PSA（25 mg）+ GCB（2.5 mg）、C_{18}（50 mg）、PSA（50 mg）+GCB（50 mg）、PSA（50 mg）+C_{18}（50 mg）、PSA（50 mg）+ C_{18}（50 mg）+ GCB

（7.5 mg）和 PSA（25 mg）+ GCB（7.5 mg），以上小管中均含有 150 mg MgSO$_4$。分别考察了空白基质（正己烷）和土壤提取液加标 5 mg/L 后经不同规格的商品化 QuEChERS 净化小管净化的情况。在待净化液中加入适量 QuEChERS 净化剂，涡旋 5 min 后离心，收集净化液，定容至 1 ml，加 20 μl 内标，以 GC-ECD 测定。

由表 1-1-9 可知，对于所选 6 种规格的 QuEChERS 净化小管，除 PSA（50 mg）+GCB（50 mg）和 PSA（50 mg）+C$_{18}$（50 mg）+ GCB（7.5 mg）两种小管外的 4 种小管的净化回收率均在 70% 左右，主要成分为 PSA（25 mg）+ GCB（2.5 mg）的净化小管中氯苯类化合物的加标回收率表现最好。但由表 1-1-10 可知，PSA（25 mg）+ GCB（2.5 mg）规格的净化小管的净化回收率在 6 种净化小管中净化效果最好，PSA（50 mg）+ GCB（50 mg）规格的净化小管净化后的五氯苯和六氯苯的回收率低于 50%，说明其对于这两种目标之所以具有较强的吸附作用，是因为 GCB 具有较强的吸附能力，在吸附杂质的同时有可能吸附小部分的目标物。PSA（50 mg）+C$_{18}$（50 mg）规格的净化小管对四氯苯 -1 的吸附能力较强，而对于四氯苯 -2 和五氯苯却有很好的净化效果。因此，对于基质相对简单的样品，可考虑 QuEChERS 净化小管进行净化实验，将大大降低时间成本并达到符合标准的净化效果。

（3）SPE 小柱净化

由于 QuEChERS 净化小管中的填料一般较少，对于基质过于复杂的样品往往达不到理想的净化效果。因而对于基质复杂的土壤和沉积物提取液的净化，SPE 小柱的应用则更加普遍。

① SPE 小柱的选择。

根据国内外标准及文献调研可知，氯苯类化合物的净化涉及硅胶柱、C$_{18}$、硅酸镁柱和 NH$_2$ 柱，本实验选用 5% 丙酮 / 正己烷作洗脱剂，考察以上 4 种小柱在 10 ml 淋洗体积时的净化回收率，通过比较，选定 1 种作为净化小柱。

表 1-1-9　空白基质经不同规格净化小管净化后目标物的净化回收率　　单位：%

净化小管规格	目标物										
	1,4-二氯苯	1,3-二氯苯	1,2-二氯苯	1,2,4-三氯苯	1,3,5-三氯苯	1,2,3-三氯苯	1,2,4,5-四氯苯	1,2,3,5-四氯苯	1,2,3,4-四氯苯	五氯苯	六氯苯
PSA（25 mg）+GCB（2.5 mg）	67.1	71.4	68.6	71.8	71.7	70.8	72.6	73.2	72.0	71.5	69.7
C_{18}（50 mg）	72.9	69.3	65.8	69.5	70.1	68.8	71.2	71.3	70.6	70.9	71.0
PSA（50 mg）+C_{18}（50 mg）	65.9	70.4	66.9	70.4	71.4	69.7	72.1	72.7	71.3	72.0	72.3
PSA（50 mg）+GCB（50 mg）	57.2	61.8	58.3	62.3	61.5	59.2	59.0	59.1	56.8	47.5	29.0
PSA（50 mg）+C_{18}（50 mg）+GCB（7.5 mg）	54.2	59.1	55.4	59.7	60.1	58.7	61.2	61.9	60.6	59.0	55.0
PSA（25 mg）+GCB（7.5 mg）	63.5	68.2	64.8	68.8	68.6	67.2	68.8	69.9	68.6	67.2	59.9

表 1-1-10　土壤基质经不同规格净化小管净化后目标物的净化回收率　　单位：%

净化小管规格	目标物										
	1,4-二氯苯	1,3-二氯苯	1,2-二氯苯	1,2,4-三氯苯	1,3,5-三氯苯	1,2,3-三氯苯	1,2,4,5-四氯苯	1,2,3,5-四氯苯	1,2,3,4-四氯苯	五氯苯	六氯苯
PSA（25 mg）+GCB（2.5 mg）	69.6	75.3	72.1	74.6	75.3	75.1	76.0	76.4	75.6	63.1	71.3
C_{18}（50 mg）	56.0	61.8	58.1	61.2	63.1	61.6	63.2	63.4	63.1	62.7	62.2
PSA（50 mg）+C_{18}（50 mg）	64.1	65.8	61.9	65.5	67.2	65.8	37.6	92.8	49.8	83.2	62.4
PSA（50 mg）+GCB（50 mg）	55.1	60.5	57.2	59.8	60.4	58.9	56.4	56.7	55.7	43.7	23.7
PSA（50 mg）+C_{18}（50 mg）+GCB（7.5 mg）	58.1	63.8	60.1	63.3	64.9	63.6	64.6	65.2	64.8	61.6	55.4
PSA（25 mg）+GCB（7.5 mg）	62.8	68.9	51.3	68.5	57.4	68.4	68.7	69.6	68.9	65.5	56.6

4 种净化小柱经丙酮：正己烷（5∶95）预淋洗和活化后（每种小柱平行 3 个），分别将加标后的实际土壤提取液（土壤原提取液经测定无目标物，加标浓度为 5.0 mg/L）上样 1 ml，再用 10 ml 丙酮：正己烷（5∶95）进行洗脱，11 种氯苯类化合物的回收率结果如图 1-1-1 所示。

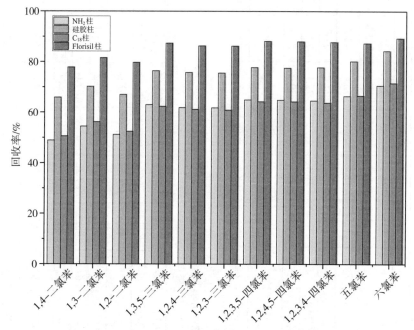

图 1-1-1　不同固相柱净化提取液的目标物回收率

实验发现，4 种净化小柱对土壤提取液中的色素类等干扰物都有明显保留，由图 1-1-1 可以看出，硅酸镁小柱（Florisil）相对于其他三种净化小柱有更好的回收率，11 种氯苯类化合物都在 80% 及以上。硅胶小柱的回收率在 70% 左右。综合来看，硅酸镁小柱的净化回收率是最好的，硅胶小柱其次，而氨基柱和 C_{18} 小柱的回收率过低。

②洗脱溶剂的选择。

根据国内外标准及文献调研可知，氯苯类化合物涉及的洗脱剂主要有乙醚、乙腈、正己烷、丙酮、二氯甲烷、甲醇和醋酸。其中，乙醚作为一种麻醉剂，国内鲜有使用；正己烷的性质与环己烷相似，且广泛性优于环己烷；甲醇和乙腈对色素的洗脱能力过强；使用醋酸时浓缩或转溶剂会消耗较长的时间；二氯甲烷可能对检测目标物产生干扰，因而均不作考虑。剩余 2 种溶剂中，丙酮的极性较强，正己烷为非极性，将其组合成 1 个混合体系，即丙酮/正己烷，再考察不同配比（2%丙酮/正己烷、5%丙酮/正己烷、10%丙酮/正己烷）的条件下，回收率高的洗脱体系即可确定最优洗脱剂。本研究以 NH$_2$ 柱为例，比较两种洗脱体系在不同配比下的洗脱效果。

硅酸镁小柱经丙酮∶正己烷（5∶95）预淋洗和活化后，分别将加标后实际土壤提取液（土壤提取液经测定无目标物，提取液加标浓度为 1.0 mg/L）上样 1 ml，以 10 ml 洗脱剂进行洗脱，对目标物的洗脱效果如图 1-1-2 所示。3 种洗脱剂的洗脱效果差别不大，5%丙酮/正己烷的洗脱效果略好于其余两种洗脱剂，5%丙酮/正己烷除氯苯的洗脱回收率均在 80% 左右。同时实验

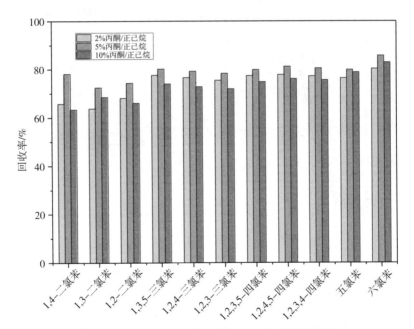

图 1-1-2　不同洗脱溶剂对目标物的洗脱效果

过程中发现，10% 丙酮 / 正己烷在洗脱过程中伴随有色素类干扰物流出，得到的收集液颜色偏深，且色谱图杂峰较多，可能是洗脱剂将与其极性相似的色素等干扰物质也一并淋洗下来，其他洗脱剂均未将填料上保留的色素类干扰物洗脱下来。因此，选择 5% 丙酮 / 正己烷作为净化过程中的洗脱剂。

③洗脱剂用量的确定。

通过流出曲线实验确定净化过程中洗脱剂的用量。固相萃取柱经预淋洗和活化后，加入 1 ml 加标样品提取液，选取硅酸镁柱以丙酮 - 正己烷（5：95）进行洗脱，洗脱液每流出 1 ml 收集 1 次。相应的流出曲线见图 1-1-3 所示，当洗脱液为 8 ml 时，回收率才趋于稳定。因此，为保证目标物完全洗脱，最终确定洗脱剂用量为 10 ml。

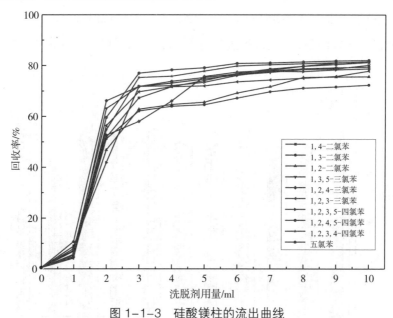

图 1-1-3　硅酸镁柱的流出曲线

3.7　分析步骤

3.7.1　参考分析条件

气相色谱条件：进样口温度为 250 ℃，不分流进样，进样量 1 μl，载气为高纯氮气（> 99.99%），恒流方式，流速为 1 ml/min。升温程序：初始温度 50 ℃ 保持 1 min，以 8 ℃ /min 升温至 150 ℃，保持 3 min，最后以 8 ℃ /min 升温至 220℃，保持 2 min。目标化合物的气相色谱图如图 1-1-4 所示。

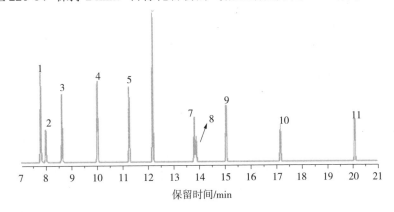

1—1, 4- 二氯苯；2—1, 3- 二氯苯；3—1, 2- 二氯苯；4—1, 3, 5- 三氯苯；5—1, 2, 4- 三氯苯；
6—1, 2, 3- 三氯苯；7—1, 2, 3, 5- 四氯苯；8—1, 2, 4, 5- 四氯苯；9—1, 2, 3, 4- 四氯苯；
10—五氯苯；11—六氯苯

图 1-1-4　氯苯类化合物的气相色谱图

3.7.2　标准曲线的建立

取一定量氯苯类标准使用液，用正己烷稀释，配制至少 5 个浓度点的标准系列，目标化合物质量参考浓度分别为 0.01 mg/L、0.05 mg/L、0.2 mg/L、0.8 mg/L、2.0 mg/L，贮存于棕色进样瓶中，待测。按照仪器参考条件，从低浓度到高浓度依次进样分析，以标准系列溶液中目标化合物浓度为横坐标，以其对应峰面积（峰高）为纵坐标，建立标准曲线。

3.7.3　试样测定

用微量注射器或自动进样器取 1.0 μl 试样，按照与绘制标准曲线相同的仪器参考分析条件进行测定。若试样中目标化合物浓度超出标准曲线范围，需重新提取，分取提取液按步骤处理后测定。

3.7.4　空白试样

按照与试样相同的条件进行空白试样的测定。

3.8 结果计算与表示

3.8.1 定性分析

以目标化合物保留时间定性，必要时可采用标准样品加入法、不同色谱柱分离、质谱扫描等方法辅助定性。

3.8.2 结果计算

土壤样品中氯苯类化合物的质量浓度按式（1-1-1）计算：

$$w_i = \frac{\rho_i \times V_i}{m_i \times w_{dm} \times (V_i / V_0)} \qquad （1\text{-}1\text{-}1）$$

式中：w_i——样品中目标化合物 i 的质量浓度，mg/kg；

ρ_i——由标准曲线所得试样中目标化合物 i 的质量浓度，mg/L；

V_i——试样定容体积，ml；

m_i——样品量，g；

w_{dm}——样品的干物质含量，%；

V_i/V_0——分析用提取液在总提取液中所占的比例。

沉积物样品中氯苯类化合物的质量浓度按式（1-1-2）计算：

$$w_j = \frac{\rho_j \times V_j}{m_j \times (1\text{-}w_{H_2O}) \times (V_j/V_0)} \qquad （1\text{-}1\text{-}2）$$

式中：w_j——样品中目标化合物 j 的质量浓度，mg/kg；

ρ_j——由标准曲线所得试样中目标化合物 j 的质量浓度，mg/L；

V_j——试样定容体积，ml；

m_j——样品量，g；

w_{H_2O}——样品的含水率，%；

V_j/V_0——分析用提取液在总提取液中所占的比例。

3.8.3 结果表示

小数位数的保留与方法检出限一致，结果最多保留 3 位有效数字。

3.9   检出限和测定下限

HJ 168—2010 规定，按照样品分析的全部步骤，对预计含量为方法检出限 2 ~ 5 倍的样品（0.02 mg/kg）进行不少于 7 次的平行测定，根据式（1-1-3）计算标准偏差和方法检出限，以 4 倍方法检出限作为测定下限。

$$MDL = t_{(n-1, 0.99)} \times S \qquad (1\text{-}1\text{-}3)$$

式中：MDL——方法检出限；

n——样品平行测定次数，本实验为 7 次；

$t_{(n-1, 0.99)}$——99% 置信区间时对应自由度下 t 值，本实验自由度为 6，t 值取 3.143；

S——平行测定结果的标准偏差。结果见表 1-1-11，目标化合物的方法检出限范围和测定下限分别为 0.001 ~ 0.06 mg/kg 和 0.004 ~ 0.24 mg/kg。

3.10   实验室内方法精密度和准确度

选取 3 种土壤和 2 种沉积物样品，通过实际样品加标回收来验证实验室内方法精密度和准确度，对每种实际样品进行低、中、高浓度分别为 0.02 mg/kg、0.05 mg/kg 和 0.5 mg/kg 的加标测定（称取 10 g 样品），平行分析 6 次。测定结果相对标准偏差（RSD）分别为 0.99% ~ 20.51%、5.32% ~ 29.14%、3.6% ~ 10.57%、2.71% ~ 22.51% 和 1.44% ~ 29.97%；加标回收率范围分别为 58.49% ~ 108.64%、60.51% ~ 111.54%、64.83% ~ 116.33%、53.72% ~ 98.25% 和 58.33% ~ 100%。

表 1-1-11　氯苯类化合物的检出限和定量限　　　单位：mg/kg

目标物	测定次数							方法检出限	方法定量限
	1	2	3	4	5	6	7		
1,4- 二氯苯	0.116	0.155	0.147	0.163	0.130	0.150	0.176	0.06	0.24
1,3- 二氯苯	0.163	0.171	0.189	0.136	0.149	0.130	0.153	0.06	0.24
1,2- 二氯苯	0.137	0.148	0.163	0.159	0.166	0.159	0.122	0.05	0.20
1,2,4- 三氯苯	0.037	0.033	0.029	0.038	0.035	0.030	0.030	0.01	0.04
1,3,5- 三氯苯	0.040	0.034	0.029	0.034	0.032	0.035	0.037	0.01	0.04
1,2,3- 三氯苯	0.037	0.030	0.028	0.032	0.025	0.029	0.032	0.01	0.04
1,2,4,5- 四氯苯	0.008	0.006	0.008	0.006	0.006	0.007	0.008	0.003	0.012
1,2,3,5- 四氯苯	0.008	0.008	0.007	0.007	0.005	0.008	0.007	0.004	0.016
1,2,3,4- 四氯苯	0.007	0.008	0.006	0.005	0.008	0.006	0.006	0.003	0.012
五氯苯	0.003	0.004	0.003	0.003	0.002	0.004	0.003	0.002	0.008
六氯苯	0.004	0.004	0.003	0.003	0.004	0.003	0.003	0.001	0.004

表 1-1-12　黏土型土壤高浓度加标测定结果

目标物	回收率测定结果 /%						均值 /%	RSD/%
	1	2	3	4	5	6		
1,4- 二氯苯	61.88	67.16	61.88	67.16	62.46	62.46	63.83	4.05
1,3- 二氯苯	63.69	63.69	62.15	63.69	63.69	63.08	63.33	0.99
1,2- 二氯苯	80.63	90.63	83.75	90.63	50.00	80.63	79.38	19.01
1,2,4- 三氯苯	66.45	71.71	66.45	71.71	71.71	68.09	69.35	3.82
1,3,5- 三氯苯	57.02	61.43	57.02	61.43	57.02	57.02	58.49	3.89
1,2,3- 三氯苯	69.97	69.97	64.89	69.97	63.61	63.61	67.01	4.90
1,2,4,5- 四氯苯	69.10	52.19	69.39	74.34	74.34	69.10	68.08	12.02
1,2,3,5- 四氯苯	63.41	66.42	64.83	71.26	77.66	55.17	66.46	10.42
1,2,3,4- 四氯苯	66.55	64.55	71.64	78.24	80.55	62.47	70.67	9.62
五氯苯	63.12	69.56	72.38	55.44	62.67	66.28	64.91	8.37
六氯苯	51.68	54.92	55.79	66.76	54.95	71.63	59.29	12.24

表 1-1-13　黏土型土壤中浓度加标测定结果

目标物	回收率测定结果 /%						均值 /%	RSD/%
	1	2	3	4	5	6		
1,4- 二氯苯	73.08	96.15	91.03	82.05	74.36	89.74	84.40	11.18
1,3- 二氯苯	70.67	94.67	89.33	80.00	73.33	88.00	82.67	11.54
1,2- 二氯苯	57.14	82.54	79.37	63.49	57.14	63.49	67.20	16.48
1,2,4- 三氯苯	70.15	100.00	94.03	82.09	73.13	91.04	85.07	14.04
1,3,5- 三氯苯	52.83	90.57	86.79	69.81	60.38	81.13	73.58	20.51
1,2,3- 三氯苯	78.65	101.12	97.75	88.76	83.15	97.75	91.20	9.96
1,2,4,5- 四氯苯	77.53	97.75	93.26	86.52	79.78	95.51	88.39	9.57
1,2,3,5- 四氯苯	58.63	73.67	94.31	88.63	84.11	73.51	78.81	14.89
1,2,3,4- 四氯苯	71.23	81.69	77.55	74.46	71.85	73.44	75.04	4.81
五氯苯	54.61	81.37	71.25	64.15	71.81	69.38	68.76	11.82
六氯苯	63.17	81.25	73.52	71.92	66.17	66.93	70.49	8.43

表 1-1-14　黏土型土壤低浓度加标测定结果

目标物	回收率测定结果 /%						均值 /%	RSD/%
	1	2	3	4	5	6		
1,4- 二氯苯	100.00	75.86	86.21	100.00	93.10	82.76	89.66	10.88
1,3- 二氯苯	92.86	75.00	85.71	96.43	92.86	82.14	87.50	9.22
1,2- 二氯苯	65.38	50.00	65.38	80.77	73.08	53.85	64.74	17.79
1,2,4- 三氯苯	118.52	100.00	114.81	118.52	100.00	100.00	108.64	8.80
1,3,5- 三氯苯	92.00	80.00	104.00	100.00	80.00	80.00	89.33	12.24
1,2,3- 三氯苯	97.06	97.06	111.76	117.65	97.06	97.06	102.94	9.04
1,2,4,5- 四氯苯	54.29	80.00	97.14	100.00	97.14	88.57	86.19	20.05
1,2,3,5- 四氯苯	100.31	80.62	73.63	81.54	88.66	84.92	84.95	9.71
1,2,3,4- 四氯苯	91.58	93.57	82.68	72.65	93.64	86.54	86.78	8.58
五氯苯	83.6	103.6	74.69	86.47	81.69	95.64	87.62	10.82
六氯苯	84.62	87.64	92.64	95.35	84.69	96.35	90.22	5.32

表 1-1-15　壤土型土壤高浓度加标测定结果

目标物	回收率测定结果 /%						均值 /%	RSD/%
	1	2	3	4	5	6		
1,4- 二氯苯	56.15	63.37	87.17	75.40	63.37	75.40	70.14	16.04
1,3- 二氯苯	55.62	69.86	88.77	76.44	88.77	88.77	78.04	17.36
1,2- 二氯苯	75.08	75.71	95.27	75.39	75.39	75.71	78.76	10.27
1,2,4- 三氯苯	55.05	68.35	86.70	74.73	55.05	55.05	65.82	20.04
1,3,5- 三氯苯	57.49	57.00	72.22	61.84	57.00	57.49	60.51	9.96
1,2,3- 三氯苯	80.88	67.71	80.88	106.90	106.90	67.71	85.16	20.94
1,2,4,5- 四氯苯	68.66	57.77	103.54	90.74	68.66	90.74	80.02	21.90
1,2,3,5- 四氯苯	84.62	87.64	92.64	95.35	84.69	96.35	90.22	5.32
1,2,3,4- 四氯苯	66.31	54.36	64.38	69.54	71.36	66.89	65.47	8.33
五氯苯	65.69	67.34	59.31	55.67	67.25	69.24	64.08	7.63
六氯苯	64.38	75.32	54.36	107.34	61.37	91.32	75.68	24.33

表 1-1-16　壤土型土壤中浓度加标测定结果

目标物	回收率测定结果 /%						均值 /%	RSD/%
	1	2	3	4	5	6		
1,4- 二氯苯	76.92	76.92	83.33	82.05	60.26	93.59	78.85	13.90
1,3- 二氯苯	76.00	77.33	82.67	81.33	61.33	89.33	78.00	12.08
1,2- 二氯苯	60.32	66.67	73.02	71.43	53.97	74.60	66.67	12.14
1,2,4- 三氯苯	88.06	88.06	95.52	92.54	68.66	100.00	88.81	12.25
1,3,5- 三氯苯	105.66	101.89	105.66	101.89	77.36	107.55	100.00	11.32
1,2,3- 三氯苯	83.15	86.52	96.63	93.26	69.66	105.62	89.14	13.89
1,2,4,5- 四氯苯	74.16	78.65	87.64	87.64	65.17	98.88	82.02	14.47
1,2,3,5- 四氯苯	78.36	91.36	81.34	77.38	88.24	96.48	85.53	8.22
1,2,3,4- 四氯苯	102.36	76.34	88.34	73.69	87.64	91.34	86.62	11.02
五氯苯	78.36	71.54	81.37	84.51	88.31	93.21	82.88	8.39
六氯苯	93.21	77.66	88.31	83.64	77.31	69.38	81.59	9.59

表 1-1-17　壤土型土壤低浓度加标测定结果

目标物	回收率测定结果 /%						均值/%	RSD/%
	1	2	3	4	5	6		
1,4- 二氯苯	92.31	146.15	115.38	138.46	92.31	84.62	111.54	23.39
1,3- 二氯苯	91.67	133.33	116.67	108.33	100.00	91.67	106.94	15.12
1,2- 二氯苯	66.67	50.00	83.33	83.33	75.00	66.67	70.83	17.84
1,2,4- 三氯苯	85.71	71.43	114.29	100.00	100.00	85.71	92.86	16.14
1,3,5- 三氯苯	56.25	50.00	75.00	68.75	62.50	56.25	61.46	14.97
1,2,3- 三氯苯	70.00	65.00	105.00	90.00	85.00	80.00	82.50	17.46
1,2,4,5- 四氯苯	73.68	68.42	110.53	94.74	94.74	84.21	87.72	17.66
1,2,3,5- 四氯苯	71.36	75.48	61.37	82.36	71.94	76.38	73.15	8.72
1,2,3,4- 四氯苯	75.36	82.36	118.39	137.34	99.37	54.37	94.53	29.14
五氯苯	76.34	115.94	81.64	109.26	69.64	81.37	89.03	19.37
六氯苯	84.36	83.54	76.34	91.34	76.34	108.67	86.77	12.75

表 1-1-18　砂土型土壤高浓度加标测定结果

目标物	回收率测定结果 /%						均值/%	RSD/%
	1	2	3	4	5	6		
1,4- 二氯苯	81.02	91.98	83.42	86.36	86.10	78.61	84.6	5.1
1,3- 二氯苯	76.44	93.70	85.48	88.22	87.40	80.00	85.2	6.6
1,2- 二氯苯	88.33	95.27	92.11	94.01	89.91	85.80	90.9	3.6
1,2,4- 三氯苯	76.86	91.76	82.71	86.44	85.64	78.72	83.7	5.9
1,3,5- 三氯苯	72.22	78.02	68.36	71.74	71.01	64.01	70.9	6.0
1,2,3- 三氯苯	86.96	101.02	89.26	94.88	94.12	86.96	92.2	5.5
1,2,4,5- 四氯苯	91.28	105.18	94.28	97.82	98.37	91.83	96.5	4.9
1,2,3,5- 四氯苯	94.36	81.36	96.34	86.34	82.34	84.69	87.57	6.57
1,2,3,4- 四氯苯	67.38	91.36	91.35	88.39	92.36	79.64	85.08	10.57
五氯苯	95.31	105.34	84.61	86.94	88.36	91.83	92.07	7.45
六氯苯	88.34	89.34	76.91	77.38	81.92	85.61	93.25	5.91

表 1-1-19　砂土型土壤中浓度加标测定结果

目标物	回收率测定结果 /%						均值 /%	RSD/%
	1	2	3	4	5	6		
1,4- 二氯苯	82.0	90	96.0	92.0	96	102	93.00	7.29
1,3- 二氯苯	80.0	86	92.0	86.0	94	96	89.00	6.78
1,2- 二氯苯	60.0	74	76.0	68.0	70	78	71.00	9.21
1,2,4- 三氯苯	82.0	88	94.0	90.0	96	100	91.67	6.96
1,3,5- 三氯苯	80.0	82	86.0	82.0	88	88	84.33	4.08
1,2,3- 三氯苯	110.0	118	110.0	120.0	120	120	116.33	4.27
1,2,4,5- 四氯苯	104.0	116	118.0	116.0	124	118	116.00	5.67
1,2,3,5- 四氯苯	83.6	98.3	76.31	78.64	79.48	92.3	84.77	9.37
1,2,3,4- 四氯苯	86.45	99.1	83.6	86.34	86.9	97.64	90.01	6.70
五氯苯	90.39	87.64	81.67	96.68	94.7	110.6	93.61	9.63
六氯苯	87.69	97.3	93.64	75.91	88.6	87.92	88.51	7.49

表 1-1-20　砂土型土壤低浓度加标测定结果

目标物	回收率测定结果 /%						均值 /%	RSD/%
	1	2	3	4	5	6		
1,4- 二氯苯	75.0	80.0	65.0	75.0	85.0	80.0	76.67	8.1
1,3- 二氯苯	75.0	75.0	65.0	70.0	80.0	80.0	74.17	7.2
1,2- 二氯苯	64.0	60.0	68.0	60.0	65.0	72.0	64.83	6.6
1,2,4- 三氯苯	75.0	75.0	60.0	75.0	80.0	80.0	74.17	9.1
1,3,5- 三氯苯	75.0	75.0	70.0	65.0	75.0	80.0	73.33	6.4
1,2,3- 三氯苯	105.0	95.0	95.0	95.0	105.0	115.0	101.67	7.3
1,2,4,5- 四氯苯	100.0	90.0	85.0	100.0	100.0	115.0	98.33	9.6
1,2,3,5- 四氯苯	86.3	90.0	77.6	93.64	89.34	88.67	87.59	5.67
1,2,3,4- 四氯苯	79.4	89.3	93.6	84.31	81.64	76.34	84.1	6.96
五氯苯	88.1	89.0	86.34	79.61	76.91	83.64	83.93	5.26
六氯苯	90.56	95.6	85.12	89.64	84.36	98.46	90.62	5.64

表 1-1-21　湖库型沉积物高浓度加标测定结果

目标物	回收率测定结果 /%						均值 /%	RSD/%
	1	2	3	4	5	6		
1,4- 二氯苯	55.10	62.86	50.20	67.14	62.86	58.57	59.46	10.30
1,3- 二氯苯	55.03	62.22	66.32	66.32	62.22	57.91	61.67	7.33
1,2- 二氯苯	52.64	66.60	75.69	75.69	66.60	67.65	67.48	12.51
1,2,4- 三氯苯	61.27	72.34	53.48	75.82	72.34	67.83	67.18	12.47
1,3,5- 三氯苯	65.64	72.01	52.51	80.12	72.01	72.01	69.05	13.49
1,2,3- 三氯苯	58.21	57.65	60.26	60.26	57.65	54.29	58.05	3.79
1,2,4,5- 四氯苯	54.79	51.08	54.79	53.42	54.79	53.42	53.72	2.71
1,2,3,5- 四氯苯	69.38	71.62	72.34	63.61	59.67	66.91	67.26	6.66
1,2,3,4- 四氯苯	59.61	59.31	69.31	68.31	56.49	56.38	61.57	8.57
五氯苯	59.63	64.38	62.38	59.37	70.35	59.67	62.63	6.22
六氯苯	71.69	61.32	53.54	63.97	63.61	59.36	62.25	8.775

表 1-1-22　湖库型沉积物中浓度加标测定结果

目标物	回收率测定结果 /%						均值 /%	RSD/%
	1	2	3	4	5	6		
1,4- 二氯苯	88.46	69.23	64.10	62.82	70.51	71.79	71.15	12.93
1,3- 二氯苯	85.33	66.67	61.33	60.00	69.33	70.67	68.89	13.22
1,2- 二氯苯	71.43	53.97	49.21	50.79	58.73	60.32	57.41	14.14
1,2,4- 三氯苯	91.04	65.67	58.21	56.72	70.15	70.15	68.66	18.03
1,3,5- 三氯苯	86.79	86.79	86.79	86.76	52.83	54.72	75.78	22.51
1,2,3- 三氯苯	91.01	75.28	71.91	70.79	77.53	67.42	75.66	10.98
1,2,4,5- 四氯苯	86.52	76.40	71.91	71.91	79.78	77.53	77.34	7.08
1,2,3,5- 四氯苯	84.39	70.39	74.64	76.64	76.91	73.91	76.15	5.60
1,2,3,4- 四氯苯	91.56	81.64	78.69	83.64	63.19	69.67	78.07	11.9
五氯苯	86.39	83.94	86.95	84.39	80.64	76.35	83.11	4.38
六氯苯	84.36	79.36	84.62	87.68	86.31	79.38	83.62	3.83

表 1-1-23　湖库型沉积物低浓度加标

目标物	回收率测定结果 /%						均值 /%	RSD/%
	1	2	3	4	5	6		
1,4- 二氯苯	76.92	76.92	92.31	92.31	61.54	61.54	76.92	17.89
1,3- 二氯苯	83.33	83.33	83.33	91.67	50.00	83.33	79.17	18.53
1,2- 二氯苯	66.67	66.67	83.33	100.00	66.67	100.00	80.56	20.34
1,2,4- 三氯苯	71.43	71.43	78.57	107.14	71.43	71.43	78.57	18.18
1,3,5- 三氯苯	81.25	81.25	93.75	93.75	81.25	62.50	82.29	13.94
1,2,3- 三氯苯	85.00	85.00	80.00	90.00	60.00	65.00	77.50	15.67
1,2,4,5- 四氯苯	100.00	121.05	78.95	89.47	84.21	115.79	98.25	17.50
1,2,3,5- 四氯苯	89.31	100.34	86.31	91.64	86.39	64.31	86.38	12.67
1,2,3,4- 四氯苯	83.64	70.36	89.31	86.34	93.61	70.91	82.36	10.72
五氯苯	89.36	68.67	90.36	76.39	64.65	80.36	78.3	12.28
六氯苯	92.16	90.37	93.14	67.31	78.61	74.23	82.64	11.92

表 1-1-24　河流型沉积物高浓度加标

目标物	回收率测定结果 /%						均值 /%	RSD/%
	1	2	3	4	5	6		
1,4- 二氯苯	68.45	80.21	79.14	84.22	79.68	86.63	79.72	7.85
1,3- 二氯苯	67.95	79.18	79.18	69.32	79.45	86.85	76.99	9.25
1,2- 二氯苯	93.38	102.52	100.00	91.48	105.68	106.94	100.00	6.38
1,2,4- 三氯苯	77.39	72.07	89.89	80.05	89.63	95.48	84.09	10.63
1,3,5- 三氯苯	87.44	89.61	103.14	100.48	99.52	103.14	97.22	7.12
1,2,3- 三氯苯	72.41	69.91	89.66	83.39	90.28	100.63	84.38	13.82
1,2,4,5- 四氯苯	51.50	65.67	62.40	60.49	58.31	72.75	61.85	11.55
1,2,3,5- 四氯苯	71.36	75.31	96.31	75.36	64.92	78.34	76.93	12.53
1,2,3,4- 四氯苯	74.31	68.36	75.31	84.32	75.67	86.31	77.38	7.93
五氯苯	82.35	75.36	81.36	66.39	91.38	54.69	75.26	15.81
六氯苯	84.31	86.39	76.61	92.28	75.26	71.15	81	8.97

表 1-1-25　河流型沉积物中浓度加标

目标物	回收率测定结果 /%						均值 /%	RSD/%
	1	2	3	4	5	6		
1,4- 二氯苯	71.79	71.79	74.36	73.08	73.08	71.79	72.65	1.44
1,3- 二氯苯	69.33	68.00	70.67	70.67	70.67	69.33	69.78	1.56
1,2- 二氯苯	73.02	65.08	77.78	76.19	76.19	74.60	73.81	6.20
1,2,4- 三氯苯	74.63	74.63	77.61	77.61	76.12	73.13	75.62	2.39
1,3,5- 三氯苯	90.57	84.91	92.45	92.45	88.68	79.25	88.05	5.86
1,2,3- 三氯苯	71.91	71.91	65.17	74.16	74.16	73.03	71.72	4.69
1,2,4,5- 四氯苯	68.54	69.66	70.79	74.16	70.79	69.66	70.60	2.74
1,2,3,5- 四氯苯	86.19	74.29	74.49	61.98	82.34	81.64	76.82	10.27
1,2,3,4- 四氯苯	90.34	85.36	81.59	89.57	90.67	82.69	86.7	4.24
五氯苯	82.64	80.69	91.3	97.68	70.39	77.49	83.37	10.71
六氯苯	80.39	71.54	73.59	69.67	84.38	68.61	74.7	7.72

表 1-1-26　河流型沉积物低浓度加标

目标物	回收率测定结果 /%						均值 /%	RSD/%
	1	2	3	4	5	6		
1,4- 二氯苯	66.67	50.00	83.33	66.67	66.67	66.67	66.67	15.81
1,3- 二氯苯	60.56	60.65	80.00	60.12	80.69	80.00	70.00	15.65
1,2- 二氯苯	50.00	50.09	50.00	50.90	75.38	75.00	58.33	22.13
1,2,4- 三氯苯	66.67	55.56	100.80	66.67	88.89	55.56	72.22	25.28
1,3,5- 三氯苯	93.33	73.33	86.67	86.67	93.33	73.33	84.44	10.79
1,2,3- 三氯苯	75.00	75.00	125.00	100.00	100.00	50.00	87.50	29.97
1,2,4,5- 四氯苯	50.00	50.00	75.00	75.00	100.00	75.00	70.83	26.57
1,2,3,5- 四氯苯	68.00	59.00	87.00	65.35	86.64	67.25	72.21	14.86
1,2,3,4- 四氯苯	61.64	65.81	69.61	59.84	63.29	58.76	63.16	5.83
五氯苯	63.94	64.39	58.64	57.28	63.64	82.94	65.14	12.92
六氯苯	65.31	87.35	84.25	69.34	58.84	56.08	70.2	16.9

3.11 质量控制和质量保证

3.11.1 空白实验

每 20 个样品或每批次（少于 20 个样品）需做两个空白试验，测定结果中目标物浓度不应超过方法检出限。否则，应检查试剂空白、仪器系统以及前处理过程。

3.11.2 标准曲线

标准曲线的相关系数应大于 0.990，否则应重新绘制校准曲线。

连续分析时，每 24 h 分析一次标准曲线中间浓度点，其测定结果与实际浓度值相对偏差应小于或等于 20%。否则，需重新绘制标准曲线。

3.11.3 平行样品

每 20 个样品或每批次（少于 20 个样品）应分析一个平行样，平行样测定结果相对偏差应小于 30%。

3.11.4 基体加标

每 20 个样品或每批次（少于 20 个样品）应分析一个基体加标样品，土壤和沉积物加标样品回收率控制范围为 50% ～ 120%。

参考文献

[1] 余梅 . 氯苯类化合物在低渗透黏性土介质中的迁移规律研究 [D]. 中国地质大学，2016.

[2] 黄雪琳，杨丽，李菊，等 . 氯苯类化合物及其检测方法研究进展 [J]. 环境科学与技术，2015，38（S2）：236-239.

[3] 李娟，胡冠九 . 吹扫捕集 -GC/MS 法测定水中氯苯类化合物的质量控制指标研究 [J]. 环境监测管理与技术，2013，25（06）：7-10.

[4] 梁素丹，陈剑刚，白艳玲，等 . 液液萃取 - 气相色谱法同时测定水中氯苯类化合物和有机氯农药 [J]. 中国卫生检验杂志，2013，23（6）：1385-1388.

[5] 张欢燕，吴诗剑，刘鸣，等 .GC-ECD 测定地表水中的硝基苯类和氯苯类化合物

[J].环境科学与技术，2013，36（01）：84-88.

[6] 姑丽各娜・买买提依明，海日沙・阿不来提，阿布力孜・伊米提.氯苯类化合物检测方法的研究进展 [J].环境工程，2010，28（S1）：268-271.

[7] 王爽，袁寰宇.环境中氯苯类化合物的分析研究进展 [J].广州化学，2009，34（2）：71-78.

[8] 舒月红，黄小仁，贾晓珊.氯苯类化合物在沉积物上的非线性吸附行为 [J].环境科学，2009，30（1）：178-183.

[9] 王硕，戴炳业，张岩.氯苯类化合物测定方法的研究现状 [J].天津科技大学学报，2008（1）：83-86.

[10] 王玉芬，张肇铭，胡筱敏.含氯苯类化合物废水处理技术研究进展 [J].工业安全与环保，2006（3）：37-40.

[11] 胡枭，胡永梅，樊耀波，等.土壤中氯苯类化合物的迁移行为 [J].环境科学，2000（6）：32-36.

[12] 甘平，朱婷婷，樊耀波，等.氯苯类化合物的生物降解 [J].环境污染治理技术与设备，2000（4）：1-12.

[13] Tor, Ali. Determination of chlorobenzenes in water by drop-based liquid-phase microextraction and gas chromatography-electron capture detection [J]. J Chromatogr A，2006, 1125（1）：129-132.

[14] Khajeh. Mostafa, Yamini. Yadollah. Trace analysis of chlorobenzenes in water samples using headspace solvent microextraction and gas chromatography-electron capture detection [J]. Talanta, 2006，69（5）：1088-1094.

[15] Rodil R, Popp P. Development of pressurized subcritical water extraction combined with stir bar sorptive extraction for the analysis of organochlorine pesticides and chlorobenzenes in soils [J]. Journal of Chromatography A, 2006, 1124（1）：82-90.

[16] 刘鸿雁，齐刚.GC-ECD 毛细管气相色谱法测定水中氯苯类化合物 [J].黑龙江环境通报，2009，33（2）：13-14.

[17] 张莉.GC-ECD 气相色谱法同时测定饮用水中 10 种氯苯类化合物 [J].仪器仪表

与分析监测，2011，2：42-43.

[18] 陈瑶 . SPME-GC/MS 测定模拟水样中氯苯类化合物 [J]. 黑龙江环境通报，
　　　2016,44（4）：83-85.

[19] 许亚璐，许行义，刘劲松，等 . 不同溶剂对活性炭采集氯苯类化合物解吸效能研
　　　究 [J]. 环境科学与管理，2017，42（4）：127-130.

[20] 任丽萍，张海荣，区自清，等 . 超声波法提取土壤样品中 1,2,4- 三氯苯和 GC 测定
　　　[J]. 辽宁城乡环境科技，1997（2）：62-63.

[21] 田艳，黄宁，梁柳玲，等 . 吹扫捕集 - 气相色谱质谱法测定地表水中 12 种氯苯类
　　　有机物 [J]. 中国环境监测，2014，30（3）：111-114.

[22] 乐小亮，何娟，肖娇 . 固相萃取 - 高效液相色谱法测定废水中 4 种氯苯类有机污
　　　染物 [J]. 安徽农业科学，2013，41（13）：5894-5896.

[23] 任衍燕，华勃 . 固相萃取 - 气相色谱 / 质谱法测定水中氯苯类化合物 [J]. 给水排
　　　水，2015，41：151-152.

[24] 王磊，乐小亮，司蔚 . 固相萃取 - 气相色谱法测定水和废水中四种氯苯类有机污
　　　染物 [J]. 生态科学，2012，31（5）：563-566.

[25] 蔡全英，莫测辉，吴启堂，等 . 部分城市污泥中氯苯类化合物的初步研究 [J]. 环
　　　境化学，2002，21（2）：139-143.

[26] 梁焱，陈盛，张鸣珊，等 . 快速溶剂萃取 - 气相色谱 - 质谱法测定土壤中 24 种半
　　　挥发性有机物含量 [J]. 理化检验 - 化学分册，2016，52（6）：677-683.

[27] 应红梅，徐能斌，朱丽波，等 . 吹脱 - 捕集气相色谱法测定底质中易挥发性有机
　　　物 [J]. 环境污染与防治，1999，21（5）：43-46.

[28] 郎印海，蒋新 ,Martens D，等 . 固相流体热萃取 -GC/MS 分析土壤中氯苯类有机污
　　　染物 [J]. 分析试验室，2003，22（6）：64-67.

土壤和沉积物 氯苯类化合物的测定 气相色谱法

1 适用范围

本方法规定了测定土壤和沉积物中氯苯类化合物的气相色谱法。

本方法适用于土壤和沉积物中 1,2- 二氯苯、1,3- 二氯苯、1,4- 二氯苯、1,2,4- 三氯苯、1,2,3- 三氯苯、1,3,5- 三氯苯、1,2,3,4- 四氯苯、1,2,3,5- 四氯苯、1,2,4,5- 四氯苯、五氯苯和六氯苯 11 种氯苯类化合物的测定。

当土壤和沉积物的样品量为 10 g 时，11 种氯苯类化合物的方法检出限为 0.001 ～ 0.06 mg/kg，测定下限为 0.004 ～ 0.24 mg/kg。

2 规范性引用文件

本方法内容引用了下列文件或其中的条款。凡是未注明日期的引用文件，其有效版本适用于本方法。

GB 17378.3 海洋监测规范 第 3 部分：样品采集、贮存与运输

GB 17378.5 海洋监测规范 第 5 部分：沉积物分析

HJ 613 土壤干物质和水分的测定 重量法

HJ 783 土壤和沉积物 有机物的提取 加压流体萃取法

HJ/T 166 土壤环境监测技术规范

3 方法原理

采用加压流体萃取或索氏提取等萃取方法以正己烷：丙酮（$V：V$=1：1）为溶剂提取土壤或沉积物中的氯苯类化合物，根据样品基体干扰情况选择铜粉脱硫、固相净化小柱、分散式固相萃取净化（QuEChERS）等方法对提取液净化，经浓缩和定容后，以气相色谱法测定。通过保留时间定性，外标法定量。

警告：实验中所使用的溶剂、标准样品均为有毒有害化合物，其溶液配制应在通风橱中进行，操作时应按规定要求佩带防护器具，避免接触皮肤和衣物。

4 试剂和材料

除非另有说明，分析时均使用符合国家标准的分析纯试剂。实验用水为新制备的超纯水或蒸馏水。

4.1 二氯甲烷（CH_2Cl_2）：农残级。

4.2 正己烷（C_6H1_4）：农残级。

4.3 丙酮（C_3H_6O）：农残级。

4.4 正己烷-丙酮混合溶剂（$V：V=19：1$）。

用正己烷（4.2）和丙酮（4.3）按 19：1 的体积比混合。

4.5 正己烷-丙酮混合溶剂（$V：V=1：1$）。

用正己烷（4.2）和丙酮（4.3）按 1：1 的体积比混合。

4.6 无水硫酸钠（Na_2SO_4）。

在马弗炉中 400 ℃下烘烤 4 h，冷却后装入磨口玻璃瓶，于干燥器中保存。

4.7 氯苯类标准贮备液：可直接购买有证标准溶液，也可用纯标准物质制备，在 4 ℃冰箱中保存。

4.8 氯苯类标准使用液：用正己烷（4.2）稀释氯苯类标准贮备液（4.7），配制成系列浓度的标准使用液。在 4 ℃冰箱中保存。

4.9 硅酸镁柱、硅胶柱或其他等效固相萃取柱（1 g/6 ml）。

使用前用不同极性的溶剂淋洗，最后用洗脱剂浸泡保存备用。

4.10 载气：氮气，纯度≥99.999%。

4.11 硅藻土：60 ～ 100 目。

在马弗炉中 400 ℃下烘烤 4 h，冷却后装入磨口玻璃瓶，于干燥器中保存。

4.12 石英砂：20 ～ 100 目（尽量选择和土壤样品相近粒径）。

在 400℃下灼烧 4 h，冷却后装入磨口玻璃瓶中，置于干燥器中保存。

4.13 浓硝酸（HNO$_3$）：ρ（HNO$_3$）$=$ 1.42 g/ml。

4.14 稀硝酸（V：V=1：9）

量取 5ml 浓硝酸（4.15），缓慢加入到 45 ml 水中。

4.15 铜粉（Cu）：99.5%。

铜粉使用前用稀硝酸（4.15）活化，去除表面的氧化物。用蒸馏水洗去残留的酸，再用丙酮清洗，并在氮气流下干燥铜粉，使铜粉具光亮的表面。每次临用前处理。

4.16 QuEChERS 净化剂：25 mg N- 丙基乙二胺（PSA）+ 2.5 mg 石墨化碳黑（GCB）+150 mg MgSO$_4$，2 ml 净化管（市售）；也可用购买 PSA、GCB、MgSO$_4$ 填料按比例称取。

5 仪器和设备

5.1 气相色谱仪：配电子捕获检测器（ECD）。

5.2 色谱柱：①HP-5：长 30 m，内径 0.32 mm，膜厚 0.25 μm，固定相为 5%- 苯基 - 二苯基甲基硅氧烷。②DB-1701：长 30 m，内径 0.25 mm，膜厚 0.25 μm，固定相为 14%- 氰丙基 - 苯基 - 甲基聚硅氧烷。或其他等效的毛细管色谱柱。

5.3 提取装置：加速溶剂提取仪或索氏提取等性能相当的设备。

5.4 浓缩装置：旋转蒸发装置、氮吹仪、K-D 浓缩仪或性能相当的设备。

5.5 固相萃取装置：固相萃取仪，可通过真空泵调节流速。

5.6 分析天平：精度为 0.01 g。

5.7 马弗炉。

5.8 冷冻干燥机。

5.9 一般实验室常用仪器和设备。

6 样品

6.1 样品的采集和保存

按照 HJ/T 166 规定采集及保存土壤样品；参照 GB 17378.3 采集及保存沉积物样品。采集的土壤或沉积物样品保存在事先清洗干净、并用有机溶剂处理过不存在干扰物的磨口棕色广口玻璃瓶或内衬聚四氟乙烯隔垫瓶盖的螺口玻璃瓶中，置于 4 ℃冰箱避光、冷藏保存，7 d 内完成分析。

6.2 试样的制备

将样品置于不锈钢盘或聚四氟乙烯盘中，除去枝棒、叶片、石子等异物，混匀，并按照 HJ/T 166 要求进行缩分。可采用冷冻干燥或干燥剂两种方式脱水。

冷冻干燥法：取适量混匀后样品，放入冷冻干燥机（5.8）中干燥脱水。干燥后的样品需研磨、混匀。称取 10 g（精确到 0.01 g）样品进行提取。

干燥剂法：称取 10 g（精确到 0.01 g）新鲜样品，索氏提取法加入适量无水硫酸钠（4.6）、加压流体萃取法加入适量硅藻土（4.11），研磨成流沙状，全部转移至提取装置中，待提取。

注：在称取提取样品时，另称取一份样品进行水分的测定。土壤样品含水率的测定按照 HJ 613 执行，沉积物样品含水率的测定按照 GB 17378.5 执行。

6.3 试样的制备

6.3.1 提取

6.3.1.1 索氏提取

将全部样品（6.2）小心转入索氏提取套筒内，将套筒置于索氏提取器回流管中，在底瓶中加入 100 ml 正己烷 - 丙酮混合溶剂（4.5）提取 18 h，回流速度控制在每小时 4 ～ 6 次，冷却后收集所有萃取液备净化用。

6.3.1.2 加压流体萃取

按照 HJ 783 进行样品（6.2）装填，以正己烷 - 丙酮混合溶剂（4.5）为萃取溶剂，按以下参考条件进行加压流体萃取：萃取温度 80℃，萃取压力 1 500 psi，静态萃取时间 5 min，淋洗为 60% 池体积，氮气吹扫时间 60 s，萃取循环次数 2 次。也可以参照仪器生产商说明书设定条件。收集提取溶液。

6.3.2 过滤和脱水

如萃取液中水分较多，需进行进一步脱水。在玻璃漏斗上垫一层玻璃棉或玻璃纤维滤膜，补加约 5 g 无水硫酸钠（4.6），将萃取液经上述漏斗直接过滤到浓缩器皿中，用 5 ～ 10 ml 正己烷 - 丙酮混合溶剂（4.5）充分洗涤萃取容器，将洗涤液也经漏斗过滤到浓缩器皿中。最后再用少许上述混合溶剂冲洗无水硫酸钠。

6.3.3 预浓缩和更换溶剂

采用氮吹浓缩法，也可采用旋转蒸发浓缩、K-D 浓缩等其他浓缩方法。

氮吹浓缩仪设置温度不高于 30℃，小流量氮气将提取液浓缩至所需体积。如需更换溶剂体系，则将提取液浓缩至 1.5 ～ 2.0 ml，用 5 ～ 10 ml 溶剂洗涤浓缩器管壁，再用小流量氮气浓缩至所需体积，待净化。

6.3.4 净化

根据样品的实际情况，选择适合的净化方式，对提取液进行净化。

6.3.4.1 脱硫

沉积物或颜色较重的萃取液需要脱硫，在萃取液中加入适量铜粉（4.16），振荡混合至少 1 ～ 2 min，将溶液与铜粉分离，转移至干净的玻璃容器内，待进一步净化或浓缩。

6.3.4.2 固相萃取小柱净化

使用硅酸镁柱或硅胶柱或对提取液进行净化：用 10 ml 正己烷（4.2）淋洗小柱，柱床留有液面；将浓缩液全部转移到净化柱上，用约 2 ml 正己烷（4.2）洗涤氮吹管，洗涤液一并上柱；用 10 ml 正己烷 - 丙酮混合溶剂（4.4）进行洗脱，收集洗脱液于刻度试管中。

6.3.4.3 QuEChERS 净化

在净化液中加入适量 QuEChERS 净化剂（4.16），涡旋 5 min 后离心，收集上清液。

6.3.5 浓缩定容

将净化后的溶液用浓缩装置浓缩后，用正己烷（4.2）定容至 1.0 ml，转移至进样小瓶中，待测定。

6.4 空白试样的制备

用石英砂（4.12）代替实际样品，按照与试样的制备（6.3）相同步骤进行空白试样制备。

7 分析步骤

7.1 仪器参考分析条件

气相色谱条件：进样口温度为 250℃，不分流进样，进样量 1 μl，载气为高纯氮气（＞99.99%），恒流方式，流速为 1 ml/min。升温程序：初始温度 50℃保持 1 min，以 8℃/min 的速度升温至 150℃，保持 3 min，最后以 8℃/min 的速度升温至 220℃，保持 2 min。目标化合物的气相色谱图如图 1 所示。

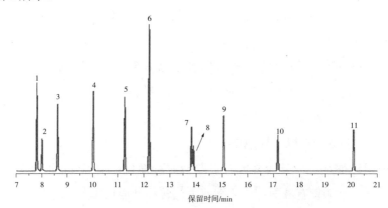

1—1,4—二氯苯；2—1,3—二氯苯；3—1,2—二氯苯；4—1,3,5—三氯苯；5—1,2,4—三氯苯；
6—1,2,3—三氯苯；7—1,2,3,5—四氯苯；8—1,2,4,5—四氯苯；9—1,2,3,4—四氯苯；
10—五氯苯；11—六氯苯

图 1 氯苯类化合物的气相色谱图

7.2 校准曲线的建立

取一定量氯苯类标准使用液（4.8），用正己烷（4.2）稀释，配制至少 5 个浓度点的标准系列，目标化合物参考质量浓度分别为 0.01 mg/L、0.05 mg/L、0.2 mg/L、0.8 mg/L 和 2.0 mg/L，贮存于棕色进样瓶中，待测。按照仪器参考条件（7.1），从低浓度到高浓度依次进样分析，以标准系列溶液中目标化合物浓度为横坐标，以其对应峰面积（峰高）为纵坐标，建立标准曲线。

7.3 测定

7.3.1 试样

用微量注射器或自动进样器取 1.0 μl 试样，按照与绘制标准曲线相同的仪器参考分析条件进行测定。若试样中目标化合物浓度超出标准曲线范围，需按步骤6.3.1重新提取，分取提取液按步骤6.3.2～6.3.5处理后测定。

7.3.2 空白试样

按照与试样相同的条件（7.3.1）进行空白试样（6.4）的测定。

8 结果计算与表示

8.1 定性分析

以目标化合物的保留时间定性，必要时可采用标准样品加入法、不同色谱柱分离、质谱扫描等方法辅助定性。

8.2 结果计算

土壤样品中氯苯类化合物的质量浓度按式（1）计算：

$$w_i = \frac{\rho_i \times V_i}{m_i \times w_{dm} \times (V_i / V_0)} \tag{1}$$

式中：w_1——样品中目标化合物 i 的质量浓度，mg/kg；

ρ_i——由标准曲线所得试样中目标化合物 i 的质量浓度，mg/L；

V_i——试样定容体积，ml；

m_i——样品量，g；

w_{dm}——样品的干物质含量，%；

V_i/V_0——分析用提取液在总提取液中所占的比例。

沉积物样品中氯苯类化合物的质量浓度按式（2）计算：

$$w_2 = \frac{\rho_j \times V_j}{m_j \times (1 - w_{H_2O}) \times (V_j/V_0)} \qquad (2)$$

式中：w_2——样品中目标化合物 j 的质量浓度，mg/kg；

ρ_j——由标准曲线所得试样中目标化合物 j 的质量浓度，mg/L；

V_j——试样定容体积，ml；

m_j——样品量，g；

w_{H_2O}——样品的含水率，%；

V_j/V_0——分析用提取液在总提取液中所占的比例。

8.3 结果表示

小数位数的保留与方法检出限一致，结果最多保留 3 位有效数字。

9 精密度和准确度

选取 3 种实际土壤样品和 2 种沉积物样品，分别进行低、中、高浓度（0.02 mg/kg、0.05 mg/kg 和 0.5 mg/kg）加标，平行分析 6 次。测定结果相对标准偏差（RSD）分别为 0.99%～20.51%、5.32%～29.14%、3.6%～10.57%、2.71%～22.51% 和 1.44%～29.97%；加标回收率范围 分别 为 58.49%～108.64%、60.51%～111.54%、64.83%～116.33%、53.72%～98.25% 和 58.33%～100%。

10 质量控制和质量保证

10.1 空白实验

每 20 个样品或每批次（少于 20 个样品）需做两个空白试验，测定结果中目标物浓度不应超过方法检出限。否则，应检查试剂空白、仪器系统以及前处理过程。

10.2　标准曲线

标准曲线的相关系数应＞ 0.990，否则应重新绘制校准曲线。

连续分析时，每 24 h 分析一次标准曲线中间浓度点，其测定结果与实际浓度值相对偏差应小于或等于 20%。否则，需重新绘制标准曲线。

10.3　平行样品

每 20 个样品或每批次（少于 20 个样品）应分析一个平行样，平行样测定结果相对偏差应小于 30%。

10.4　基体加标

每 20 个样品或每批次（少于 20 个样品）应分析一个基体加标样品，土壤和沉积物加标样品回收率控制范围为 50% ～ 120%。

11　废物处理

试验中所产生的所有废液和其他废弃物（包括检测后的残液）应集中密封存放，并附警示标志，委托有资质单位集中处置。

土壤和沉积物　硝基苯类化合物的测定
气相色谱–质谱法

1　方法研究的必要性

1.1　硝基苯类化合物的环境危害

1.1.1　硝基苯类化合物的理化性质

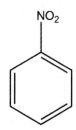

环境中的硝基苯类化合物种类较多，主要包括硝基苯、硝基氯苯、硝基甲苯、二硝基苯、二硝基氯苯、二硝基甲苯、三硝基苯、三硝基甲苯、三硝基氯苯、四硝基氯苯和五硝基氯苯等。该类化合物均难溶于水，易溶于乙醇、乙醚及其他有机溶剂。具体理化性质详见表 1-2-1。

1.1.2　土壤中硝基苯类化合物的来源

硝基苯类化合物广泛应用于农药、染料、炸药、橡胶以及其他化工产品的生产。四硝基氯苯和五硝基氯苯为土壤中的杀菌剂和除草剂。环境中的硝基苯类化合物主要是人类生产活动造成，主要可通过废水废气进入环境，也可因运输和生产过程中的意外事故和存贮器罐的不当处置，而大量进入环境。由于硝基苯类化合物结构稳定，较难降解，在工业生产中它们被作为固体废弃物埋于土壤中，或者通过污水排放到河流中，随地下水渗入土壤，将对土壤造成持续相当长时间的污染。具体来源见表 1-2-1。

1.1.3　土壤中硝基苯类化合物的毒性和危害

硝基苯类化合物及其在环境中转化的产物大多是国际公认的危险化学品。硝基苯、2,4- 二硝基甲苯和 2,6- 二硝基甲苯被列入美国环境优先控制污染物黑名单；硝基苯、对硝基甲苯、2,4- 二硝基甲苯、三硝基甲苯、对硝基氯苯和 2,4- 二硝基氯苯被列入中国环境优先控制污染物名单。

多种硝基苯类化合物有剧毒，毒性为其他相似化合物的 20～30 倍，可通过呼吸道吸入或皮肤吸收而产生毒性作用，可引起神经系统症状、贫血，可破坏人体的肝脏和呼吸系统，由于其毒性强、分布广，硝基苯可直接作用于肝细胞导致肝实质病变，引起中毒性肝病和肝脏脂肪变性，严重者可发生亚急性肝坏死。急性硝基苯中毒的神经系统症状较明显，严重者可有高热，并有多汗、缓脉、初期血压升高、瞳孔扩大等植物神经系统紊乱症状。慢性中毒可有神经衰弱综合症，慢性溶血时，可出现贫血、黄疸。吸入硝基苯后，由于它的氧化作用，使血红蛋白变成氧化血红蛋白（即高铁血红蛋白），阻止血红蛋白输送氧的作用，因而呈现呼吸急促和皮肤苍白的现象，症状严重的患者会因呼吸衰竭而死亡。

Ramouseu 等研究了硝基苯等污染物对蛋白核小球藻（*Chlorella pyrenidosa*）的生长抑制，实验表明，细胞内污染物在 0.1～0.6 mmol/kg、0.5～1.7 mmol/kg 浓度时可抑制 10%～50% 的细胞生长。这与 0.7～2.3 mmol/kg、2.0～14 mmol/kg 浓度下抑制羊角月牙藻（*Selenasrtrum capricornutum*）的情况一致。还有研究表明，硝基苯对莱茵衣藻（*Chlamydomonas reinhardtii*）的生长和光合生理有明显抑制作用，主要表现在其明显降低光合色素的含量、光能转换效率、电子传递速率和净光合速率方面。Dodard 等曾做过硝基苯类化合物对水中及陆地物种的生态毒性研究。结果表明，此类化合物甚至对陆地上哺乳动物的繁殖也产生了负面效应。

此外，硝基苯类化合物具有较高的脂溶性和较低的水溶性，而且容易吸附在无机矿物颗粒和底泥中，容易被各种水生生物所富集和吸收，在生物体内长期存在、大量累积，而且这种累积会通过食物链逐级放大，对生物体的遗传系统、免疫系统以及神经系统等造成不可逆转的损害。

一般认为，硝基苯类化合物主要致毒机理是化合物亲电中心与受体分子亲核活性中心发生反应，在细胞内发生还原反应，从而产生潜在的、毒性更强的硝基苯类化合物。所以，苯环上硝基的数目和位置的差别都会引起化合物亲电结合能的变化，从而影响其生物活性。硝基越多，毒性越强；当含有氨基、羟基、卤素取代基时，毒性增加，而其中部分含有氨基和羟基的化合物，其毒性与疏水性有关；当含有烷基、磺酸基时，毒性则减弱。

Bailey 等通过实验研究了硝基苯类化合物的毒性，指出硝基苯类异构物的毒性值与硝基在苯环上的数目及位置有关，化合物中硝基相互处于邻位、对位的毒性值较处于间位的高。国内外许多报道都提出类似的观点。Bailey 还提出两种机制解释上述硝基苯类异构物间毒性的差别，一是硝基基团的亲核取代，二是硝基的还原。并且，认为硝基被还原的可能性更大，这主要是由于硝基的强吸电子性及其与苯环的共轭效应。Hall 认为邻式二硝基苯的毒性较大的原因是，硝基和苯环上的 π 电子共轭，吸引 π 电子，使另一硝基活化，表现出较大的离去倾向，从而使邻位、对位二硝基苯的毒性增大。此外，Mason 提出了脂质过氧化这一理论，认为硝基苯类化合物的毒性作用与自由基及其引发的脂质过氧化损伤有关。研究表明，硝基苯类化合物能在肝脏的线粒体或微粒体内进行还原性生物转化，在代谢还原为氨基化合物的过程中，首先进行单电子还原，形成硝基阴离子自由基中间产物，并经氧化还原循环形成大量超氧阴离子自由基（O_2^{2-}），后者可进而转化为其他毒性更大的活性氧如羟基自由基（OH^-），并启动生物膜磷脂多不饱和脂肪酸的过氧化链式反应过程，产生脂质过氧化物，导致膜结构和功能破坏，引起细胞代谢紊乱甚至死亡。同样，王明臣等做过 TNT 系列化合物的脂质过氧化水平的研究，结果表明 TNT 可引发接触者机体自由基净水平的增加和脂质过氧化损伤的加强，并可导致机体抗氧化能力的过度消耗。

硝基苯类化合物的理化性质、用途来源和毒性危害见表 1-2-1。

1.2　相关环保标准和环保工作的需要

在我国现行的土壤环境质量标准中，涉及硝基苯类化合物的排放（控制）标准较少，但随着《土壤污染防治行动计划》的推进实施，土壤环境污染越来越受到重视，硝基苯类化合物作为重要的化工原料，使用量大，有较大的环境风险，有必要制定土壤和沉积物中硝基苯类化合物快速、准确的测定方法，为污染物的准确定量测定提供依据，为相关环保工作的开展提供支持。

《土壤环境质量　农用地土壤污染风险管控标准（试行）》（GB 15618—2018）中尚未对硝基苯类化合物作控制要求，国内现有关于土壤中硝基苯类化合物的标准限值，详见表 1-2-2。

表 1-2-1　硝基苯类化合物的理化性质、来源和危害

序号	硝基苯类化合物	理化性质	用途来源	毒性危害
1	硝基苯	又名密斑油、苦杏仁油；无色或微黄色具苦杏仁味的油状液体；相对密度，1.203 7(20/4℃)；熔点，5.7℃；沸点，210.9℃；难溶于水，密度比水大；易溶于乙醇、乙醚、苯和油；遇明火、高热会燃烧、爆炸	硝基苯由苯经硝酸和硫酸混合苯硝化而得；为有机合成中间体及生产苯胺的原料；用于生产染料、香料、炸药等有机合成工业	毒性较强，吸入大量蒸气或皮肤大量沾染，可引起急性中毒，使血液变成深棕褐色，并引起头痛、恶心、呕吐。吸入、摄入或皮肤吸收均可引起人员中毒。中毒典型症状是气短、眩晕、昏厥、神志不清、皮肤发蓝，最后会因呼吸衰竭而死亡。遇明火、高热或与氧化剂接触，有引起燃烧爆炸的危险。与硝酸反应强烈
2	对-硝基甲苯	黄色斜方立面晶体；相对密度，1.1038（75/4℃）；熔点51.7℃；沸点238.5℃；易燃；不溶于水，易溶于乙醇、乙醚和苯	主要用于制造对甲苯胺、甲苯二异氰酸酯、联甲苯胺、对硝基苯甲酸、对硝基甲苯-2-磺酸、2-硝基对甲苯胺、3-氯-4-硝基甲苯、二硝基甲苯等，也用作染料中间体及农药、医药、塑料和合成纤维助剂的中间体	经皮肤迅速吸收，吸入其蒸气可中毒；对人体的危害类似于硝基苯，但比硝基苯弱；在3种异构体中，对硝基甲苯毒性最小；危险特性：易燃、遇明火、高热可燃；健康危险：对眼睛、呼吸道和皮肤有刺激作用，吸收进去体内可引起高铁血红蛋白血症，出现紫绀；严重中毒者可致死亡
3	间-硝基甲苯	黄色液体或结晶有硝基苯的气味；熔点，15.1℃；沸点，231.9℃；相对密度，1.16；不溶于水、溶于乙醇；可混溶于乙醚；可燃，其蒸气与空气混合，能形成爆炸性混合物	主要用于制造间甲苯胺和染料等	吸入、食入、经皮吸收侵入人体，对眼睛、呼吸道和皮肤有刺激作用；可引起高铁血红蛋白血症，出现紫绀；严重中毒者可致死；对水生生物有毒性作用

序号	硝基苯类化合物	理化性质	用途来源	毒性危害
4	邻-硝基甲苯	黄色易燃液体；熔点，-9.5℃；沸点，221.7℃；相对密度，1.163（20/4℃）；折射率，1.547 4；闪点，106℃；燃点，420℃；不溶于水，溶于乙醇和苯，可与乙醇、乙醚混溶；能随水蒸气挥发；可燃、有毒，具刺激性	主要用于生产邻甲基苯胺、邻联甲苯胺，是染料、涂料、塑料和医药的重要原料。在医药工业中用于生产硝苯吡啶、痛惊宁、丙咪嗪盐酸盐、盐酸溴己胺、双氯西林钠等	邻硝基甲苯对眼睛、呼吸道和皮肤有刺激作用；吸收进入人体内可引起高铁血红蛋白血症，出现紫绀；严重中毒者可致死；对环境有危害，对水体可造成污染
5	对-硝基氯苯	浅黄色单斜棱形晶体；熔点，83～84℃；沸点，242℃；不溶于水，微溶于乙醇、乙醚、二硫化碳，易受热分解；有腐蚀性；有剧毒	制备偶氮染料和硫化染料的中间体，也是制造农药、橡胶助剂的原料	有剧毒，经皮肤吸收或吸入其蒸气均可引起中毒，尤其与乙醇共同使用时，因生成高铁血红蛋白，会引起急性中毒致死。饮酒会加速中毒中毒，形成过敏症
6	间-硝基氯苯	浅黄色结晶，103℃；熔点，46℃；沸点，236℃；不溶于水，溶于多数有机溶剂；相对密度，1.53；邻-硝基氯苯为黄色结晶；相对密度，1.2979（90/4℃）；熔点，32.5℃；沸点，245.5℃；相对密度，1.30；不溶于水，溶于乙醇、苯等；遇明火、高热可燃；与强氧化剂可发生反应；受高热分解，产生有毒的氢氧氯化物的气体；有腐蚀性		对黏膜和皮肤有刺激作用，引起高铁血红蛋白，急性中毒者的病人可有头痛，头晕，乏力，皮肤粘膜木等症状；重者可出现胸闷，呼吸困难，昏迷，抽搐，呼吸麻痹，甚至发生心律紊乱，肝损害；慢性中毒可引起溶血性贫血，乏力，失眠，记忆力减退等神经衰弱症候群；有慢性溶血时，可出现黄疸，贫血，还可引起中毒性肝炎
7	邻硝基氯苯	可燃；有毒；具腐蚀性，刺激性，可致人体灼伤；遇明火能燃烧；受高热分解放出有毒的气体		

序号	硝基苯类化合物	理化性质	用途来源	毒性危害
8	对-二硝基苯	白色结晶;熔点,174℃;沸点,299℃;相对密度,1.625(18/4℃);溶于苯、丙酮、甲苯、乙酸乙酯;微溶于乙醇,氯仿;不溶于水;能随水蒸气挥发,能升华;高毒	主要用于有机合成及用作染料中间体,可用于制造炸药,并可用作分析试剂,同二氯苯等染料、农药和医药中间体;用于有机合成及用作染料中间体,并用来制造炸药	与氧化剂混合可爆,受冲击可爆炸
9	间-二硝基苯	无色易燃固体;分子量,168.11;相对密度,1.57;熔点,89℃;沸点,301℃;微溶于水,溶于乙醇、乙醚、苯等;化学性质较为稳定,为剧毒品		
10	邻-二硝基苯	黄色片状结晶;有苦杏仁味;有挥发性;熔点,118℃;沸点,319℃;微溶于水,溶于乙醇、乙醚、苯等		
11	2,4-二硝基甲苯	淡黄色至黄色针状结晶;有苦杏仁味;分子量,182.14;熔点,69.5℃;沸点,300℃;相对密度,1.52;微溶于水,乙醇、乙醚,易溶于苯、丙酮;在阳光下颜色变深,与碱接触变红;有毒;易燃;微溶于水,溶于乙醇、乙醚、丙酮,苯及甲苯等;具有一定的化学活性,受热可分解	广泛用于有机合成,用于染料、油漆、涂料的制备,也是生产炸药的主要原料	被二硝基甲苯污染的水体略带苦的金属味,呈浅黄色;对水生生物有毒害作用,浓度达10 mg/L时,可造成鱼类及水生生物的死亡;极易燃,易爆,事故现场有苦杏仁味;有剧毒;具有致癌性

序号	硝基苯类化合物	理化性质	用途来源	毒性危害
12	2,6-二硝基甲苯	浅黄色针状结晶；分子量，182.14；沸点，66℃；相对密度，1.28；不溶于水，溶于乙醇、乙醚；性质稳定	用作有机合成原料	被二硝基甲苯污染的水体略带苦的金属味，呈淡黄色；对水生生物有毒害作用，浓度达10 mg/L时，可造成鱼类及水生物的死亡；极易燃，易爆，事故现场有苦杏仁味；有剧毒；具有致癌性
13	3,4-二硝基甲苯	黄色片状结晶；分子量，151.17，熔点，30～31℃；沸点，231℃；不溶于水，可混溶于热乙醇，化学性质稳定	主要用于有机合成	
14	2,4-二硝基氯苯	淡黄色或黄棕色针状结晶；有苦杏仁味，分子量，202.56；熔点，53.4℃；沸点，315℃；不溶于水，易溶于乙醇、乙醚；相对密度，1.69；化学性质稳定	染料、农药、医药中间体	吸入、食入、经皮肤吸收，可引起接触性皮炎，对机体有致敏作用；还可引起其他过敏反应
15	1,3,5-三硝基苯	淡黄色结晶易溶于苯、甲苯、氯仿、硝基甲苯、乙醚、乙醇、热乙醇、丙酮等，难溶于二硫化碳、四氯化碳及冷乙醇，不溶于水、石油醚、异辛烷、环己烷等	广泛用于炸药	吸入、食入、经皮肤吸收，对动物、有形成高铁血红蛋白作用，可致肝脏及中枢神经系统损害，引起呼吸困难
16	2,4,6-三硝基甲苯	白色或黄色针状结晶；无臭；有吸湿性；熔点，81.8℃；相对密度1.65；沸点，280℃（爆炸）；分子量，227.13；不溶于水；微溶于冷乙醇，易溶于热乙醇，溶于苯、芳烃、丙酮	广泛用于装填各种炮弹、航空炸弹、火箭弹、导弹、水雷、手榴弹及爆破器材	接触较浓的硝酸，热，接触明火，或受到摩擦、震动、撞击时可发生爆炸

序号	硝基苯类化合物	理化性质	用途来源	毒性危害
17	2,5-二氯硝基苯	相对密度，1.439 0 g/cm³（75℃）；熔点，56℃；沸点，267℃；不溶于水，溶于氯仿、热乙醇、乙醚、二硫化碳和苯	用作染料中间体，用于冰染染料大红色基 GG、红色基 3GL、红色基 RC 等，也是氮肥增效剂，有固氮保肥作用	对水生生物有毒，可能对水体环境产生生长期不良影响
18	四氯硝基苯	灰白色粉末，不溶于水、溶于乙醇，易溶于苯、氯仿、二硫化碳	农用抗真菌剂	低毒
19	五氯硝基苯	无色或微黄色结晶；有发霉的气味；纯品为白色无味结晶；工业品为白色或灰白色粉末；不溶于水，溶于有机溶剂；化学性质稳定，不易挥发、氧化和分解，也不易受阳光和酸碱的影响，但在高温干燥的条件下会爆炸分解，降低药效	农用抗真菌剂	对人、畜、鱼低毒，在土壤残效期长

表1-2-2 关于土壤中硝基苯类化合物的现有标准限值

化合物名称	硝基苯/(mg/kg)	2,4-二硝基甲苯/(mg/kg)	2,6-二硝基甲苯/(mg/kg)
北京市地标《场地环境评价导则》（DB 11/T 656—2009）	39	0.9	0.9
北京市地标《场地土壤环境风险评价筛选值》（DB 11/T 811—2011）	住宅用地 7；公园与绿地 9；工业/商服用地 35	住宅用地 0.6；公园与绿地 0.7；工业/商服用地 1	—
重庆市地标《场地土壤环境风险评价筛选值》（DB 50/T723—2016）	居住用地 5；商服/工业用地 24；公园绿地 60	—	—
《建设用地土壤污染风险筛选指导值》	住宅类敏感用地 0.99；工业类非敏感用地 4.25	住宅类敏感用地 1.54；工业类非敏感用地 4.68	—
《土壤环境质量 建设用地土壤污染风险管控标准（试行）》（GB 36600—2018）	筛选值：第一类用地 34，第二类用地 76；管制值：第一类用地 190，第二类用地 760	筛选值：第一类用地 1.8，第二类用地 5.2；管制值：第一类用地 18，第二类用地 52	—

美国国家环境保护局通用土壤筛选值中，规定硝基苯的通用土壤筛选值直接摄入量为 39 mg/kg，2,4- 二硝基甲苯的通用土壤筛选值直接摄入量为 0.9 mg/kg，2,6- 二硝基甲苯的通用土壤筛选值直接摄入量为 0.9 mg/kg。

1.3 污染物分析方法的最新进展

土壤中硝基苯类化合物属于较难检测的一类污染物。现行大气和水中硝基苯类化合物测定的标准方法，主要使用气相色谱法和气相色谱—质谱法测定环境空气和水质中硝基苯类化合物。目前，土壤中硝基苯类化合物的测定方法，特别是前处理方法尚未统一，而且分析的土壤中硝基苯类化合物种类较少。

硝基苯类化合物属于半挥发性有机物中的一种，分析模式参照 EPA 8270 的方法。土壤中硝基苯类化合物采用提取、浓缩、净化、浓缩进样的标准模式进行分析。对于土壤和沉积物中硝基苯类化合物的提取方法，可以采取索氏萃取、超声波提取、固相微萃取、水蒸气蒸馏法、加压流体萃取、超临界流体萃取、微波萃取等方法进行样品预处理。

固相微萃取技术无溶剂处理方法，成本低、无污染，但不能直接用于沉积物的处理，必须先经液固萃取，将待测物溶于溶剂后，方可采用。

水蒸气蒸馏法是将含有挥发性成分的固体样品与水共蒸馏，使挥发性成分随水蒸气一并馏出，经冷凝分取挥发性成分的浸提方法。该法适用于具有挥发性、能随水蒸气蒸馏而不被破坏、在水中稳定且难溶或不溶于水的物质的浸提。此法效果与液固搅拌提取相近，仪器设备要求简单，但处理过程复杂。玛依努尔等应用水蒸气蒸馏萃取 - 气相色谱法测定了松花江底泥中的硝基苯含量。

超临界流体萃取方法快速高效、选择性好、自动化程度高、污染少，可在萃取的同时进行被分析物的衍生化处理；但对极性化合物的萃取率较低，仪器和技术成本较高。由于它们应用上的局限性使这些提取技术在常规分析中并未得到普遍的应用。目前还未见有使用超临界流体萃取测定硝基苯类化合物的文献报道。

微波提取能在短时间内完成对样品的提取，样品选择性好，受溶剂限制小，故可供选择的溶剂多，热效率高，萃取时间短，效率高，但要严格控制提取时的压力和温度，并且成本较高。张永娟等对土壤环境中硝基苯的微波萃取 - 气相色谱法检测技术进行了研究。研究以受到硝基苯污染的松花江流域的农田为研究对象，研究了模拟受到硝基苯污染土壤环境中的硝基苯含量，实际检测了松花江水灌溉农田中的硝基苯，确定了微波消解和气相色谱测定条件。

超声萃取技术是由溶剂萃取技术与超声波技术结合形成的新技术，超声场的存在提高了溶剂萃取的效率。超声萃取法可以有效地提取环境中有机污染物，尤其适用于固体和半固体样品，如土壤、悬浮物等样品中半挥发性有机物残留的提取。方法操作简便耗时短，回收率与索氏提取相当，应用广泛。陈忠林等采用超声萃取 - 气相色谱法测定了污泥中的硝基苯含量。研究了混合溶剂的比例及用量、超声萃取时间、盐析剂投量等因素对测定结果的影响。

加压流体萃取是集萃取时间短、溶剂消耗量少、环境污染小、能够实现自动控制于一体的最新萃取分离方法。萃取效率高，速度快，可在萃取的同时进行被分析物的衍生化处理，但沉积物样品含水率较高时影响提取效率，需先经冷冻干燥处理，仪器和技术成本较高。采用加压流体萃取技术可在较短的时间内获得更好的萃取效率；萃取溶剂的用量明显减少，从而使得单个样品的提取费用也显著降低；由于采用密闭系统，降低了有机组分的损失，提高了回收率。与超临界萃取技术比较：加压流体萃取技术操作更简便，适用范围更广泛。

索氏提取法是测定固体基体中硝基苯类化合物最常使用的方法。该方法准确可靠，但使用溶剂量大，且操作费时，不适用于大量样品的常规分析。郭丽等用气相色谱 - 质谱联用法测定了某化工厂火灾后周边土壤和底泥中的多环芳烃和硝基多环芳烃，按 EPA 3630 方法用硅胶柱净化分离多环芳烃，气相色谱 - 质谱联用仪分析。赵悠悠等采用乙腈提取、C_{18} 柱分离、超快速液相色谱法测定土壤中对硝基氯苯的含量，该方法快速、准确，能够满足对土壤中硝基氯苯的测定要求。

净化是定性定量准确的基础，有效的净化方式是最大限度地保留目标化合物的同时，去除干扰测定的杂质，减少基体效应，有效降低假阳性和假阴性，增加定量的准确性；同时也是对分析仪器的保护。建立一种合适和可操作性强的净化方法是分析土壤中有机污染物的重要基础。

参照 EPA 方法，净化方法通常有凝胶渗透色谱净化、硫净化、氧化铝净化、弗罗里硅土净化和硅胶净化等。常用的净化方式主要是柱净化和凝胶渗透色谱净化。柱净化是根据目标化合物和杂质极性的差异而达到分离的，净化效率和填料的粒径、比表面积、均匀度和机械性能有关，但洗脱溶剂的极性更为关键。在非极性有机污染物的净化过程中，为了避免洗脱下来杂质应选用非极性溶剂，如正己烷、石油醚等。凝胶渗透色谱净化是一种体积排阻净化过程，是利用有机溶剂和疏水凝胶的尺寸大小排阻的方法来分离合成的高分子化合物。填料凝胶是多孔的，并且以空隙的大小和排阻范围做表征。选择凝胶时，排阻体积必须大于待测分离物的分子大小，被推荐用于除去样品中的脂类化合物、聚合物、共聚物、蛋白质、天然树脂及其聚合物等。对土壤中硝基苯类化合物多使用弗罗里硅土柱净化和凝胶渗透色谱净化，而对于污染较重的土壤需进行脱硫净化。

土壤中硝基苯类化合物的分析方法通常采用气相色谱法（ECD 检测器）和气相色谱 / 质谱联用法。ECD 是一种高选择性检测器，即只对含有电负性强的元素物质，如含有卤素、S、P、N 等化合物有响应。物质电负性越强，检测灵敏度越高。ECD 选择性好，可以避免烃类等不含电负性基团的化合物对硝基苯类化合物的干扰。气相色谱 - 质谱联用技术充分发挥了色谱优良的分离能力和质谱定性准确的特点，通过选择合适的样品预处理方法和定量手段，就可以对多种硝基苯类化合物同时进行准确地定性、定量分析和检测。两种方法均能满足分析的实际需要，但 GC-ECD 法具有更好的灵敏度和稳定性，且操作简单，维护方便，更适合于干净基质样品的分析，GC-MS 法鉴别性优于 GC-ECD 法，适合于复杂样品的分析。土壤样品中硝基苯类化合物种类较多、浓度较低、背景干扰大，一般选择气相色谱 / 质谱联用仪进行分析。使用气相色谱 - 质谱技术测定土壤沉积物中硝基苯类化合物有机化合物可以提高测定的准确度和分析效率，对于保护环境、保障人民健康，具有重要的意义。

2 国内外相关分析方法研究

2.1 国外主要国家、地区及国际组织相关分析方法研究

国外对硝基苯类化合物的测定方法主要是气相色谱法、液相色谱法和气相色谱 - 质谱法，现行可参考的方法主要是 EPA 方法。由于 EPA 方法中关于土壤和沉积物中硝基苯类化合物的方法较少，因此其中水质中涉及硝基苯类化合物的测定方法也具有一定的参考意义。美国 EPA 关于硝基苯类化合物的标准方法见表 1-2-3。

国际标准化组织（ISO）、美国材料与试验协会（ASTM）、日本标准化组织（JIS）以及欧盟方法对硝基苯类化合物的方法原理与 EPA 方法类似。

2.2 国内相关分析方法研究

2.2.1 国内相关标准分析方法

目前我国涉及硝基苯类化合物的测试标准主要集中在对土壤、水质和环境空气中硝基苯类化合物的测定，汇总见表 1-2-4。

表1-2-3　EPA 硝基苯类化合物测定标准方法

标准来源	标准编号	目标化合物	前处理	分析方法	适用范围
EPA	525.2	2,4-二硝基甲苯、2,6-二硝基甲苯	使用 C_{18} 固相萃取柱或萃取膜萃取富集，二氯甲烷和乙酸乙酯洗脱，DB-5MS 毛细柱分离	气相色谱-质谱法，内标法定量	饮用水、水源水、处理过程中的水
EPA	526	硝基苯	使用 DB-5MS 毛细柱分离	气相色谱-质谱法，内标法定量	饮用水、水源水、处理过程中的水
EPA	609	硝基苯、2,4-二硝基甲苯、2,6-二硝基甲苯	使用二氯甲烷萃取，填充柱分离	气相色谱法，FID 和 ECD 检测器检测	城市污水和工业废水
EPA	625	2,4-二硝基甲苯、2,6-二硝基甲苯	使用二氯甲烷萃取，填充柱分离	气相色谱-质谱法	城市和工业废水
EPA	8270D	硝基苯、2,6-二硝基甲苯、2,4-二硝基甲苯、3,4-二硝基甲苯	液体样品在中性溶液中用二氯甲烷萃取，液液萃取法或连续液液萃取法；固体样品使用正己烷：丙酮的混合溶剂（1:1，V/V）进行萃取，选择索氏提取、自动索氏提取、超声提取或其他合适的提取方式，加压流体萃取。使用合适的提取方式对提取液净化、浓缩、定容	气相色谱-质谱法，内标法定量	固体废物、土壤、气、水

标准来源	标准编号	目标化合物	前处理	分析方法	适用范围
EPA	8091	硝基苯、硝基甲苯、硝基氯苯、二硝基苯、二硝基甲苯、二硝基氯苯、二氯硝基苯、四氯硝基苯、五氯硝基苯	水中硝基苯苯使用正己烷萃取，使用DB-5和1701毛细柱分离；可选择索氏提取、超声提取、微波萃取或加压流体萃取等任意一种方式进行提取，溶剂为正己烷/丙酮或二氯甲烷/丙酮	气相色谱法，ECD检测器检测	固体废物、土壤、水
EPA	8095	硝基苯、硝基甲苯、1,3-二硝基苯、2,6-二硝基甲苯、2,4-二硝基甲苯、2,4,6-三硝基甲苯、1,3,5-三硝基苯	选择超声提取，溶剂为乙腈	气相色谱法，ECD检测器检测	水、土壤
EPA	8330A	硝基苯、硝基甲苯、1,3-二硝基苯、2,6-二硝基甲苯、2,4-二硝基甲苯、2,4,6-三硝基甲苯、1,3,5-三硝基苯	超声提取进行提取，溶剂为乙腈	高效液相色谱法，(254 nm)检测	水、土壤和沉积物
EPA	8330B	硝基苯、硝基甲苯、1,3-二硝基苯、2,6-二硝基甲苯、2,4-二硝基甲苯、2,4,6-三硝基甲苯、1,3,5-三硝基苯	乙腈为提取溶剂，超声提取；或水为提取溶剂，振荡提取	高效液相色谱法，(254 nm和210 nm)检测	水、土壤和沉积物

表 1-2-4　国内硝基苯类化合物测定标准方法

标准来源	标准编号	目标化合物	前处理	分析方法	适用范围
环境保护部 国土资源部 农业部	全国土壤污染状况详查土壤样品分析测试方法技术规定	硝基苯、2,6-二硝基甲苯、2,4-二硝基甲苯、3,4-二硝基甲苯	加压流体萃取提取，根据样品基体干扰情况选择弗罗里硅土柱净化、浓缩、定容	气相色谱-质谱法	土壤
环境保护部	土壤和沉积物 半挥发性有机物的测定 气相色谱-质谱法（HJ 834—2017）	硝基苯、2,6-二硝基甲苯、2,4-二硝基甲苯	采用适合的萃取方法（索氏提取、加压流体萃取等）提取，根据样品基体干扰情况选择合适的净化方法（凝胶渗透色谱或柱净化）对提取液净化、浓缩、定容	气相色谱-质谱法	土壤
环境保护部	水质 硝基苯类化合物的测定 气相色谱法（HJ 592—2010）	硝基苯、硝基甲苯、二硝基甲苯、1,3,5-三硝基苯、2,4,6-三硝基甲苯甲酸	液液萃取法提取	气相色谱法，FID检测器检测	工业废水、生活污水
环境保护部	水质 硝基苯类化合物的测定 液液萃取/固相萃取-气相色谱法（HJ 648—2013）	硝基苯、硝基甲苯、硝基氯苯、二硝基苯、二硝基甲苯、三硝基氯苯、三硝基甲苯	液液萃取法或固相萃取法提取	气相色谱、ECD检测器检测	地表水、地下水、工业废水、生活污水和海水

标准来源	标准编号	目标化合物	前处理	分析方法	适用范围
环境保护部	水质 硝基苯类化合物的测定 气相色谱-质谱法（HJ 716—2014）	硝基苯、硝基甲苯、硝基氯苯、二硝基苯、二硝基甲苯、三硝基甲苯	液液萃取法或固相萃取法提取	气相色谱-质谱法	地表水、地下水、工业废水、生活污水和海水
环境保护部	环境空气 硝基苯类化合物的测定 气相色谱-质谱法（HJ 739—2015）	硝基苯、硝基甲苯、硝基氯苯	硅胶采样管采集，溶剂超声解析	气相色谱-质谱法	环境空气和无组织排放废气
环境保护部	环境空气 硝基苯类化合物的测定 气相色谱法（HJ 738—2015）	硝基苯、硝基甲苯、硝基氯苯	硅胶采样管采集，溶剂超声解析	气相色谱法，ECD检测器检测	环境空气和无组织排放废气

综合比较，现有国内外关于土壤和沉积物中硝基苯类化合物的监测技术存在诸多关键性问题未得到解决，如：①测定化合物种类少，不能涵盖全部优先控制污染物及存在重大环境潜在危害污染物；②提取技术选择亟待进一步优选优化，达到回收率高、精密度好、萃取溶剂毒性小用量少、操作简单重复性好的目标；③干扰物消除瓶颈尚未得到解决，需构建消除或降低背景干扰的高效样品净化方法，提高测定结果的准确性；④质量保证和质量控制技术不完善。

针对土壤和沉积物样品，通过全方位的研究对比目前国内外传统及前沿的索氏萃取、超声波提取、加压流体萃取、微波萃取等样品预处理技术，优选萃取回收率高的萃取技术作为目标物提取的首选技术。通过实际样品及实际样品加标测定实现对萃取溶剂优选和萃取温度等萃取参数优化研究，突破获得高回收率和稳定性的关键技术，形成固体基体前处理规范性技术方法。针对土壤和沉积物介质中的干扰物难去除的问题，优化硝基苯类化合物的净化方法，使用气相色谱 - 质谱法测定土壤和沉积物中的硝基苯类化合物，完善方法体系的质量保证和质量控制技术，最终建立一套完整的土壤和沉积物中的硝基苯类化合物的监测分析方法。

3 方法研究报告

3.1 研究目标

本方法规定了土壤和沉积物中硝基苯类化合物的监测分析方法，包括适用范围、方法原理、干扰和消除、实验材料和试剂、仪器和设备、样品采集和保存、样品制备、定性定量方法、结果表示和计算、质量控制和质量保证等方面的内容，研究的主要目的在于建立既要适应当前环境保护工作的需要，又要满足当前实验室仪器设备要求的标准分析方法。

本方法借鉴了美国国家环境保护局关于土壤和沉积物的标准方法：EPA 8270D、EPA 8091、EPA 8095、EPA 8330A 和 EPA 8330B，以及我国国内现有水质、环境空气关于硝基苯类化合物的行业标准 HJ 592—2010、HJ 648—2013、HJ 716—2014、HJ 738—2015、HJ 739—2015 和 HJ 834—2017。具体各个标准包含的化合物见表 1-2-5。

参考现有国际标准和我国关于水、气中硝基苯类化合物的标准，结合现有市售有证标准物质的情况，本方法检测的硝基苯类化合物主要有：硝基苯、对 - 硝基甲苯、间 - 硝基甲苯、邻 - 硝基甲苯、对 - 硝基氯苯、间 - 硝基氯苯、邻 - 硝基氯苯、1,4- 二硝基苯、1,3- 二硝基苯、1,2- 二硝基苯、2,6- 二硝基甲苯、2,4- 二硝基甲苯、3,4- 二硝基甲苯、2,4- 二硝基氯苯、2,4,6- 三硝基甲苯、1,3,5- 三硝基苯、2,3,4- 三氯硝基苯、2,4,5- 三氯硝基苯、2,3,5,6- 四氯硝基苯、五氯硝基苯。

考虑内标物和替代物的普遍性和适用性，参考 EPA 8270D 的要求，本方法选择与 EPA 8270D 相同的内标物和替代物。同时根据硝基苯类化合物的出峰时间，本方法选择的内标物为萘 -d_8、苊 -d_{10}，替代物为硝基苯 -d_5、2- 氟联苯，2,4,6- 三溴苯酚。

3.2 方法原理

本方法拟采用适合的萃取方法（索氏提取、加压流体萃取等）对土壤和沉积物中硝基苯类化合物提取，根据样品基体干扰情况，选择合适的净化方式（凝胶渗透色谱或柱净化）对提取液净化、浓缩、定容，经气相色谱分离、质谱检测。根据保留时间、碎片离子质荷比及其丰度定性，内标法定量。

3.3 试剂和材料

除非另有说明，分析时均使用符合国家标准的分析纯试剂和实验用水。

表1-2-5　国内外标准方法分析硝基苯类化合物的种类

标准名称	EPA 8270D	EPA 8091	EPA 8095	EPA 8330A	EPA 8330B	HJ 834—2017	HJ 592—2010	HJ 648—2013	HJ 716—2014	HJ 738—2015	HJ 739—2015
使用方法	GC-MS	GC-ECD	GC-ECD	HPLC	HPLC	GC-MS	GC-ECD	GC-ECD	GC-MS	GC-ECD	GC-MS
硝基苯	√	√	√	√	√	√	√	√	√	√	√
对-硝基甲苯		√	√	√	√		√	√	√	√	√
间-硝基甲苯		√	√	√	√		√	√	√	√	√
邻-硝基甲苯		√	√	√	√		√	√	√	√	√
对-硝基氯苯		√						√	√	√	√
间-硝基氯苯		√						√	√	√	√
邻-硝基氯苯		√						√	√	√	√
1,4-二硝基苯		√						√	√		
1,3-二硝基苯		√	√	√				√	√		
1,2-二硝基苯		√		√				√	√		
2,6-二硝基甲苯	√		√	√	√	√		√	√		
2,4-二硝基甲苯	√		√	√	√	√		√	√		
3,4-二硝基甲苯				√				√	√		
2,4-二硝基氯苯		√						√	√		
2,4,6-三硝基甲苯			√	√	√		√	√	√		

标准名称	EPA 8270D	EPA 8091	EPA 8095	EPA 8330A	EPA 8330B	HJ 834—2017	HJ 592—2010	HJ 648—2013	HJ 716—2014	HJ 738—2015	HJ 739—2015
1,3,5-三硝基苯			√	√	√		√				
3,5-二氯硝基苯		√									
2,5-二氯硝基苯		√									
2,4-二氯硝基苯		√									
2,3-二氯硝基苯		√									
3,4-二氯硝基苯		√									
2,4,6-三氯硝基苯		√									
2,3,5,6-四氯硝基苯		√									
2,3,4,5-四氯硝基苯		√									
五氯硝基苯		√									

79

①有机溶剂：本方法中使用的有机溶剂均要求符合国家标准的色谱纯，包括二氯甲烷、正己烷、丙酮、乙酸乙酯、环己烷或其他合适的溶剂。

②干燥剂：优级纯无水硫酸钠（Na_2SO_4）或硅藻土（60～100目）。

用于样品预处理过程中除水，要求干燥剂中不含干扰硝基苯类化合物测定的杂质。干燥剂使用前，需在马弗炉中400℃烘烤4h后冷却，置于干燥器内玻璃瓶中备用。

③石英砂：20～100目（尽量选择和土壤样品相近粒径）。

用于空白试样的制备，要求石英砂中不含影响测定的杂质。石英砂在使用前，需在马弗炉中400℃烘烤4 h，冷却后装入磨口玻璃瓶中密封，置于干燥器内备用。

④硝基苯类化合物标准贮备液：1 000 mg/L，市售有证标准溶液。

⑤内标标准贮备液：2 000 mg/L。

推荐使用萘 -d_8、苊 -d_{10}、市售有证标准溶液。

⑥替代物标准贮备液：2 000 mg/L。

推荐使用硝基苯 -d_5、2- 氟联苯、2,4,6- 三溴苯酚、市售有证标准溶液。

⑦十氟三苯基膦（DFTPP）：50 mg/L，市售有证标准溶液。

⑧凝胶渗透色谱校准溶液：含有玉米油、邻苯二甲酸二（2- 二乙基己基）酯、甲氧滴滴涕、芘和硫的混合溶液。

3.4 仪器和设备

①气相色谱 - 质谱仪：具有电子轰击电离源。

②色谱柱：30 m×0.25 mm，膜厚 0.25 μm（5%- 苯基 - 甲基聚硅氧烷固定液），或等效质谱分析专用色谱柱。

③提取装置：加压流体萃取装置、索氏提取装置、探头式超声提取装

置或具有相当功能的设备，需在临用前及使用中进行空白试验。

④凝胶渗透色谱仪：具备 254 nm 波长紫外检测器，填充凝胶填料的净化柱。

⑤固相萃取装置，硅酸镁固相萃取柱。

⑥浓缩装置：氮吹浓缩仪、旋转蒸发仪或具有相当功能的设备。

⑦分析天平：精度 0.01 g。

⑧一般实验室常用仪器和设备。

3.5　样品

3.5.1　样品的采集

土壤样品的采集按照《土壤环境监测技术规范》（HJ/T 166）的相关规定进行，沉积物样品的采集按照《海洋监测规范　第 3 部分：样品采集、贮存与运输》（GB 17378.3）的相关规定进行。采样工具需保持清洁，采样前应使用水和有机溶剂清洗，避免交叉污染。样品应于洁净的棕色磨口玻璃瓶中保存，运输过程中应避光、密封、0 ～ 4 ℃冷藏。

3.5.2　样品的保存

对硝基苯类化合物的标准溶液、土壤样品、沉积物样品和样品提取液进行保存时间实验。

3.5.2.1　标准溶液保存时间实验

将硝基苯类化合物标准贮备液于 4 ℃下避光保存，间隔不同时间取出，用甲醇稀释至 5.00 mg/L 进行分析（每次平行 3 份），计算当日目标物含量（C）与初始目标物含量（C_0）的比值，C/C_0 降至 0.8 时表明目标物损失程度达到 20%，不适宜继续保存。实验结果见表 1-2-6。由表可见硝基苯类化合物标准贮备液至少可保存 60 d。

表 1-2-6 标准溶液中硝基苯类化合物含量变化趋势

目标物	当天	7 d	15 d	30 d	45 d	60 d
硝基苯	1.00	0.98	0.95	0.90	0.87	0.83
邻 - 硝基甲苯	1.00	0.98	0.96	0.92	0.89	0.85
间 - 硝基甲苯	1.00	0.98	0.97	0.91	0.87	0.84
对 - 硝基甲苯	1.00	0.99	0.95	0.93	0.88	0.85
间—硝基氯苯	1.00	0.97	0.96	0.91	0.89	0.83
对—硝基氯苯	1.00	0.99	0.95	0.92	0.86	0.81
邻—硝基氯苯	1.00	0.97	0.92	0.89	0.83	0.82
对 - 二硝基苯	1.00	0.96	0.92	0.90	0.84	0.81
间 - 二硝基苯	1.00	0.96	0.94	0.88	0.84	0.82
2,6- 二硝基甲苯	1.00	0.97	0.94	0.91	0.85	0.83
邻 - 二硝基苯	1.00	0.96	0.92	0.88	0.84	0.82
2,3,4- 三氯硝基苯	1.00	0.98	0.94	0.92	0.85	0.83
2,4- 二硝基甲苯	1.00	0.95	0.93	0.91	0.86	0.81
2,4,5- 三氯硝基苯	1.00	0.96	0.93	0.91	0.86	0.82
2,4- 二硝基氯苯	1.00	0.97	0.92	0.89	0.85	0.81
3，4- 二硝基甲苯	1.00	0.95	0.92	0.88	0.84	0.82
2,3,5,6- 四氯硝基苯	1.00	0.96	0.93	0.89	0.86	0.83
1,3,5- 三硝基苯	1.00	0.95	0.91	0.88	0.85	0.82
2,4,6- 三硝基甲苯	1.00	0.97	0.89	0.86	0.84	0.83
五氯硝基苯	1.00	0.96	0.91	0.88	0.84	0.82

3.5.2.2 土壤样品保存时间实验

《土壤环境监测技术规范》（HJ/T 166—2004）规定土壤样品中半挥发性有机物若暂不能分析，应在 4 ℃以下冷藏密封保存在棕色玻璃瓶中，保存时间为 10 d。

本方法参照《土壤环境监测技术规范》（HJ/T 166—2004)）中关于半挥发性有机物保存时间规定，进行土壤样品保存时间实验。在土壤样品中加标，加标后硝基苯类化合物含量为 10 mg/kg，于 4℃下避光保存，间隔不同时间取出适量样品进行分析（每次分析平行 3 份），计算当日目标物含量（C）与初始目标物含量（C_0）的比值，C/C_0 降至 0.8 时表明目标物损失程度达到 20%，不适宜继续保存。实验结果见表 1-2-7。实验结果表明，硝基苯类化合物的土壤样品至少可保存 10 d。

表 1-2-7　硝基苯类化合物在土壤样品中含量变化趋势

目标物	当天	5 d	7 d	10 d	15 d
硝基苯	1.00	0.98	0.95	0.92	0.87
邻 - 硝基甲苯	1.00	0.99	0.97	0.91	0.84
间 - 硝基甲苯	1.00	0.98	0.95	0.90	0.83
对 - 硝基甲苯	1.00	0.98	0.96	0.91	0.86
间 - 硝基氯苯	1.00	0.99	0.95	0.90	0.85
对 - 硝基氯苯	1.00	0.98	0.97	0.91	0.86
邻 - 硝基氯苯	1.00	0.97	0.96	0.92	0.84
对 - 二硝基苯	1.00	0.96	0.94	0.89	0.81
间 - 二硝基苯	1.00	0.97	0.93	0.85	0.82
2,6- 二硝基甲苯	1.00	0.98	0.92	0.86	0.80
邻 - 二硝基苯	1.00	0.99	0.94	0.88	0.80
2,3,4- 三氯硝基苯	1.00	0.96	0.95	0.89	0.81
2,4- 二硝基甲苯	1.00	0.97	0.92	0.87	0.79
2,4,5- 三氯硝基苯	1.00	0.96	0.93	0.86	0.80
2,4- 二硝基氯苯	1.00	0.99	0.94	0.89	0.81
3,4- 二硝基甲苯	1.00	0.97	0.92	0.87	0.79
2,3,5,6- 四氯硝基苯	1.00	0.96	0.94	0.87	0.81
1,3,5- 三硝基苯	1.00	0.98	0.92	0.86	0.70
2,4,6- 三硝基甲苯	1.00	0.96	0.93	0.85	0.81
五氯硝基苯	1.00	0.97	0.92	0.88	0.80

3.5.2.3　沉积物样品保存时间实验

《海洋监测规范 第3部分 样品采集、贮存与运输》（GB 17378.3—2007）对沉积物样品要求在低温冷藏保存。

本方法对沉积物样品中硝基苯类化合物的保存时间实验参照土壤样品保存时间实验。沉积物样品中加标，加标后硝基苯类化合物含量为 10 mg/kg，于 4 ℃下避光保存，间隔不同时间取出适量样品进行分析（每次分析平行3 份），计算当日目标物含量（C）与初始目标物含量（C_0）的比值，C/C_0降至 0.8 时表明目标物损失程度达到 20%，不适宜继续保存。实验结果见表 1-2-8。实验结果表明，硝基苯类化合物的沉积物样品可保存 10 d。

表 1-2-8　硝基苯类化合物在沉积物样品中含量变化趋势

目标物	当天	5 d	7 d	10 d	15 d
硝基苯	1.00	0.95	0.92	0.87	0.82
邻 - 硝基甲苯	1.00	0.94	0.89	0.86	0.81
间 - 硝基甲苯	1.00	0.95	0.88	0.86	0.82
对 - 硝基甲苯	1.00	0.93	0.90	0.87	0.80
间 - 硝基氯苯	1.00	0.95	0.91	0.87	0.83
对 - 硝基氯苯	1.00	0.94	0.88	0.85	0.82
邻 - 硝基氯苯	1.00	0.94	0.90	0.86	0.82
对 - 二硝基苯	1.00	0.93	0.89	0.85	0.78
间 - 二硝基苯	1.00	0.94	0.89	0.84	0.76
2,6- 二硝基甲苯	1.00	0.92	0.88	0.85	0.75
邻 - 二硝基苯	1.00	0.93	0.87	0.83	0.77
2,3,4- 三氯硝基苯	1.00	0.94	0.90	0.86	0.80
2,4- 二硝基甲苯	1.00	0.92	0.89	0.84	0.74
2,4,5- 三氯硝基苯	1.00	0.95	0.92	0.87	0.80
2,4- 二硝基氯苯	1.00	0.93	0.90	0.86	0.79

目标物	当天	5 d	7 d	10 d	15 d
3,4- 二硝基甲苯	1.00	0.92	0.88	0.83	0.76
2,3,5,6- 四氯硝基苯	1.00	0.93	0.91	0.84	0.79
1,3,5- 三硝基苯	1.00	0.94	0.91	0.85	0.75
2,4,6- 三硝基甲苯	1.00	0.93	0.90	0.85	0.74
五氯硝基苯	1.00	0.95	0.92	0.87	0.80

3.5.2.4　提取液样品保存时间实验

在样品提取液中加标，加标后目标物含量为 10 mg/L，于 4 ℃下避光保存，间隔不同时间取出适量样品进行后续分析（每次分析平行 3 份），计算当日目标物含量（C）与初始目标物含量（C_0）的比值，C/C_0 将至 0.8 时即为样品的最长保存时间。实验结果见表 1-2-9。实验结果表明，硝基苯类化合物的提取液样品至少可以保存 60 d。

表 1-2-9　硝基苯类化合物在样品提取液中浓度变化趋势表

目标物	7 d	15 d	30 d	45 d	60 d
硝基苯	0.98	0.95	0.92	0.89	0.83
邻 - 硝基甲苯	0.99	0.95	0.91	0.87	0.81
间 - 硝基甲苯	0.98	0.94	0.90	0.85	0.80
对 - 硝基甲苯	0.97	0.94	0.92	0.87	0.81
间 - 硝基氯苯	0.97	0.96	0.92	0.86	0.80
对 - 硝基氯苯	0.98	0.95	0.90	0.86	0.81
邻 - 硝基氯苯	0.99	0.96	0.91	0.86	0.81
对 - 二硝基苯	0.96	0.94	0.90	0.85	0.81
间 - 二硝基苯	0.95	0.93	0.90	0.86	0.80
2,6- 二硝基甲苯	0.95	0.92	0.91	0.87	0.83

目标物	7 d	15 d	30 d	45 d	60 d
邻-二硝基苯	0.97	0.94	0.91	0.85	0.80
2,3,4-三氯硝基苯	0.97	0.95	0.93	0.88	0.83
2,4-二硝基甲苯	0.96	0.94	0.91	0.86	0.81
2,4,5-三氯硝基苯	0.98	0.96	0.92	0.87	0.83
2,4-二硝基氯苯	0.99	0.95	0.90	0.85	0.80
3,4-二硝基甲苯	0.97	0.95	0.92	0.87	0.81
2,3,5,6-四氯硝基苯	0.96	0.94	0.90	0.85	0.80
1,3,5-三硝基苯	0.97	0.95	0.91	0.86	0.81
2,4,6-三硝基甲苯	0.96	0.93	0.90	0.85	0.81
五氯硝基苯	0.96	0.92	0.88	0.84	0.80

3.5.3 试样的制备

将样品放在搪瓷盘或不锈钢盘上，混匀，除去枝棒、叶片、石子等异物，按照 HJ/T 166 进行四分法粗分。一般情况下应对新鲜样品进行处理。自然干燥不影响分析目的时，也可将样品自然干燥。新鲜土壤或沉积物样品可采用冷冻干燥和干燥剂脱水干燥。

3.5.3.1 冻干法

取适量混匀后样品，放入真空冷冻干燥仪中干燥脱水。干燥后的样品需研磨、过 250 μm（60 目）孔径的筛子，均化处理成 250 μm（60 目）左右的颗粒，然后称取 10 g（精确到 0.01 g）样品进行提取。

3.5.3.2 干燥剂法

称取 10 g（精确到 0.01 g）的新鲜样品，加入一定量的干燥剂（3.3.2）混匀、脱水并研磨成细小颗粒，充分拌匀直到散粒状，全部转移至提取容器中待用。

采用新鲜样品完成分析需同时测定土壤样品干物质含量或沉积物样品

含水率。土壤样品干物质含量的测定按照 HJ 613—2011 执行，沉积物样品含水率的测定按照 GB 17378.5—2007 执行。如果土壤或沉积物样品存在明显的水相，应先进行离心分离水相，再选择上述合适的方式进行干燥处理。

3.6 分析步骤

3.6.1 提取

硝基苯类化合物属半挥发性有机污染物，常用的提取固体样品中有机物的方法均能适用，如微波萃取法（EPA 3546）、超声波萃取法（EPA 3550）、索氏提取法（EPA 3540）、自动索氏提取法（EPA 3541）、加压流体萃取法（EPA 3545）和《土壤和沉积物 有机物的提取 加压流体萃取法》（HJ 783—2016）、《土壤和沉积物 有机物的提取 超声波萃取法》（HJ 911—2017）均可以参考其使用条件进行土壤和沉积物中硝基苯类化合物的提取。

3.6.1.1 加压流体萃取

称取约 10 g 土壤或沉积物样品（精确到 0.01 g），加入标准中间液（加标量为 10.0μg），与适量硅藻土混匀后转入并充满萃取池，预热 5 min，1 500 psi 下静态萃取 5 min，吹扫 100 s，对萃取剂、提取温度和提取次数进行优化。提取液浓缩并定容至 1 ml 上机测定。

《土壤和沉积物 有机物的提取 加压流体萃取法》（HJ 783—2016）中规定提取硝基苯类化合物使用丙酮 - 二氯甲烷（$V:V$，1∶1）混合溶液或者丙酮 - 正己烷（$V:V$，1∶1）混合溶液。

（1）提取剂的选择

常用的提取溶剂包括正己烷、丙酮、二氯甲烷和乙酸乙酯等，参考 HJ 783—2016，本方法以正己烷、丙酮和二氯甲烷组合成 4 种混合溶剂体系，比较提取效果。实验结果表明（表 1-2-10），丙酮∶二氯甲烷（1∶1）对硝基苯类化合物的提取回收率较为满意，在 92.4% ～ 103%。

表1-2-10　不同溶剂体系的硝基苯类化合物萃取回收率　　　单位：%

目标物	正己烷		正己烷：丙酮（1：1）		二氯甲烷		丙酮：二氯甲烷（1：1）	
	平均值（n=3）	RSD	平均值（n=3）	RSD	平均值（n=3）	RSD	平均值（n=3）	RSD
硝基苯	42.9	3.5	79.8	4.2	57.9	5.3	94.0	5.9
邻-硝基甲苯	34.7	6.7	79.9	6.3	1.6	6.5	96.2	7.5
间-硝基甲苯	34.0	5.6	78.7	5.8	63.8	4.6	97.0	7.3
对-硝基甲苯	37.2	5.7	62.0	7.1	59.0	4.8	100	6.0
间-硝基氯苯	33.7	4.6	83.0	6.1	65.1	5.2	97.1	8.2
对-硝基氯苯	34.8	6.6	73.4	5.4	64.1	5.9	98.3	7.1
邻-硝基氯苯	47.8	5.5	82.0	2.6	62.5	3.8	103	4.8
对-二硝基苯	49.3	4.9	78.1	6.8	57.3	5.7	93.4	6.7
间-二硝基苯	43.0	6.7	88.4	3.9	59.6	6.3	93.6	7.0
2,6-二硝基甲苯	50.4	4.8	81.0	4.6	61.6	6.6	92.5	6.2
邻-二硝基苯	54.1	4.5	78.4	7.0	59.6	7.1	96.3	8.2
2,3,4-三氯硝基苯	46.2	8.0	77.8	5.4	58.8	5.4	97.3	7.6
2,4-二硝基甲苯	56.6	5.3	77.7	6.8	75.7	6.7	93.5	7.2
2,4,5-三氯硝基苯	55.7	8.0	74.0	5.9	70.4	5.5	92.4	8.2
2,4-二硝基氯苯	65.4	4.1	81.8	4.9	54.8	4.6	93.8	6.4
3，4-二硝基甲苯	64.0	5.1	77.4	3.7	55.2	6.9	94.4	5.9
2,3,5,6-四氯硝基苯	45.7	6.0	90.9	6.5	54.9	7.3	92.5	6.6
1,3,5-三硝基苯	48.7	4.9	75.7	5.4	62.4	6.4	93.1	7.5
2,4,6-三硝基甲苯	39.0	5.5	82.1	8.1	65.9	5..9	94.5	7.2
五氯硝基苯	47.6	6.0	73.9	7.3	721.	5.6	94.0	6.3

（2）提取温度的影响

选择60℃、80℃和100℃3种不同提取温度下的加压流体萃取效果。每个提取温度下提取2次，比较不同提取温度对硝基苯类化合物的提取效率。实验结果表明（见表1-2-11），60℃、80℃和100℃下硝基苯类化合物的提取回收率分别在 73.0% ～ 93.1%、82.6% ～ 97.1% 和 83.0% ～ 95.5%。温度对硝基苯类化合物的提取回收率影响不大，考虑到硝基苯类化合物涵盖化合物的沸点跨度比较大，选择 80℃作为加压流体萃取的提取温度。

表 1-2-11 不同温度下的硝基苯类化合物萃取回收率　单位：%

目标物	60 ℃		80 ℃		100 ℃	
	平均值（n=3）	RSD	平均值（n=3）	RSD	平均值（n=3）	RSD
硝基苯	90.2	3.7	85.6	7.4	82.9	7.3
邻 - 硝基甲苯	88.9	3.3	95.5	8.3	92.9	3.2
间 - 硝基甲苯	89.0	3.6	85.7	6.4	82.7	6.5
对 - 硝基甲苯	90.3	3.1	87.8	7.1	83.0	8.3
间 - 硝基氯苯	89.1	3.7	85.5	6.2	93.1	3.6
对 - 硝基氯苯	89.6	3.9	85.8	8.8	93.0	4.6
邻 - 硝基氯苯	85.7	5.6	92.7	3.4	92.6	7.9
对 - 二硝基苯	83.2	6.6	86.6	4.4	87.0	5.6
间 - 二硝基苯	88.8	4.2	97.1	7.2	90.0	4.8
2,6- 二硝基甲苯	77.2	4.2	93.1	7.6	88.0	5.3
邻 - 二硝基苯	82.3	5.1	87.0	3.9	86.1	4.9
2,3,4- 三氯硝基苯	77.9	5.2	88.4	7.6	89.4	4.6
2,4- 二硝基甲苯	73.0	7.3	89.9	2.8	86.7	5.4
2,4,5- 三氯硝基苯	80.6	5.8	87.4	6.3	84.2	6.9
2,4- 二硝基氯苯	88.6	5.9	96.3	2.7	95.5	4.7
3,4- 二硝基甲苯	73.0	4.9	91.8	5.6	89.2	3.0
2,3,5,6- 四氯硝基苯	75.3	5.4	86.9	3.2	85.2	4.7
1,3,5- 三硝基苯	82.8	6.2	99.8	4.5	83.9	6.2
2,4,6- 三硝基甲苯	93.1	6.2	93.3	5.5	94.7	5.8
五氯硝基苯	84.5	6.0	90.7	5.2	87.2	7.9

（3）提取次数的影响

选择循环 1 次、循环 2 次、循环 3 次 3 种不同提取次数下的加压流体萃取效果。实验结果表明（见表 1-2-12），循环 1 次时，硝基苯类化合物提取回收率都偏低；循环 2 次时，硝基苯类化合物的回收率均可达到 85.6% 以上。为节省实验效率和实验成本，选择循环 2 次作为提取次数。

表 1-2-12　不同循环次数时的加压流体萃取回收率　　　单位：%

目标物	循环 1 次		循环 2 次		循环 3 次	
	平均值（$n=3$）	RSD	平均值（$n=3$）	RSD	平均值（$n=3$）	RSD
硝基苯	66.8	5.1	85.6	7.4	94.0	5.9
邻 - 硝基甲苯	63.3	5.4	95.5	8.3	96.2	7.5
间 - 硝基甲苯	64.8	6.2	85.7	6.4	97.0	7.3
对 - 硝基甲苯	65.6	6.5	87.8	7.1	100	6.0
间 - 硝基氯苯	64.8	6.4	85.5	6.2	97.1	8.2
对 - 硝基氯苯	65.6	5.5	85.8	8.8	98.3	7.1
邻 - 硝基氯苯	65.3	5.8	92.7	3.4	103	4.8
对 - 二硝基苯	75.7	6.0	86.6	4.4	93.4	6.7
间 - 二硝基苯	61.7	3.1	97.1	7.2	93.6	7.0
2,6- 二硝基甲苯	60.8	4.1	93.1	7.6	92.5	6.2
邻 - 二硝基苯	61.2	4.1	87.0	3.9	96.3	8.2
2,3,4- 三氯硝基苯	73.1	8.4	88.4	7.6	97.3	7.6
2,4- 二硝基甲苯	60.8	5.9	89.9	2.8	93.5	7.2
2,4,5- 三氯硝基苯	73.4	5.9	87.4	6.3	92.4	8.2
2,4- 二硝基氯苯	65.4	4.4	96.3	2.7	93.8	6.4
3,4- 二硝基甲苯	61.0	4.5	91.8	5.6	94.4	5.9
2,3,5,6- 四氯硝基苯	56.9	7.1	86.9	3.2	92.5	6.6
1,3,5- 三硝基苯	58.9	2.2	99.8	4.5	93.1	7.5

目标物	循环 1 次		循环 2 次		循环 3 次	
	平均值 (n=3)	RSD	平均值 (n=3)	RSD	平均值 (n=3)	RSD
2,4,6- 三硝基甲苯	65.3	4.6	93.3	5.5	94.5	7.2
五氯硝基苯	69.2	8.6	90.7	5.2	94.0	6.3

3.6.1.2 索氏提取

称取约 10 g 土壤或沉积物样品（精确到 0.01 g），加入标准中间液（加标量为 10.0 μg），与适量无水硫酸钠混匀后转入玻璃提取筒中，开启加热装置，用 200 ml 溶剂提取（提取溶剂根据加压流体萃取选择），对提取时间进行优化。提取液浓缩定容至 1 ml 上机测定。

以丙酮：二氯甲烷（1∶1）为溶剂（每小时回流 4 ~ 6 次）对样品中硝基苯类化合物进行自动索氏提取，分别考察了提取 4 h、6 h、8 h 和 12 h 时的目标物回收率情况。实验结果表明（见表 1-2-13），提取 8 h 后，硝基苯类化合物的回收率可达到 80% 以上并基本保持稳定。

表 1-2-13　不同提取时间下的索氏提取回收率　单位：%

目标物	4 h		6 h		8 h		12 h	
	平均值 (n=3)	RSD	平均值 (n=3)	RSD	平均值 (n=3)	RSD	平均值 (n=3)	RSD
硝基苯	63.0	4.0	74.6	3.0	87.0	4.8	89.9	5.9
邻 - 硝基甲苯	62.2	5.0	71.2	3.3	86.0	5.6	92.8	7.5
间 - 硝基甲苯	62.6	5.3	70.4	3.2	86.6	3.2	88.4	7.3
对 - 硝基甲苯	62.9	4.5	71.3	3.3	86.9	5.2	90.6	6.0
间 - 硝基氯苯	54.3	5.6	71.2	3.3	86.2	4.1	89.1	8.2
对 - 硝基氯苯	63.6	5.2	72.6	3.3	86.8	6.1	89.1	7.1
邻 - 硝基氯苯	50.0	3.3	71.4	3.2	83.3	5.6	90.6	4.8
对 - 二硝基苯	53.9	6.1	69.1	5.5	84.5	5.7	92.1	6.7
间 - 二硝基苯	56.3	8.6	81.5	3.8	89.2	2.6	96.3	6.0

目标物	4 h		6 h		8 h		12 h	
	平均值（n=3）	RSD	平均值（n=3）	RSD	平均值（n=3）	RSD	平均值（n=3）	RSD
2,6- 二硝基甲苯	55.2	3.9	74.0	5.0	86.8	8.5	86.6	6.2
邻 - 二硝基苯	40.8	11.5	82.3	5.0	89.4	87.2	90.0	8.2
2,3,4- 三氯硝基苯	50.1	13.4	69.2	0.0	83.0	4.4	102	7.6
2,4- 二硝基甲苯	46.7	4.9	68.3	5.8	83.2	8.4	86.9	7.2
2,4,5- 三氯硝基苯	51.4	6.8	70.4	4.0	86.4	6.1	89.5	5.8
2,4- 二硝基氯苯	49.7	4.1	69.5	4.7	83.7	3.2	89.1	7.4
3,4- 二硝基甲苯	56.1	8.9	77.7	5.9	85.3	7.8	89.5	7.9
2,3,5,6- 四氯硝基苯	63.5	7.8	78.1	5.0	86.6	5.4	90.1	6.6
1,3,5- 三硝基苯	55.2	6.5	85.9	1.0	86.2	5.7	97.8	7.5
2,4,6- 三硝基甲苯	67.9	7.2	69.3	6.5	83.4	2.6	102	7.2
五氯硝基苯	54.8	4.3	72.9	7.2	88.5	4.8	105	8.3

3.6.2 浓缩

浓缩是试验过程中不可忽略的技术要点，浓缩方式选择和操作不当均会造成硝基苯类化合物的损失。目前，常用的浓缩方式为氮吹浓缩和旋转蒸发浓缩。

3.6.2.1 氮吹浓缩

开启氮吹浓缩仪，浓缩温度为室温，开启氮气至溶剂表面有气流波动，避免形成气涡，浓缩至 1 ml 左右。若使用凝胶渗透色谱法净化，加入 5 ml 凝胶渗透色谱流动相进行溶剂转换。

3.6.2.2 旋转蒸发浓缩

设定旋转蒸发仪温度为 32℃左右，开启旋转蒸发仪转数不宜过快，避免溶剂滴入接受瓶的速度过快，浓缩至 1 ml 左右。若使用凝胶渗透色谱法净化，加入 5 ml 凝胶渗透色谱流动相进行溶剂转换。

选择不同浓缩方式进行样品浓缩时，都应注意保证加热温度不宜过高，氮气流速不宜太快，避免造成样品的损失。

分别选择自动氮吹浓缩和旋转蒸发浓缩两种方式对硝基苯类化合物进行浓缩实验，见表 1-2-14。实验结果表明，优化好浓缩条件，两种浓缩方式的回收率均可达到 85.0% 以上。

表 1-2-14　不同浓缩方式对硝基苯类化合物回收率 单位：%

目标物	自动氮吹浓缩		旋转蒸发浓缩	
	平均值（$n=3$）	RSD	平均值（$n=3$）	RSD
硝基苯	86.5	4.9	90.7	4.9
邻 - 硝基甲苯	87.6	4.5	86.2	3.4
间 - 硝基甲苯	97.2	5.0	86.5	7.9
对 - 硝基甲苯	99.1	5.1	89.9	6.1
间 - 硝基氯苯	95.1	5.2	87.0	4.3
对 - 硝基氯苯	93.1	5.4	97.2	2.6
邻 - 硝基氯苯	89.9	5.2	95.4	6.1
对 - 二硝基苯	95.2	5.2	86.3	3.8
间 - 二硝基苯	89.5	5.1	85.3	4.0
2,6- 二硝基甲苯	87.9	6.2	83.2	6.7
邻 - 二硝基苯	90.1	6.8	91.4	5.6
2,3,4- 三氯硝基苯	89.0	4.0	97.7	3.0
2,4- 二硝基甲苯	86.9	5.2	93.8	5.0
2,4,5- 三氯硝基苯	91.0	6.1	86.2	4.8
2,4- 二硝基氯苯	92.4	5.2	87.1	5.3
3,4- 二硝基甲苯	87.8	5.6	86.5	5.3
2,3,5,6- 四氯硝基苯	86.5	4.5	90.1	2.7
1,3,5- 三硝基苯	85.5	5.7	87.5	5.3
2,4,6- 三硝基甲苯	86.8	4.3	91.1	4.1
五氯硝基苯	90.5	3.6	85.7	8.5

3.6.3 净化

土壤和沉积物样品组成复杂，提取液中可能含有大量色素、腐殖酸、脂肪或其他杂质，容易污染色谱柱和系统。EPA 8270D 推荐净化硝基苯类化合物的两种方案：柱净化（手工）和凝胶渗透色谱（GPC）净化。《土壤和沉积物 半挥发性有机物的测定 气相色谱 - 质谱法》（HJ 834—2017）中推荐净化硝基苯类化合物使用硅酸镁柱和凝胶渗透色谱（GPC）。本方法针对目标物性质的不同，参考 EPA 3620 硅酸镁净化和 EPA 3640 GPC 净化的内容。使用两种不同净化方式对土壤和沉积物中硝基苯类化合物进行净化，具体方法见下。

3.6.3.1 硅酸镁柱净化

硝基苯类化合物属于极性化合物，常用溶剂极性强度顺序为：丙酮 > 乙酸乙酯 > 二氯甲烷 > 己烷，通过调整不同溶剂的不同配比可以调整净化溶剂极性。选择模拟提取液进行净化溶剂种类和净化溶剂用量选择。

净化过程：使用填料量为 1 g 的硅酸镁固相萃取柱，用 4 ml 正己烷对填料进行活化，保持溶剂浸没时间至少 5 min。活化之后，缓慢打开固相萃取装置的截门放掉多余溶剂，并保持溶剂液面高于填料层 1 mm（若萃取柱的填料变干，必须重新进行活化步骤）。将浓缩后的萃取液转移到固相萃取柱上，用 0.5 ml 正己烷清洗样品管，一并转入固相萃取柱，打开节门使萃取液通过填料，流出速度约为 2 ml/min。当萃取液全部流过填料，关闭萃取柱节门和真空装置，确保填料层之上自始至终有溶液覆盖。

试验将正己烷和丙酮配制成不同体积比的混合净化溶剂。分别用 10 ml 和 5 ml 体积的混合淋洗溶剂洗脱样品，洗脱速度为 2 ml/min，分别收集 4 ml、10 ml、15 ml 洗脱液于接收管中。将洗脱液浓缩至小于 1.0 ml，加入内标溶液，定容至 1.0 ml，供 GC/MS 分析用。

分别选择净化溶剂为：正己烷（HEX）、丙酮：正己烷（ACT：HEX）=
1：1（V：V）、丙酮：正己烷（ACT：HEX）=1：3（V：V）、丙酮：正
己烷（ACT：HEX）=1：9（V：V）、乙酸乙酯：正己烷（EA：HEX）=
1：1（V：V）、乙酸乙酯：正己烷（EA：HEX）=1：9（V：V）进
行净化实验，结果见表1-2-15。

结果显示，使用4 ml溶剂洗脱的样品中硝基苯类化合物浓度均较低，
使用10 ml和15 ml洗脱时，回收率无明显变化，说明使用10 ml洗脱液
洗脱时，洗脱已完全。正己烷属非极性溶剂，对硝基苯类的洗脱回收率都
非常低在0～24.0%，可以作为二硝基苯、二硝基甲苯、二硝基氯苯和三
硝基甲苯测定的淋洗溶剂。正己烷中加入10%的丙酮后，由于丙酮的极
性较强，淋洗液的极性变大，回收率达到60.4%～103%，除邻-二硝基
苯回收率较低外，对大多数硝基苯类化合物的回收都在80%以上，增加
丙酮用量邻-二硝基苯回收率得到提高，使用15 ml洗脱液对回收率没有
明显影响。乙酸乙酯和正己烷配比与丙酮和正己烷配比效果相似，可以互
相替代。因此选择丙酮：正己烷=1：9（V：V）、丙酮：正己烷=1：3
（V：V）、丙酮：正己烷=1：1（V：V）、或乙酸乙酯代替丙酮与正己烷
的相同配比混合溶解均可作为硝基苯类的洗脱溶剂。

表1-2-15　正己烷体系对硅酸镁柱净化回收率　　　　单位：%

化合物	HEX	ACT：HEX =1：9	ACT：HEX =1：3	ACT：HEX =1：1	EA：HEX =1：9	EA：HEX =1：1
硝基苯	14.3	99.3	97.0	105	110	112
邻-硝基甲苯	20.8	102	104	93.2	102	89.6
间-硝基甲苯	15.3	94.8	101	88.5	93.5	98.1
对-硝基甲苯	11.1	92.9	101	103	106	92.7
间-硝基氯苯	24.0	90.6	93.9	88.9	88.6	83.8
对-硝基氯苯	21.5	97.3	98.5	92.5	89.3	104

化合物	HEX	ACT∶HEX =1∶9	ACT∶HEX =1∶3	ACT∶HEX =1∶1	EA∶HEX =1∶9	EA∶HEX =1∶1
邻 - 硝基氯苯	20.0	92.3	92.5	90.7	114	97.3
对 - 二硝基苯	0	103	104	101	99.6	103
间 - 二硝基苯	0	104	106	101	102.0	97.3
2,6- 二硝基甲苯	9.6	93.2	98.9	99.2	89.7	93.2
邻 - 二硝基苯	0	70.4	91.7	92.1	80.9	91.7
2,3,4- 三氯硝基苯	3.0	98.5	100	92.7	101	86.4
2,4- 二硝基甲苯	0	101	107	103	100	103
2,4,5- 三氯硝基苯	0	80.9	103	98.8	84.5	93.7
2,4- 二硝基氯苯	0	87.5	99.9	94.9	86.2	91.7
3,4- 二硝基甲苯	0	76.5	98.3	95.6	87.6	89.3
2,3,5,6- 四氯硝基苯	0	82.3	101	93.8	90.5	91.2
1,3,5- 三硝基苯	0	81.6	97.5	104	84.2	96.3
2,4,6- 三硝基甲苯	0	77.7	96.7	92.8	94.6	95.8
五氯硝基苯	0	86.9	95.1	94.5	82.8	94.3

3.6.3.2　凝胶渗透色谱（GPC）净化

（1）凝胶渗透色谱柱的校准

按照仪器说明书对凝胶渗透色谱柱进行校准，凝胶渗透色谱校正溶液得到的色谱峰应满足以下条件：所有峰形均匀对称；玉米油和邻苯二甲酸二（2- 二乙基己基）酯的色谱峰之间分辨率大于 85%；邻苯二甲酸二（2- 二乙基己基）酯和甲氧滴滴涕的色谱峰之间分辨率大于 85%；甲氧滴滴涕和苊的色谱峰之间分辨率大于 85%；苊和硫的色谱峰不能重叠，基线分离大于 90%。

（2）确定收集时间

凝胶渗透色谱使用前必须用硝基苯类化合物标准物质进行方法校准，确定收集时间初步定在玉米油出峰之后至硫出峰之前，苊洗脱出以后，立即停止收集。用硝基苯类化合物标准溶液进样形成标准物谱图。根据标准物质谱图进一步确定起始和停止收集时间，并测定其回收率。

（3）提取液净化

用凝胶渗透色谱流动相将浓缩后的提取液定容至凝胶渗透色谱仪定量环需要体积，按照标准物质校准验证后的净化条件收集流出液。待再次浓缩。

硅酸镁柱净化通过选择合适的洗脱溶剂 [丙酮：正己烷 =1 ： 1（V ： V）]，凝胶渗透色谱优化实验条件。分别使用两种方法对土壤和沉积物中硝基苯类化合物的回收率比较见表 1-2-16。实验结果表明，两种不同净化方式的回收率均可达到 85.0% 以上。

表 1-2-16　不同净化方法对土壤和沉积物中硝基苯类化合物回收率

单位：%

目标物	GPC 净化		硅酸镁柱净化	
	平均值（$n=3$）	RSD	平均值（$n=3$）	RSD
硝基苯	97.6	5.1	106	6.3
邻 - 硝基甲苯	94.2	4.3	103	5.7
间 - 硝基甲苯	98.5	5.6	102	6.1
对 - 硝基甲苯	88.9	7.1	97.8	5.9
间 - 硝基氯苯	95.6	5.3	93.3	4.5
对 - 硝基氯苯	93.3	6.0	101	2.8
邻 - 硝基氯苯	94.1	4.2	98.5	4.6
对 - 二硝基苯	103	3.1	111	3.9
间 - 二硝基苯	95.3	3.6	109	5.0
2,6- 二硝基甲苯	95.7	6.3	98.7	8.7
邻 - 二硝基苯	101	2.5	97.4	7.2
2,3,4- 三氯硝基苯	99.6	3.8	104	6.4
2,4- 二硝基甲苯	93.8	6.4	112	7.1
2,4,5- 三氯硝基苯	94.5	7.3	97.2	6.3
2,4- 二硝基氯苯	96.2	3.6	96.5	5.8

目标物	GPC 净化		硅酸镁柱净化	
	平均值（$n=3$）	RSD	平均值（$n=3$）	RSD
3,4- 二硝基甲苯	89.6	4.8	105	5.1
2,3,5,6- 四氯硝基苯	85.6	4.2	101	4.3
1,3,5- 三硝基苯	94.2	5.9	96.2	6.9
2,4,6- 三硝基甲苯	97.6	4.4	101	5.7
五氯硝基苯	87.8	5.6	94.9	3.6

3.6.4　空白试样的制备

用石英砂代替实际样品，按照与试样相同的制备步骤制备空白试样。

3.6.5　气相色谱－质谱分析

3.6.5.1　色谱柱的选择

依据硝基苯类化合物的特性，选择 HP-5（30 m×0.25 mm×1.0 μm）
5%- 苯基 - 甲基聚硅氧烷柱对硝基苯类标准溶液进行分离测定，结果见
图 1-2-1，HP-5 色谱柱分离效果更好。

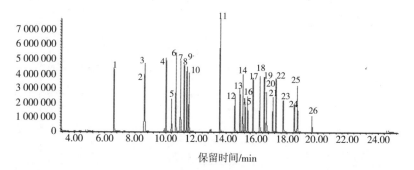

1—苯酚 -d_6（替代物 1）；2—硝基苯；3—硝基苯 -d_5（替代物 2）；4—邻 - 硝基甲苯；
5—萘 -d_8（内标 1）；6—间 - 硝基甲苯；7—对 - 硝基甲苯；8—间 - 硝基氯苯；9—对 - 硝基氯
苯；10—邻 - 硝基氯苯；11—2- 氟联苯（替代物 3）；12—对 - 二硝基苯；13—2,6- 二硝基甲苯；
14—间 - 二硝基苯；15—邻 - 二硝基苯；16—苊 -d_{10}（内标 2）；17—3,4,5- 三氯硝基苯；18—
2,4- 二硝基甲苯；19—3,4,5- 三氯硝基苯；20—2,4- 二硝基氯苯；21—3, 4- 二硝基甲苯；22—
2, 3, 5, 6- 四氯硝基苯；23—2, 4, 6- 三溴苯酚（替代物 4）；24—1, 3, 5- 三硝基苯；
25—三硝基甲苯；26—五氯硝基苯

图 1-2-1　硝基苯类化合物在 HP-5 柱上的总离子流色谱图

3.6.5.2 气相色谱分离条件

进样口温度：250℃；

进样方式：分流进样，分流比 5：1；

柱箱温度：45℃，保持 1 min，以 8 ℃/min 的速度升温至 220 ℃，保持 2 min；

柱流量：1.0 ml/min；

进样量：1.0 μl。

3.6.5.3 质谱条件

电子轰击源（EI）；离子源温度：230℃；离子化能量：70 eV；接口温度：280℃；四级杆温度：150℃；

扫描方式：全扫描或选择离子扫描（SCAN/SIM）；

扫描范围：40 ～ 500 amu；

溶剂延迟时间：2.5 min。

3.6.5.4 校准

（1）质谱性能检测

每次分析前，应进行质谱自动调谐，再将气相色谱和质谱仪设定至分析方法要求的仪器条件，并处于待机状态，通过气相色谱进样口直接注入 1.0 μl 十氟三苯基膦（DFTPP）溶液（3.3.7），得到十氟三苯基膦质谱图，其质量碎片的离子丰度应符合表 1-2-17 中的要求。否则需清洗质谱仪离子源。

表 1-2-17 十氟三苯基磷（DFTPP）离子丰度规范要求

质荷比（m/z）	相对丰度规范	质荷比（m/z）	相对丰度规范
51	198 峰（基峰）的 30% ～ 60%	199	198 峰的 5% ～ 9%
68	小于 69 峰的 2%	275	基峰的 10% ～ 30%

质荷比（m/z）	相对丰度规范	质荷比（m/z）	相对丰度规范
70	小于 69 峰的 2%	365	大于基峰的 1%
127	基峰的 40%～60%	441	存在且小于 443 峰
197	小于 198 峰的 1%	442	基峰或大于 198 峰的 40%
198	基峰，丰度 100%	443	442 峰的 17%～23%

（2）标准曲线

根据不同监测需求，按照全扫描（SCAN）和选择离子模式（SIM）两种采集模式分别绘制高、低两种不同浓度的标准曲线。

低浓度标准曲线：配制至少 6 个浓度点的标准系列，硝基苯类化合物和替代物的质量参考浓度均分别为 0.100 μg/ml、0.200 μg/ml、0.500 μg/ml、1.00 μg/ml、2.00 μg/ml、5.00 μg/ml，内标质量浓度均为 1.00 μg/ml。按照仪器参考条件，从低浓度到高浓度依次进样分析，以 SIM 模式进行数据采集。以目标化合物浓度和内标化合物浓度比值为横坐标，以目标化合物定量离子响应值与内标化合物定量离子响应值的比值为纵坐标。绘制得到的标准曲线以平均相对响应因子（$\overline{RRF}$）计算，要求 $\overline{RRF}$ 的相对标准偏差（RSD）小于 30%，结果见表 1-2-18。

高浓度标准曲线：配制至少 5 个浓度点的标准系列，硝基苯类化合物和替代物的质量参考浓度均分别为 5.00 μg/ml、10.0 μg/ml、20.0 μg/ml、50.0 μg/ml、100 μg/ml，内标质量浓度均为 20.0 μg/ml。按照仪器参考条件，从低浓度到高浓度依次进样分析，以 SCAN 模式进行数据采集。以目标化合物浓度和内标化合物浓度比值为横坐标，以目标化合物定量离子响应值与内标化合物定量离子响应值的比值为纵坐标。绘制得到的标准曲线以线性方程计算，要求线性相关系数大于等于 0.990，结果见表 1-2-18。

表 1-2-18 硝基苯类化合物的标准曲线

目标化合物	SIM 采集模式的标准曲线	SCAN 采集模式的标准曲线	
	$\overline{RRF}$ 的 RSD	线性方程	相关系数
硝基苯	6.7%	$y=0.203x+0.019$	$r=0.996$
邻 - 硝基甲苯	13.4%	$y=0.166x-0.000\ 04$	$r=0.997$
间 - 硝基甲苯	15.6%	$y=0.224x+0.004$	$r=0.997$
对 - 硝基甲苯	12.4%	$y=0.159x+0.014$	$r=0.997$
间 - 硝基氯苯	10.3%	$y=0.115x+0.007$	$r=0.997$
对 - 硝基氯苯	12.6%	$y=0.173x+0.008$	$r=0.997$
邻 - 硝基氯苯	15.4%	$y=0.113x+0.007$	$r=0.997$
对 - 二硝基苯	20.7%	$y=0.176x-0.066$	$r=0.992$
间 - 二硝基苯	16.2%	$y=0.192x-0.056$	$r=0.997$
2,6- 二硝基甲苯	14.9%	$y=0.137x-0.025$	$r=0.999$
邻 - 二硝基苯	9.8%	$y=0.292x-0.053$	$r=0.999$
2,3,4- 三氯硝基苯	12.6%	$y=0.340x-0.100$	$r=0.997$
2,4- 二硝基甲苯	17.8%	$y=0.147x-0.040$	$r=0.998$
2,4,5- 三氯硝基苯	18.5%	$y=0.138x-0.036$	$r=0.998$
2,4- 二硝基氯苯	14.9%	$y=0.193x-0.072$	$r=0.994$
3,4- 二硝基甲苯	15.3%	$y=0.084x-0.030$	$r=0.995$
2,3,5,6- 四氯硝基苯	19.6%	$y=0.111x-0.018$	$r=0.999$
1,3,5- 三硝基苯	15.2%	$y=0.110x-0.019$	$r=0.999$
2,4,6- 三硝基甲苯	16.3%	$y=0.136x-0.012$	$r=0.998$
五氯硝基苯	19.2%	$y=0.098x-0.015$	$r=0.999$

3.7 结果计算与表示

3.7.1 定性分析

根据样品中目标化合物与标准系列中目标物的保留时间（RT）、质谱图、碎片离子质荷比及其丰度等信息比较，对目标物进行定性。

应多次分析标准系列溶液得到目标物的保留时间均值，以平均保留时间±3 倍的标准偏差为保留时间窗口，样品中目标物的保留时间应在其范围内。

目标物标准物质质谱图中相对丰度高于 30% 的所有离子应在样品质谱图中存在，样品质谱图和标准质谱图中上述特征离子的相对丰度偏差要在±30% 内。

一些特殊的离子如分子离子峰，即使其相对丰度低于 30%，也应该作为判别化合物的依据。如果实际样品存在明显的背景干扰，比较时应扣除背景影响。

3.7.2 定量分析

在对目标物定性判断的基础上，根据定量离子的峰面积，采用内标法进行定量。当样品中目标物的定量离子有干扰时，可使用辅助离子定量。

3.7.3 结果计算

3.7.3.1 平均相对响应因子（$\overline{\text{RRF}}$）计算

标准系列第 i 点中目标化合物的相对响应因（RRF_i），按照式（1-2-1）计算。

$$\text{RRF}_i = \frac{A_i}{A_{\text{IS}i}} \times \frac{\rho_{\text{IS}i}}{\rho_i} \qquad (1\text{-}2\text{-}1)$$

式中：RRF_i——标准系列中第 i 点目标化合物的相对响应因子；

A_i——标准系列中第 i 点目标化合物定量离子的响应值；

$A_{\text{IS}i}$——标准系列中第 i 点与目标化合物相对应内标定量离子的响应值；

$\rho_{\text{IS}i}$——标准系列中内标物的质量浓度，mg/L；

ρ_i——标准系列中第 i 点目标化合物的质量浓度，mg/L。

标准曲线中目标化合物的平均相对响应因子 $\overline{\text{RRF}}$，按照式（1-2-2）计算。

$$\overline{\text{RRF}} = \frac{\sum_{i=1}^{n} \text{RRF}_i}{n} \qquad (1\text{-}2\text{-}2)$$

式中：$\overline{\text{RRF}}$——标准曲线中目标化合物的平均相对响应因子；

RRF_i——标准系列中第 i 点目标化合物的相对响应因子；

n——标准系列点数。

3.7.3.2 土壤样品的结果计算

土壤样品中目标物含量 ω（mg/kg），按照式（1-2-3）计算。

$$\omega = \frac{A_x \times \rho_{\text{IS}} \times V_x}{A_{\text{IS}} \times m \times W_{\text{dm}} \times \overline{\text{RRF}}} \qquad (1\text{-}2\text{-}3)$$

式中：ω——样品中目标物的含量，mg/kg；

A_x——试样中目标化合物定量离子的峰面积；

A_{IS}——试样中内标化合物定量离子的峰面积；

ρ_{IS}——试样中内标的浓度，mg/L；

$\overline{\text{RRF}}$——标准曲线中目标化合物的平均相对响应因子；

V_x——试样的定容体积，ml；

m——样品的称取量，g；

W_{dm}——样品干物质含量，%。

3.7.3.3 沉积物样品的结果计算

沉积物样品中目标物含量 ω（mg/kg），按照式（1-2-4）计算。

$$\omega = \frac{A_x \times \rho_{\text{IS}} \times V_x}{A_{\text{IS}} \times m \times (1-w) \times \overline{\text{RRF}}} \qquad (1\text{-}2\text{-}4)$$

式中：ω——样品中目标物的含量，mg/kg；

A_x——试样中目标化合物定量离子的峰面积；

A_{IS}——试样中内标化合物定量离子的峰面积；

ρ_{IS}——试样中内标的浓度，mg/L；

$\overline{RRF}$——标准曲线中目标化合物的平均相对响应因子；

V_x——试样的定容体积，ml；

m——样品的称取量，g；

w——样品的含水率，%。

3.7.4　结果表示

小数位数的保留与方法检出限一致，结果最多保留 3 位有效数字。

3.8　检出限

根据 HJ/T 168—2010 空白实验中未检出目标物质的检出限测定方法，按照本方法的分析步骤对浓度（含量）为估计方法检出限 50% 化合物 2～5 倍，90% 化合物 1～10 倍的样品进行重复 7 次平行测定，计算 7 次平行测定的标准偏差，按照公式计算标准偏差和方法检出限，以 4 倍方法检出限作为测定下限。

$$MDL=t_{(n-1,\ 0.99)} \times S \tag{1-2-5}$$

式中：MDL——方法检出限；

n——样品的平行测定次数，本实验为 7 次；

$t_{(n-1,0.99)}$ 取 99% 置信区间时对应自由度下的 t 值，自由度为 6，t 值取 3.143；

S——平行测定结果的标准偏差。

如果样品的浓度（含量）超过计算出的方法检出限 10 倍，或者样品浓度（含量）低于计算出的方法检出限，则都需要调整样品浓度重新进行测定。

（1）SIM 方式采集得到的检出限

取石英砂作为空白基质，在确保空白基质中无硝基苯类化合物检出的情况下做 7 个平行样品，目标物含量为 20 μg/kg，经全过程分析，以 SIM 方式采集，检出限结果如表 1-2-19 所示，计算出的硝基苯类化合物的方法检出限在 2～10 μg/kg。

表1-2-19　SIM 方式采集得到检出限和测定下限　　　单位：μg/kg

化合物	测定值							标准偏差	检出限	测定下限
	1	2	3	4	5	6	7			
硝基苯	16.3	14.6	16.2	14.8	14.5	15.7	14.9	0.77	2	8
邻 - 硝基甲苯	14.7	13.9	15.9	13.0	13.6	13.9	13.7	0.95	3	12
间 - 硝基甲苯	15.0	14.6	15.2	12.7	12.3	13.7	13.3	1.13	4	16
对 - 硝基甲苯	15.0	13.9	14.6	14.1	12.6	13.3	13.5	0.83	3	12
间 - 硝基氯苯	15.5	15.2	16.5	15.1	14.0	16.0	14.0	0.94	3	12
对 - 硝基氯苯	15.7	15.2	17.5	15.2	15.1	16.3	14.5	0.97	3	12
邻 - 硝基氯苯	12.4	9.5	11.1	10.5	10.5	11.6	9.5	1.07	3	12
对 - 二硝基苯	12.4	11.4	15.0	12.9	20.5	14.9	12.2	3.09	10	40
间 - 二硝基苯	18.2	12.3	20.3	17.4	17.9	18.9	14.9	2.68	8	32
2,6- 二硝基甲苯	11.4	17.1	12.5	10.9	16.0	11.6	12.9	2.40	8	32
邻 - 二硝基苯	15.6	14.7	9.3	11.7	12.7	17.7	17.3	3.07	10	40
2,3,4- 三氯硝基苯	14.6	12.3	10.1	15.9	10.9	15.2	15.4	2.33	7	28
2,4- 二硝基甲苯	14.0	13.0	12.5	14.9	15.9	11.6	18.9	2.49	8	32
2,4,5- 三氯硝基苯	12.4	15.3	18.8	15.7	17.3	13.3	15.0	2.19	7	28
2,4- 二硝基氯苯	11.7	17.6	15.2	17.6	14.6	15.3	19.7	2.58	8	32
3,4- 二硝基甲苯	17.9	16.1	13.9	16.2	12.7	10.8	16.4	2.49	8	32
2,3,5,6- 四氯硝基苯	15.4	17.0	13.7	12.0	16.9	15.8	10.7	2.46	8	32
1,3,5- 三硝基苯	15.2	12.7	12.2	14.3	17.9	18.7	12.5	2.64	8	32
2,4,6- 三硝基甲苯	14.9	14.2	19.9	12.7	15.3	16.1	11.5	2.68	8	32
五氯硝基苯	10.8	15.6	11.4	18.5	13.4	11.8	10.7	2.91	9	36

（2）SCAN 方式采集得到的检出限

取石英砂作为空白基质，在确保空白基质中无硝基苯类化合物检出的情况下做 7 个平行样品，目标物含量为 0.50 mg/kg，经全过程分析，以

SCAN 方式采集，检出限结果如表 1-2-20 所示，计算出的硝基苯类化合物的方法检出限在 0.02 ～ 0.3 mg/kg。

表1-2-20　SCAN方式采集得到检出限和定量限　　　单位：mg/kg

化合物	测定值							标准偏差	检出限	测定下限
	1	2	3	4	5	6	7			
硝基苯	0.431	0.473	0.438	0.424	0.437	0.442	0.441	0.015	0.05	0.20
邻 - 硝基甲苯	0.388	0.431	0.400	0.398	0.407	0.410	0.406	0.013	0.04	0.16
间 - 硝基甲苯	0.450	0.474	0.465	0.452	0.463	0.466	0.462	0.008	0.03	0.12
对 - 硝基甲苯	0.470	0.480	0.482	0.469	0.477	0.481	0.477	0.005	0.02	0.08
间 - 硝基氯苯	0.459	0.485	0.470	0.457	0.465	0.468	0.467	0.009	0.03	0.12
对 - 硝基氯苯	0.458	0.491	0.471	0.457	0.465	0.467	0.468	0.012	0.04	0.16
邻 - 硝基氯苯	0.442	0.466	0.455	0.448	0.455	0.462	0.455	0.008	0.03	0.12
对 - 二硝基苯	0.601	0.424	0.677	0.596	0.625	0.641	0.594	0.081	0.3	1.2
间 - 二硝基苯	0.626	0.470	0.668	0.611	0.663	0.657	0.616	0.068	0.2	0.8
2,6- 二硝基甲苯	0.640	0.536	0.660	0.633	0.653	0.662	0.631	0.043	0.1	0.4
邻 - 二硝基苯	0.697	0.553	0.691	0.645	0.674	0.684	0.657	0.050	0.2	0.8
2,3,4- 三氯硝基苯	0.388	0.392	0.392	0.452	0.399	0.409	0.294	0.047	0.1	0.4
2,4- 二硝基甲苯	0.626	0.480	0.654	0.629	0.655	0.667	0.619	0.064	0.2	0.8
2,4,5- 三氯硝基苯	0.454	0.457	0.365	0.539	0.368	0.467	0.526	0.068	0.2	0.8
2,4- 二硝基氯苯	0.612	0.477	0.637	0.599	0.626	0.643	0.599	0.056	0.2	0.8
3，4- 二硝基甲苯	0.663	0.508	0.692	0.662	0.686	0.699	0.652	0.066	0.2	0.8
2,3,5,6- 四氯硝基苯	0.357	0.460	0.457	0.364	0.509	0.366	0.462	0.061	0.2	0.8
1,3,5- 三硝基苯	0.175	0.146	0.208	0.119	0.131	0.132	0.152	0.031	0.1	0.4
2,4,6- 三硝基甲苯	0.650	0.464	0.693	0.660	0.694	0.722	0.647	0.085	0.3	1.2
五氯硝基苯	0.330	0.429	0.430	0.341	0.342	0.443	0.300	0.058	0.2	0.8

3.9　方法的精密度和准确度

本实验对 0.10 mg/kg、0.50 mg/kg 和 2.00 mg/kg 3 个加标含量的空白石

英砂进行了精密度和准确度测试。

操作步骤：称取 10.0 g 样品，分别加入相应绝对量的硝基苯类化合物标准样品，分别平行做 6 份样品。按照与样品分析相同的步骤进行萃取（加压流体萃取）、净化（弗罗里硅土柱净化）和测定。分别计算各个基质样品中硝基苯类化合物含量和 6 个平行样结果的平均值、标准偏差和相对标准偏差。各种类型的样品加标获得的精密度和准确度结果见表 1-2-21～表 1-2-23。结果表明：6 次结果的相对标准偏差为 1.2%～20.5%，说明方法的精密度良好；6 次结果的平均回收率在 50.4%～114%。

表 1-2-21　低浓度（0.10 mg/kg）空白石英砂加标精密度和准确度结果

化合物	测定值 /（mg/kg）						平均值 /（mg/kg）	相对标准偏差 /%	加标回收率 /%
	1	2	3	4	5	6			
硝基苯	0.09	0.08	0.11	0.11	0.10	0.10	0.10	9.6	100
邻 - 硝基甲苯	0.10	0.09	0.10	0.13	0.13	0.12	0.11	13	113
间 - 硝基甲苯	0.09	0.09	0.10	0.12	0.11	0.11	0.10	11	101
对 - 硝基甲苯	0.08	0.07	0.08	0.09	0.09	0.09	0.08	13	83.7
间 - 硝基氯苯	0.09	0.08	0.09	0.11	0.10	0.10	0.10	11	94.6
对 - 硝基氯苯	0.08	0.08	0.08	0.10	0.10	0.09	0.09	12	89.4
邻 - 硝基氯苯	0.08	0.09	0.10	0.12	0.10	0.11	0.10	14	101
对 - 二硝基苯	0.07	0.07	0.07	0.09	0.08	0.09	0.08	15	77.6
间 - 二硝基苯	0.06	0.06	0.06	0.08	0.09	0.09	0.07	20	72.1
2,6- 二硝基甲苯	0.07	0.08	0.10	0.11	0.11	0.11	0.10	19	97.3
邻 - 二硝基苯	0.08	0.07	0.08	0.08	0.09	0.09	0.08	11	81.1
2,3,4- 三氯硝基苯	0.09	0.08	0.09	0.07	0.11	0.09	0.09	16	88.6
2,4- 二硝基甲苯	0.07	0.06	0.08	0.08	0.09	0.09	0.08	13	79.5
2,4,5- 三氯硝基苯	0.09	0.08	0.07	0.09	0.10	0.10	0.09	12	91.1

化合物	测定值 /（mg/kg）						平均值 /（mg/kg）	相对标准偏差 / %	加标回收率 / %
	1	2	3	4	5	6			
2,4- 二硝基氯苯	0.06	0.06	0.06	0.05	0.06	0.06	0.06	7.2	57.9
3,4- 二硝基甲苯	0.06	0.05	0.06	0.08	0.07	0.08	0.07	15	67.3
2,3,5,6- 四氯硝基苯	0.11	0.08	0.12	0.10	0.13	0.12	0.11	19	110
1,3,5- 三硝基苯	0.07	0.07	0.08	0.10	0.09	0.09	0.08	16	84.1
2,4,6- 三硝基甲苯	0.12	0.06	0.08	0.06	0.07	0.07	0.08	30	75.4
五氯硝基苯	0.11	0.08	0.08	0.10	0.09	0.11	0.10	15	96.5

表 1-2-22　中浓度（0.50 mg/kg）空白石英砂加标精密度和准确度结果

化合物	测定值 /（mg/kg）						平均值 /（mg/kg）	相对标准偏差 / %	加标回收率 / %
	1	2	3	4	5	6			
硝基苯	0.43	0.47	0.44	0.42	0.44	0.44	0.44	3.8	88.2
邻 - 硝基甲苯	0.39	0.43	0.40	0.40	0.41	0.41	0.41	3.5	81.1
间 - 硝基甲苯	0.45	0.47	0.46	0.45	0.46	0.47	0.46	1.9	92.3
对 - 硝基甲苯	0.47	0.48	0.48	0.47	0.48	0.48	0.48	1.2	95.3
间 - 硝基氯苯	0.46	0.49	0.47	0.46	0.47	0.47	0.47	2.2	93.5
对 - 硝基氯苯	0.46	0.49	0.47	0.46	0.47	0.47	0.47	2.7	93.6
邻 - 硝基氯苯	0.44	0.47	0.46	0.45	0.45	0.46	0.45	2.0	90.9
对 - 二硝基苯	0.32	0.23	0.37	0.32	0.34	0.35	0.32	15	64.2
间 - 二硝基苯	0.36	0.27	0.39	0.35	0.38	0.38	0.36	12	71.2
2,6- 二硝基甲苯	0.32	0.27	0.33	0.32	0.33	0.33	0.32	7.6	63.1
邻 - 二硝基苯	0.35	0.28	0.35	0.32	0.34	0.34	0.33	8.3	65.7
2,3,4- 三氯硝基苯	0.25	0.31	0.48	0.27	0.33	0.30	0.32	25	64.8
2,4- 二硝基甲苯	0.31	0.23	0.32	0.31	0.32	0.33	0.30	11	60.3
2,4,5- 三氯硝基苯	0.32	0.27	0.30	0.29	0.25	0.21	0.27	14	54.5
2,4- 二硝基氯苯	0.32	0.25	0.33	0.31	0.32	0.33	0.31	10	61.8

化合物	测定值 / (mg/kg)						平均值 / (mg/kg)	相对标准偏差 / %	加标回收率 / %
	1	2	3	4	5	6			
3,4- 二硝基甲苯	0.38	0.29	0.40	0.38	0.39	0.40	0.37	11	74.9
2,3,5,6- 四氯硝基苯	0.24	0.30	0.28	0.32	0.22	0.27	0.27	14	53.8
1,3,5- 三硝基苯	0.28	0.35	0.21	0.22	0.23	0.23	0.25	20	50.4
2,4,6- 三硝基甲苯	0.35	0.25	0.37	0.35	0.37	0.38	0.34	14	68.9
五氯硝基苯	0.45	0.38	0.40	0.35	0.36	0.43	0.40	9.8	79.0

表 1-2-23 高浓度（2.00 mg/kg）空白石英砂加标精密度和准确度结果

化合物	测定值 / (mg/kg)						平均值 / (mg/kg)	相对标准偏差 / %	加标回收率 / %
	1	2	3	4	5	6			
硝基苯	1.82	1.81	1.94	1.60	1.77	1.80	1.79	6.0	89.4
邻 - 硝基甲苯	1.70	1.67	1.67	1.72	1.68	1.48	1.65	5.3	82.6
间 - 硝基甲苯	1.98	1.81	1.95	1.98	1.77	1.94	1.91	4.8	95.3
对 - 硝基甲苯	2.04	2.00	1.80	1.82	1.99	1.99	1.94	5.2	97.1
间 - 硝基氯苯	1.93	1.90	1.57	1.92	1.88	1.89	1.85	7.5	92.4
对 - 硝基氯苯	1.91	1.87	1.70	1.58	1.85	1.85	1.79	7.1	89.7
邻 - 硝基氯苯	1.85	1.83	2.03	1.85	1.82	1.82	1.87	4.2	93.4
对 - 二硝基苯	1.48	1.39	1.40	1.41	1.47	1.48	1.44	2.9	71.9
间 - 二硝基苯	1.39	1.39	1.31	1.37	1.35	1.28	1.35	3.5	67.4
2,6- 二硝基甲苯	1.58	1.55	1.57	1.76	1.73	1.74	1.65	6.0	82.7
邻 - 二硝基苯	1.31	1.49	1.72	1.97	1.52	1.53	1.59	14	79.5
2,3,4- 三氯硝基苯	2.02	1.81	1.81	1.62	2.26	1.86	1.90	12	94.9
2,4- 二硝基甲苯	1.65	1.40	1.42	1.73	1.41	1.91	1.59	13	79.4
2,4,5- 三氯硝基苯	1.61	1.50	1.40	1.23	1.34	1.38	1.41	9.4	70.5
2,4- 二硝基氯苯	1.37	1.72	1.63	1.34	1.80	1.34	1.53	14	76.7
3,4- 二硝基甲苯	1.45	1.42	1.82	1.45	1.43	1.57	1.53	10	76.3
2,3,5,6- 四氯硝基苯	1.17	1.32	1.59	1.57	1.44	1.41	1.42	11	70.8

化合物	测定值 / （mg/kg）						平均值 / （mg/kg）	相对标准偏差 / %	加标回收率 / %
	1	2	3	4	5	6			
1,3,5- 三硝基苯	1.24	1.30	1.60	1.41	1.26	1.62	1.40	12	70.2
2,4,6- 三硝基甲苯	1.66	1.78	1.64	1.66	1.78	1.98	1.75	7.4	87.5
五氯硝基苯	1.79	1.63	1.64	1.40	1.26	1.68	1.57	13	78.3

3.10 方法适用性

3.10.1 不同类型土壤的方法适用性检验

土壤的质地大致可以分为砂土、壤土和黏土。为比较全面的考察不同性质土壤样品对本方法的适用性，编制组通过调研和筛选确定了表 1-2-24 所示 3 种实际土壤样品作为基体，应用本方法方法进行不同浓度的加标实验，进行适用性检验。

表 1-2-24　不同类型土壤样品硝基苯类化合物的检出情况

土壤类型	干物质含量	目标物检出情况
砂土	92.3%	未检出
壤土	83.2%	未检出
黏土	75.6%	未检出

结果表明（见表 1-2-25），砂土加标 0.50 mg/kg 时，目标物平均加标回收率为 73.0% ～ 95.2%，相对标准偏差在 1.8% ～ 8.3%；壤土加标 2.00 mg/kg 时，目标物平均加标回收率为 75.3% ～ 99.7%，相对标准偏差在 1.9% ～ 7.2%；黏土加标 5.00 mg/kg 时，目标物平均加标回收率为 74.5% ～ 108%，相对标准偏差在 3.1% ～ 8.4%。综合起来，3 种不同类型土壤基体加标 0.50 ～ 5.00 mg/kg 时，加标回收率为 73.0% ～ 108%，相对标准偏差在 1.8% ～ 8.4%。由此可见，本方法对不同类型土壤样品适用性均良好。

表1-2-25 不同类型土壤样品基体加标实验精密度和准确度结果

目标物	砂土 (n=6)			壤土 (n=6)			黏土 (n=6)		
	加标含量/(mg/kg)	平均回收率/%	RSD/%	加标含量/(mg/kg)	平均回收率/%	RSD/%	加标含量/(mg/kg)	平均回收率/%	RSD/%
硝基苯	0.50	87.3	1.8	2.00	99.7	1.9	5.00	88.6	3.1
邻-硝基甲苯	0.50	81.9	7.8	2.00	97.5	6.5	5.00	88.4	5.4
间-硝基甲苯	0.50	82.6	2.8	2.00	98.4	5.0	5.00	89.1	7.9
对-硝基甲苯	0.50	81.7	5.9	2.00	84.1	5.2	5.00	85.5	5.1
间-硝基氯苯	0.50	78.5	6.8	2.00	81.7	4.7	5.00	81.1	4.5
对-硝基氯苯	0.50	79.3	6.5	2.00	88.3	5.9	5.00	93.8	6.2
邻-硝基氯苯	0.50	78.2	8.3	2.00	79.7	7.1	5.00	95.3	3.8
对-二硝基苯	0.50	73.0	4.2	2.00	88.5	7.0	5.00	74.5	4.3
间-二硝基苯	0.50	91.1	5.2	2.00	88.2	5.4	5.00	94.9	4.8
2,6-二硝基甲苯	0.50	82.8	8.3	2.00	83.6	5.7	5.00	82.7	4.4
邻-二硝基苯	0.50	73.9	6.8	2.00	95.5	4.3	5.00	77.5	8.4
2,3,4-三氯硝基苯	0.50	87.5	5.6	2.00	90.5	6.3	5.00	86.6	7.5
2,4-二硝基甲苯	0.50	93.8	5.3	2.00	76.4	3.9	5.00	82.5	6.3

目标物	砂土（n=6）			壤土（n=6）			黏土（n=6）		
	加标含量/(mg/kg)	平均回收率/%	RSD/%	加标含量/(mg/kg)	平均回收率/%	RSD/%	加标含量/(mg/kg)	平均回收率/%	RSD/%
2,4,5-三氯硝基苯	0.50	88.8	7.4	2.00	79.4	7.2	5.00	79.8	6.4
2,4-二硝基氯苯	0.50	95.2	4.1	2.00	95.5	6.0	5.00	79.6	6.6
3,4-二硝基甲苯	0.50	89.0	6.0	2.00	86.9	5.4	5.00	108	4.8
2,3,5,6-四氯硝基苯	0.50	94.5	4.5	2.00	91.7	5.6	5.00	79.1	8.1
1,3,5-三硝基苯	0.50	78.1	8.1	2.00	75.3	6.8	5.00	83.1	6.6
2,4,6-三硝基甲苯	0.50	78.1	5.0	2.00	83.3	6.0	5.00	87.6	6.9
五氯硝基苯	0.50	81.9	5.7	2.00	99.4	2.8	5.00	90.7	4.1

3.10.2　不同类型沉积物的方法适用性检验

选用两个不同水域的沉积物样品，包括湖库型沉积物和河流型沉积物（均未检出目标物），分别进行 2.00 mg/kg 和 5.00 mg/kg 含量的加标实验，开展适用性检验。结果表明（见表 1-2-26），湖库型沉积物加标 2.00 mg/kg 时，目标物平均加标回收率为 75.1% ～ 99.4%，相对标准偏差在 2.7% ～ 9.0%；河流型沉积物加标 5.00 mg/kg 时，目标物平均加标回收率为 73.4% ～ 96.3%，相对标准偏差在 2.5% ～ 7.5%。综合起来，两类沉积物基体加标 2.00 mg/kg 和 5.00 mg/kg 时，目标物平均加标回收率为 73.4% ～ 99.4%，相对标准偏差在 2.5% ～ 9.0%，说明本方法对两种类型沉积物样品适用性均良好。

表 1-2-26　不同类型沉积物样品基体加标实验精密度和准确度结果

目标物	湖库型沉积物（n=6）			河流型沉积物（n=6）		
	加标含量 /（mg/kg）	平均回收率 /%	RSD/%	加标含量 /（mg/kg）	平均回收率 /%	RSD/%
硝基苯	2.00	86.3	3.0	5.00	80.9	2.5
邻 - 硝基甲苯	2.00	81.6	7.6	5.00	86.2	6.3
间 - 硝基甲苯	2.00	85.7	7.8	5.00	96.6	4.8
对 - 硝基甲苯	2.00	86.3	6.2	5.00	83.3	7.3
间 - 硝基氯苯	2.00	98.1	4.4	5.00	81.0	6.0
对 - 硝基氯苯	2.00	82.2	5.9	5.00	73.4	7.5
邻 - 硝基氯苯	2.00	96.7	3.0	5.00	77.1	7.0
对 - 二硝基苯	2.00	75.1	8.3	5.00	94.3	5.0
间 - 二硝基苯	2.00	77.1	7.4	5.00	82.3	5.3
2,6- 二硝基甲苯	2.00	90.4	5.5	5.00	89.1	5.6
邻 - 二硝基苯	2.00	92.4	5.6	5.00	75.2	5.0
2,3,4- 三氯硝基苯	2.00	97.0	2.7	5.00	95.8	3.6
2,4- 二硝基甲苯	2.00	97.0	5.0	5.00	88.0	5.6

目标物	湖库型沉积物（n=6）			河流型沉积物（n=6）		
	加标含量 /（mg/kg）	平均回收率 /%	RSD/%	加标含量 /（mg/kg）	平均回收率 /%	RSD/%
2,4,5- 三氯硝基苯	2.00	87.5	5.2	5.00	92.6	4.4
2,4- 二硝基氯苯	2.00	92.4	4.2	5.00	79.9	5.9
3,4- 二硝基甲苯	2.00	99.4	5.7	5.00	85.2	6.0
2,3,5,6- 四氯硝基苯	2.00	96.4	4.8	5.00	89.5	7.5
1,3,5- 三硝基苯	2.00	89.4	5.7	5.00	88.3	5.6
2,4,6- 三硝基甲苯	2.00	93.4	7.1	5.00	93.3	6.2
五氯硝基苯	2.00	75.6	9.0	5.00	81.2	3.7

3.11 质量控制与质量保证

3.11.1 空白实验

每 20 个样品或每批次（少于 20 个样品）需做 2 个空白试验，测定结果中目标物浓度不应超过方法检出限。否则，应检查试剂空白、仪器系统以及前处理过程。

3.11.2 标准曲线

标准曲线中目标化合物相对响应因子的相对标准偏差应小于或等于 30%。否则，说明进样口或色谱柱存在干扰，应进行必要的维护。

连续分析时，每 24 h 分析一次标准曲线中间浓度点，其测定结果与实际浓度值相对偏差应小于或等于 30%。否则，需重新绘制标准曲线。

校准确认标准溶液中内标与标准曲线中间点内标比较，保留时间的变化不超过 20 s，定量离子峰面积变化为 50% ～ 200%。

3.11.3 平行样品

每 20 个样品或每批次（少于 20 个样品）应分析 1 个平行样，平行样测定结果相对偏差应小于 30%。

3.11.4 基体加标

每 20 个样品或每批次（少于 20 个样品）应分析 1 个基体加标样品，土壤和沉积物加标样品回收率控制范围为 50% ～ 150%。

3.11.5 替代物的回收率

替代物的加标回收率范围为 50% ～ 120%。

参考文献

[1] 盛连喜，李明堂，徐镜波 . 硝基芳烃类化合物微生物降解研究进展 [J]. 应用生态学报，2007, 18（7）: 1654-1660.

[2] 孟紫强 . 环境毒理学 [M]. 北京：中国环境科学出版社，2000, 8: 248-514.

[3] Ramose U, Vaeswh J, Mayer P, et al. .Algal growth inhibition of Chlorella pyrenoidosa by polar narcotic pollutants: toxic cell concentrations and QSAR modeling [J]. Aquatic Toxicology, 1999, 46: 1-10.

[4] 张爱茜，陈日清，魏东斌，等 . 氯代芳香族化合物对羊角月牙藻的毒性及 QSAR 分析 [J]. 中国环境科学，2000, 20（2）: 102-105.

[5] 杜庆才，张德禄，王高鸿，等 . 莱茵衣藻生长和光合作用对硝基苯响应的研究 [J]. 西北师范大学学报（自然科学版），2007（3）: 71-74.

[6] Dodard S G, Renoux A Y, Hawari J. Ecotoxicity characterization of dinitrotoluenes and some of their reduced metabolites [J]. Chemosphere, 1999, 38（9）: 2071-2079.

[7] 张德禄，杜庆才，彭亮，等 . 硝基芳烃类污染物对水生态系统的毒理研究述评 [J]. 西北师范大学学报（自然科学版），2007, 43（5）: 98-100.

[8] Bailey H C, Spanggord R J. The relationship between the toxicity and structure of nitroaromatic chemicals, In: Aquatic toxicology and Hazard Assessment [J]. Sixth Symposium, ASTM STP802, American Society for Testing and Materials, Philadelphia, PA, 1983: 98-107.

[9] 王春梅，姜虹，王屹，等. 18 种硝基苯对大型蚤的毒性和结构相关性研究［J］. 吉林医学院学报，1998, 18（3）: 1-2.

[10] 徐镜波，景体凇. 鲤鱼组织 ATPase 活性抑制和构效分析［J］. 高等学校化学学报. 1998, 19（12）: 1920-1924.

[11] 袁星，赫奕，郎佩珍. 硝基芳族化合物对江水细菌的毒性及 QSAR 研究［J］. 环境科学，1995, 116（5）: 18-21.

[12] 程倩. 硝基芳烃对隆线蚤的毒性作用及 QSAR 研究. 辽宁师范大学学报（自然科学版）［J］. 1999, 22（2）: 148-152.

[13] Hall L H, Maynard E L, Kier L B. Structure-activity relationship studies on the toxicity of benzene derivatives: III Predictions and extension to new subsistents［J］. Environ. Toxicol. Chem., 1989, 8（5）: 431-436.

[14] Mason R P, Holtzman J L. The role of catalytic superoxide for mation in the O_2 inhibition of nitroeductase［J］. Biophys. Res. Commun., 1975, 67（4）: 1267-1274.

[15] Mason R P, Holtzman J L. The mechanism of microsomal and mitochondrial nitroductase. Electron spin resonance evidence for nitroaromatic free radical intermediate［J］. Biophys. Res. Commun., 1975, 14: 1626-1632.

[16] 王明臣，王俊萍，单杰，等. TNT 作业工人血清过氧化脂水平及 Cu Zn SOD 活性的研究［J］. 职业医学，1999, 26（2）: 55-56.

[17] 刘然. 硝基芳烃类化合物对斜生栅藻和大型蚤联合毒性作用对比及 QSAR 研究［D］. 硕士学位论文，2011, 北京化工大学化学工程学院.

[18] 陈丽，杨长志，刘永，等. 气相色谱法测定水产品中硝基苯残留量［J］. 化学工程师，2010, 177（6）: 26-29.

[19] 玛依努尔，丁蕴铮. 水蒸气蒸馏萃取法测定鱼体样品中硝基苯［J］. 东北师大学报，2008, 40（1）: 90- 94.

[20] 张永娟，刘琳，池帛洋，等. 土壤环境中硝基苯的微波萃取 - 气相色谱法检测技术

的研究 [J]. 环境科学与管理, 2010, 35（4）: 138-140.

[21] 陈忠林, 叶苗苗, 等. 超声萃取 - 气相色谱法测定污泥中的硝基苯 [J]. 中国给水排水, 2006, 22（14）: 80-82.

[22] 王丽媛, 周灵辉。加压流体萃取技术在环境监测中的应用 [J]. 黑龙江环境通报, 2011, 35（4）: 59-61.

[23] Fisher J A, Scarlett M J, Stott A D. Accelerated solvent extraction: An evaluation for screening of soil for selected U. S. EPA semivolatile organic priority pollutants [J]. Environmental Science & Technology, 1997, 31（4）: 1120-1127.

[24] 郭丽, 惠亚梅, 郑明辉, 等. 气相色谱 - 质谱联用测定土壤及底泥样品中的多环芳烃和硝基多环芳烃 [J]. 环境化学, 2007, 26（2）: 192-196.

[25] 赵悠悠, 赵临强. 土壤中对硝基氯苯的检测 [J]. 山西农业科学, 2014, 42（3）: 268-271.

土壤和沉积物　硝基苯类化合物的测定　气相色谱－质谱法

1　适用范围

本方法规定了测定土壤和沉积物中硝基苯类化合物的气相色谱 - 质谱法。

本方法适用于土壤和沉积物中 20 种硝基苯类化合物的测定，目标物包括：硝基苯、邻 - 硝基甲苯、间 - 硝基甲苯、对 - 硝基甲苯、间 - 硝基氯苯、对 - 硝基氯苯、邻 - 硝基氯苯、对 - 二硝基苯、间 - 二硝基苯、邻 - 二硝基苯、2,6- 二硝基甲苯、2,4- 二硝基甲苯、3,4- 二硝基甲苯、2,4- 二硝基氯苯、1,3,5- 三硝基苯、2,4,6- 三硝基甲苯、2,3,4- 三氯硝基苯、2,4,5- 三氯硝基苯、2,3,5,6- 四氯硝基苯和五氯硝基苯。

取样量 10 g，定容体积为 1.0 ml 时，采用全扫描方式测定，方法检出限 0.02 ～ 0.3 mg/kg，测定下限为 0.08 ～ 1.2 mg/kg。采用选择离子方式测定，方法检出限为 2 ～ 10 μg/kg，测定下限为 8 ～ 40 μg/kg。详见附录 A。

2　规范性引用文件

本方法内容引用了下列文件或其中的条款。凡是不注明日期的引用文件，其有效版本适用于本方法。

GB 17378.3　海洋监测规范　第 3 部分：样品采集、贮存与运输

GB 17378.5　海洋监测规范　第 5 部分：沉积物分析

HJ 613　　　土壤干物质和水分的测定　重量法

HJ 783　　　土壤和沉积物　有机物的提取　加压流体萃取法

HJ/T 166　　土壤环境监测技术规范

3　方法原理

土壤或沉积物中的硝基苯类化合物采用适合的萃取方法（索氏提取、

警告：试验中所用有机溶剂和标准物质为有毒有害物质，标准溶液配制及样品前处理过程应在通风橱中进行；操作时应按规定佩戴防护具，避免直接接触皮肤和衣物。

118

加压流体萃取等）提取，根据样品基体干扰情况选择合适的净化方法（铜粉脱硫、硅酸镁柱或凝胶渗透色谱），对提取液净化，浓缩、定容，经气相色谱分离、质谱检测。根据标准物质质谱图、保留时间、碎片离子质荷比及其丰度定性。内标法定量。

4 试剂和材料

除非另有说明，分析时均使用符合国家标准的分析纯试剂。实验用水为新制备的超纯水或蒸馏水。

4.1 丙酮（C_3H_6O）：农残级。

4.2 正己烷（C_6H_{14}）：农残级。

4.3 二氯甲烷（CH_2Cl_2）：农残级。

4.4 乙酸乙酯（$C_4H_8O_2$）：农残级。

4.5 环己烷（C_6H_{12}）：农残级。

4.6 二氯甲烷 - 丙酮混合溶剂：1+1

用二氯甲烷（4.3）和丙酮（4.1）按 1：1 体积比混合。

4.7 正己烷 - 丙酮混合溶剂：1+1

用正己烷（4.2）和丙酮（4.1）按 1：1 体积比混合。

4.8 凝胶渗透色谱流动相：用乙酸乙酯（4.4）和环己烷（4.5）按 1+1 体积比混合，或按仪器说明书配制其他溶剂体系。

4.9 硝基苯类化合物标准贮备液：ρ=1 000 ～ 5 000 mg/L，市售有证标准溶液。

4.10 硝基苯类化合物标准中间液：ρ=200 ～ 500 mg/L。

用二氯甲烷溶剂（4.3）稀释硝基苯类化合物标准贮备液（4.9），4℃下避光冷藏保存，可保存 60 d。

4.11 内标贮备液：2 000 mg/L。

推荐使用萘 -d_8，苊 -d_{10}，市售有证标准溶液。亦可选用其他化合物做内标。

4.12   内标中间液：ρ=200 mg/L

用二氯甲烷溶剂（4.3）稀释内标贮备液（4.11）。

4.13   替代物贮备液：ρ=2 000 mg/L，市售有证标准溶液。

推荐使用苯酚-d_6，硝基苯-d_5，2-氟联苯，2,4,6-三溴苯酚，也可选用十氯联苯或 2,4,5,6-四氯间二甲苯和氯茵酸二丁酯。

4.14   替代物中间液：ρ=200 mg/L

用二氯甲烷溶剂（4.3）稀释替代物标准贮备液（4.13）。

4.15   十氟三苯基膦（DFTPP）溶液：ρ=50 mg/L，市售标准溶液。

4.16   凝胶渗透色谱校准溶液：含玉米油（25 mg/ml）、邻苯二甲酸二（2-二乙基己基）酯（1 mg/ml）、甲氧滴滴涕（200 mg/L）、芘（20 mg/L）和硫（80 mg/L）的混合溶液，市售。

4.17   干燥剂：优级纯无水硫酸钠（Na_2SO_4）或粒状硅藻土（60～100目）。

在使用前，置于马弗炉中 400℃烘烤 4 h，冷却后装入磨口玻璃瓶中密封，于干燥器中保存。

4.18   石英砂：20～100目（尽量选择和土壤样品相近粒径的石英砂）。

用于空白试样的制备，要求石英砂中不含影响测定的杂质。石英砂在使用前，需在马弗炉中 400℃烘烤 4 h，冷却后装入磨口玻璃瓶中密封，置于干燥器内备用。

4.19   玻璃棉或玻璃纤维滤膜：使用前用二氯甲烷-丙酮混合溶剂（4.6）浸洗，待溶剂挥发干后，贮于具塞磨口玻璃瓶中密封保存。

4.20   高纯氮气：纯度为 99.999%。

5 仪器和设备

5.1   气相色谱-质谱仪：电子轰击（EI）电离源。

5.2   色谱柱：石英毛细管柱，长 30 m，内径 0.25 mm，膜厚 0.25 m，固定相为 5%-苯基-甲基聚硅氧烷，或其他等效的毛细管色谱柱。

5.3 提取装置：索氏提取、加压流体萃取等性能相当的设备。

5.4 凝胶渗透色谱仪（GPC）：具 254 nm 固定波长紫外检测器，填充凝胶填料的净化柱。

5.5 浓缩装置：旋转蒸发仪、氮吹仪或其他同等性能的设备。

5.6 固相萃取装置，硅酸镁固相萃取柱。

5.7 一般实验室常用仪器和设备。

6 样品

6.1 样品的采集与保存

土壤样品按照 HJ/T 166 的相关要求采集和保存，沉积物样品按照 GB 17378.3 的相关要求采集和保存。样品应于洁净的具塞磨口棕色玻璃瓶中保存。运输过程中应密封、避光、4℃ 以下冷藏。运至实验室后，若不能及时分析，应于 4℃ 以下冷藏、避光、密封保存，保存时间不超过 10 d。

6.2 水分的测定

土壤样品干物质和水分的测定按照 HJ 613 执行，沉积物样品含水率测定按照 GB 17378.5 执行。

6.3 试样的制备

6.3.1 样品准备

将样品放在搪瓷盘或不锈钢盘上，混匀，除去枝棒、叶片、石子等异物，按照 HJ/T 166 进行四分法粗分。一般情况下应对新鲜样品进行处理。自然干燥不影响分析目的时，也可将样品自然干燥。新鲜土壤或沉积物样品可采用冷冻干燥和干燥剂脱水干燥。

6.3.1.1 冻干法

取适量混匀后样品，放入真空冷冻干燥仪中干燥脱水。干燥后的样品需研磨、过 250 μm（60 目）孔径的筛子，均化处理成 250 μm（60 目）左右的颗粒，然后称取 10 g 样品进行提取。

6.3.1.2 干燥剂法

称取 10 g 新鲜样品，加入一定量的干燥剂（4.17）混匀、脱水并研磨成细小颗粒，充分拌匀直到散粒状，全部转移至提取容器中待用。

6.3.2 提取

提取方法可选择索氏提取、加压流体萃取及其他等效萃取方法。

①索氏提取：将制备好的土壤或沉积物样品全部转入索氏提取套筒（5.3）中，加入曲线中间点以上浓度的替代物中间液（4.14），小心置于索氏提取器回流管中，在圆底溶剂瓶中加入 100 ml 二氯甲烷 - 丙酮混合溶剂（4.6），提取 8 ~ 12 h，回流速度控制在 4 ~ 6 次 /h。然后停止加热回流，取出圆底溶剂瓶，待浓缩。

②加压流体萃取按照 HJ 783 执行。

注：如果上述提取液存在明显水分，需要进一步过滤和脱水。在玻璃漏斗上垫一层玻璃棉或玻璃纤维滤膜（4.19），加入约 5 g 无水硫酸钠（4.17），将提取液过滤至浓缩器皿中。再用少量二氯甲烷 - 丙酮混合溶剂（4.6）洗涤提取容器 3 次，洗涤液并入漏斗中过滤，最后再冲洗漏斗，全部收集至浓缩器皿中，待浓缩。

提取液若不能及时分析，应于 4℃ 以下冷藏、避光、密封保存，保存时间不超过 60 d。

6.3.3 浓缩

浓缩方法推荐使用以下两种方式。其他方法经验证效果优于或等效时也可使用。

6.3.3.1 氮吹浓缩

在室温条件下，开启氮气至溶剂表面有气流波动（避免形成气涡），用二氯甲烷 - 丙酮混合溶剂（4.6）多次洗涤氮吹过程中已露出的浓缩器管壁，浓缩至近 1 ml，待净化。

选用凝胶渗透色谱法净化时，当浓缩至 2 ml 左右时，继续加入约 5 ml 凝胶渗透色谱流动相（4.8）进行溶剂转换，再浓缩至近 1 ml，待净化。

6.3.3.2　旋转蒸发浓缩

加热温度设置在 35℃左右，调节旋转蒸发转数保证蒸发溶剂的速度不要过快，将提取液（6.3.2）浓缩至约 2 ml，停止浓缩。用少量二氯甲烷 -丙酮混合溶剂（4.6）冲洗蒸发瓶瓶底 2 次，合并全部的浓缩液，再用氮吹浓缩至近 1 ml，待净化。

选用凝胶渗透色谱法净化时，当浓缩至 2 ml 左右时，继续加入约 5 ml凝胶渗透色谱流动相（4.8）进行溶剂转换，再浓缩至近 1 ml，待净化。

6.3.4　净化

6.3.4.1　硅酸镁柱净化

用约 4 ml 正己烷（4.2）洗涤硅酸镁固相萃取柱，保持硅酸镁固相萃取柱内吸附剂表面浸润。用吸管将浓缩后的提取液（6.3.3）转移到硅酸镁固相萃取柱上停留 1 min 后，弃去流出液。加入 2 ml 丙酮 - 正己烷混合溶剂（4.7），用 10 ml 小型浓缩管接收洗脱液，继续洗涤小柱，至接收的洗脱液体积到 10 ml 为止。

6.3.4.2　凝胶渗透色谱柱净化

（1）凝胶渗透色谱柱的校准

按照仪器说明书对凝胶渗透色谱柱进行校准，凝胶渗透色谱校正溶液得到的色谱峰应满足以下条件：所有峰形均匀对称；玉米油和邻苯二甲酸二（2- 二乙基己基）酯的色谱峰之间分辨率大于 85%；邻苯二甲酸二（2- 二乙基己基）酯和甲氧滴滴涕的色谱峰之间分辨率大于 85%；甲氧滴滴涕和芘的色谱峰之间分辨率大于 85%；芘和硫的色谱峰不能重叠，基线分离大于 90%。

（2）确定收集时间

凝胶渗透色谱使用前必须用硝基苯类化合物标准物质进行方法校准，确定收集时间初步定在玉米油出峰之后至硫出峰之前，芘洗脱出以后，立

123

即停止收集。用硝基苯类化合物标准溶液进样形成标准物谱图。根据标准物质谱图进一步确定起始和停止收集时间。

（3）提取液净化

用凝胶渗透色谱流动相将浓缩后的提取液定容至凝胶渗透色谱仪定量环需要体积，按照标准物质校准验证后的净化条件收集流出液。待再次浓缩。

6.3.5　浓缩、加内标

净化后的试液（6.3.4）再次按照氮吹浓缩或旋转蒸发浓缩（6.3.3）的步骤进行浓缩、加入适量内标中间液（4.12），并定容至 1.0 ml，混匀后转移至 2 ml 样品瓶中，待测。

6.4　空白试样的制备

用石英砂（4.18）代替实际样品，按照与试样的制备（6.3）相同步骤制备空白试样。

7　分析步骤

7.1　仪器参考条件

7.1.1　气相色谱参考条件

进样口温度：250 ℃；

进样方式：分流进样，分流比 5 ：1；

柱箱温度：45 ℃，保持 1 min 以 8 ℃ /min 的速度升温至 220 ℃（保持 2 min）；

柱流量：1.0 ml/min；

进样量：1.0 μl。

7.1.2　质谱参考条件

电子轰击源（EI）；

离子源温度：230 ℃；

离子化能量：70 eV；

接口温度：280 ℃；

四级杆温度：150 ℃；

扫描方式：全扫描或选择离子扫描（SCAN/SIM）；

扫描范围：40 ～ 500 amu；

溶剂延迟时间：2.5 min。

7.2 校准

7.2.1 质谱性能检查

每次分析前，应进行质谱自动调谐，再将气相色谱和质谱仪设定至分析方法要求的仪器条件，并处于待机状态，通过气相色谱进样口直接注入 1.0 μl 十氟三苯基膦（DFTPP）（4.15），得到十氟三苯基膦质谱图，其质量碎片的离子丰度应全部符合表 1 中的要求。否则需清洗质谱仪离子源。

表1 十氟三苯基膦（DFTPP）关键离子及离子丰度评价

质荷比（m/z）	相对丰度规范	质荷比（m/z）	相对丰度规范
51	198 峰（基峰）的 30% ～ 60%	199	198 峰的 5% ～ 9%
68	小于 69 峰的 2%	275	基峰的 10% ～ 30%
70	小于 69 峰的 2%	365	大于基峰的 1%
127	基峰的 40% ～ 60%	441	存在且小于 443 峰
197	小于 198 峰的 1%	442	基峰或大于 198 峰的 40%
198	基峰，丰度 100%	443	峰的 17% ～ 23%

7.2.2 标准曲线的绘制

低浓度标准曲线：配制至少 6 个浓度点的标准系列。硝基苯类化合物和替代物的质量参考浓度均分别为 0.100 μg/ml、0.200 μg/ml、0.500 μg/ml、

125

1.00 μg/ml、2.00μg/ml、5.00 μg/ml，内标质量浓度均为 1.00 μg/ml。也可根据仪器灵敏度或样品中目标物浓度配制成其他气相色谱。

高浓度标准曲线：配制至少 5 个浓度点的标准系列。硝基苯类化合物和替代物的质量参考浓度均分别为 5.00 μg/ml、10.0 μg/ml、20.0 μg/ml、50.0 μg/ml、100μg/ml，内标质量浓度均为 20.0 μg/ml。也可根据仪器灵敏度或样品中目标物浓度配制成其他气相色谱。

按照仪器参考条件，从低浓度到高浓度依次进样分析，以 SIM/SCAN 模式进行数据采集。以目标化合物浓度和内标化合物浓度比值为横坐标，以目标化合物定量离子响应值与内标化合物定量离子响应值的比值为纵坐标。低浓度标准曲线以平均相对响应因子（RRF）计算；高浓度标准曲线以线性方程计算。

7.2.3 标准样品的气相色谱 / 质谱图

在本方法推荐的仪器参考条件下，目标物的总离子流谱图见图 1。

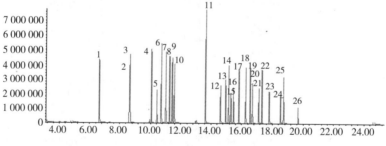

1—苯酚 -d_6（替代物 1）；2—硝基苯；3—硝基苯 -d_5（替代物 2）；4—邻 - 硝基甲苯；5—萘 -d_8（内标 1）；6—间 - 硝基甲苯；7—对 - 硝基甲苯；8—间 - 硝基氯苯；9—对 - 硝基氯苯；10—邻 - 硝基氯苯；11—2- 氟联苯（替代物 3）；12—对 - 二硝基苯；13—2,6- 二硝基甲苯；14—间 - 二硝基苯；15—邻 - 二硝基苯；16—苊 -d_{10}（内标 2）；17—2,3,4- 三氯硝基苯；18—2,4- 二硝基甲苯；19—2,4,5- 三氯硝基苯；20—2,4- 二硝基氯苯；21—3,4- 二硝基甲苯；22—2,3,5,6- 四氯硝基苯；23—2,4,6- 三溴苯酚（替代物 4）；24—1,3,5- 三硝基苯；25—2,4,6- 三硝基甲苯；26—五氯硝基苯

图 1 硝基苯类化合物标准样品的总离子流图

7.3 测定

7.3.1 空白试样的测定

按照与试样测定相同的仪器分析条件（7.1）测定空白试样（6.4）。

7.3.2 试样的测定

按照与标准曲线绘制相同的仪器分析条件（7.1）测定待测的试样（6.3.5）。

8 结果计算与表示

8.1 定性分析

通过样品中目标物与标准系列中目标物的保留时间、质谱图、碎片离子质荷比及其丰度等信息比较，对目标物进行定性。应多次分析标准溶液得到目标物的保留时间均值，以平均保留时间 ±3 倍的标准偏差为保留时间窗口，样品中目标物的保留时间应在其范围内。

目标物标准质谱图中相对丰度高于 30% 的所有离子应在样品质谱图中存在，样品质谱图和标准质谱图中上述特征离子的相对丰度偏差要在 ±30% 内。一些特殊的离子如分子离子峰，即使其相对丰度低于 30%，也应该作为判别化合物的依据。如果实际样品存在明显的背景干扰，应扣除背景影响。

8.2 定量分析

在对目标物定性判断的基础上，根据定量离子的峰面积，采用内标法进行定量。当样品中目标化合物的定量离子有干扰时，可使用辅助离子定量。

8.3 结果计算

8.3.1 平均相对响应因子（$\overline{RRF}$）计算

标准系列第 i 点中目标化合物的相对响应因（RRF_i），按式（1）计算。

127

$$RRF_i = \frac{A_i}{A_{ISi}} \times \frac{\rho_{ISi}}{\rho_i} \qquad (1)$$

式中：RRF_i——标准系列中第 i 点目标化合物的相对响应因子；

A_i——标准系列中第 i 点目标化合物定量离子的响应值；

A_{ISi}——标准系列中第 i 点与目标化合物相对应内标定量离子的

响应值；

ρ_{ISi}——标准系列中内标物的质量浓度，mg/L；

ρ_i——标准系列中第 i 点目标化合物的质量浓度，mg/L。

标准曲线中目标化合物的平均相对响应因子$\overline{RRF}$，按式（2）计算。

$$\overline{RRF} = \frac{\sum\limits_{i=1}^{n} RRF_i}{n} \qquad (2)$$

式中：$\overline{RRF}$——标准曲线中目标化合物的平均相对响应因子；

RRF_i——标准系列中第 i 点目标化合物的相对响应因子；

n——标准系列点数。

8.3.2 土壤样品的结果计算

土壤样品中目标物含量 w_1（mg/kg），按式（3）计算。

$$w_1 = \frac{A_x \times \rho_{IS} \times V_x}{A_{IS} \times m \times w_{dm} \times \overline{RRF}} \qquad (3)$$

式中：w_1——样品中目标物的含量，mg/kg；

A_x——试样中目标化合物定量离子的峰面积；

A_{IS}——试样中内标化合物定量离子的峰面积；

ρ_{IS}——试样中内标的浓度，mg/L；

$\overline{RRF}$——标准曲线中目标化合物的平均相对响应因子；

V_x——试样的定容体积，ml；

m——样品的称取量，g；

w_{dm}——样品干物质含量，%。

8.3.3   沉积物样品的结果计算

沉积物样品中目标物含量 w_2（mg/kg），按式（4）计算。

$$w_2 = \frac{A_x \times \rho_{IS} \times V_x}{A_{IS} \times m \times (1 - w_{H_2O}) \times \overline{RRF}} \tag{4}$$

式中：w_2——样品中目标物的含量，mg/kg；

A_x——试样中目标化合物定量离子的峰面积；

A_{IS}——试样中内标化合物定量离子的峰面积；

ρ_{IS}——试样中内标的浓度，mg/L；

$\overline{RRF}$——标准曲线中目标化合物的平均相对响应因子；

V_x——试样的定容体积，ml；

m——样品的称取量，g；

w_{H_2O}——样品的含水率，%。

8.4   结果表示

小数位数的保留与方法检出限一致，结果最多保留 3 位有效数字。

9   精密度和准确度

9.1   精密度

硝基苯类化合物浓度为 0.10 mg/kg、0.50 mg/kg 和 2.00 mg/kg 时，实验室内的相对标准偏差范围分别为 9.6% ～ 30%、1.2% ～ 25%、2.9% ～ 14%；重复性限范围分别为 0.01 ～ 0.05 mg/kg、0.01 ～ 0.22 mg/kg、0.12 ～ 0.64 mg/kg。

9.2   准确度

分别对土壤和沉积物的基体加标样品进行了测定。

土壤样品加标含量分别为 0.50 mg/kg、2.00 mg/kg 和 5.00 mg/kg 时，硝基苯类化合物的加标回收率范围分别为 73.0% ～ 95.2%、75.3% ～ 99.7% 和 74.5% ～ 94.9%。

沉积物样品加标含量分别为 2.00 mg/kg 和 5.00 mg/kg 时，硝基苯类化合物的加标回收率范围分别为 75.1% ～ 99.4% 和 73.4% ～ 96.6%。

精密度和准确度数据详见附录 C。

10 质量保证和质量控制

10.1 空白实验

每 20 个样品或每批次（少于 20 个样品）需做 2 个空白试验，测定结果中目标物浓度不应超过方法检出限。否则，应检查试剂空白、仪器系统以及前处理过程。

10.2 标准曲线

标准曲线中目标化合物相对响应因子的相对标准偏差应小于或等于 30%。否则，说明进样口或色谱柱存在干扰，应进行必要的维护。

连续分析时，每 24 h 分析一次标准曲线中间浓度点，其测定结果与实际浓度值相对偏差应小于或等于 30%。否则，需重新绘制标准曲线。

校准确认标准溶液中内标与标准曲线中间点内标比较，保留时间的变化不超过 20 s，定量离子峰面积变化为 50% ～ 200%。

10.3 平行样品

每 20 个样品或每批次（少于 20 个样品）应分析 1 个平行样，平行样测定结果相对偏差应小于 30%。

10.4 基体加标

每 20 个样品或每批次（少于 20 个样品）应分析 1 个基体加标样品，土壤和沉积物加标样品回收率控制范围为 50% ～ 150%。

10.5 替代物的回收率

替代物的加标回收率范围为 50% ～ 120%。

11 废弃物的处理

试验中所产生的所有废液和其他废弃物（包括检测后的残液）应集中密封存放，并附警示标志，委托有资质的单位集中处置。

附录 A

（规范性附录）

方法检出限和测定下限

表 A.1 给出了目标化合物的出峰顺序、方法检出限和测定下限。

表 A.1　方法检出限和测定下限

序号		选择离子方式		全扫描方式	
		检出限 / (μg/kg)	测定下限 / (μg/kg)	检出限 / (mg/kg)	测定下限 / (mg/kg)
1	硝基苯	2	8	0.05	0.20
2	邻 - 硝基甲苯	3	12	0.04	0.16
3	间 - 硝基甲苯	4	16	0.03	0.12
4	对 - 硝基甲苯	3	12	0.02	0.08
5	间 - 硝基氯苯	3	12	0.03	0.12
6	对 - 硝基氯苯	3	12	0.04	0.16
7	邻 - 硝基氯苯	3	12	0.03	0.12
8	对 - 二硝基苯	10	40	0.3	1.2
9	间 - 二硝基苯	8	32	0.2	0.8
10	2,6- 二硝基甲苯	8	32	0.1	0.4
11	邻 - 二硝基苯	10	40	0.2	0.8
12	2,3,4- 三氯硝基苯	7	28	0.1	0.4
13	2,4- 二硝基甲苯	8	32	0.2	0.8
14	2,4,5- 三氯硝基苯	7	28	0.2	0.8
15	2,4- 二硝基氯苯	8	32	0.2	0.8
16	3,4- 二硝基甲苯	8	32	0.2	0.8
17	2,3,5,6- 四氯硝基苯	8	32	0.2	0.8
18	1,3,5- 三硝基苯	8	32	0.1	0.4
19	2,4,6- 三硝基甲苯	8	32	0.3	1.2
20	五氯硝基苯	9	36	0.2	0.8

131

附录 B

（资料性附录）

目标化合物的测定参考参数

表 B.1 按出峰顺序给出了目标化合物、内标、替代物的化学文摘登记号 CAS、定量离子和辅助离子。

表 B.1　目标化合物的测定参考参数

序号	目标化合物中文名称	目标化合物英文名称	CAS	定量离子（m/z）	辅助离子（m/z）
1	苯酚 -d_6（替代物）	Phenol-d_6（SS）	13127-88-3	99	71
2	硝基苯	Nitrobenzene	98-95-3	77	123、65
3	硝基苯 -d_5（替代物）	Nitrobenzene-d_5（SS）	4165-60-0	82	128、54
4	邻 - 硝基甲苯	2-Nitrotoluene	88-72-2	120	65、91
5	萘 -d_8（内标）	Naphthalene-d_8（IS）	1146-65-2	136	108
6	间 - 硝基甲苯	3-Nitrotoluene	99-08-1	91	65、137
7	对 - 硝基甲苯	4-Nitrotoluene	99-99-0	137	65.91
8	间 - 硝基氯苯	1-Chloro-3-nitrobenzene	121-73-3	111	75、157
9	对 - 硝基氯苯	1-Chloro-4-nitrobenzene	100-00-5	75	111、157
10	邻 - 硝基氯苯	1-Chloro-2-nitrobenzene	88-73-3	75	111、157
11	2- 氟联苯（替代物）	2-Fluorobiphenyl（SS）	321-60-8	172	171、170
12	对 - 二硝基苯	1,4-Dinitrobenzene	100-25-4	168	75、50、122
13	2,6- 二硝基甲苯	2,6-Dinitrotoluene	606-20-2	165	63、89
14	间 - 二硝基苯	1,3-Dinitrobenzene	99-65-0	168	76、50、92
15	邻 - 二硝基苯	1,2-Dinitrobenzene	528-29-0	168	50、63、76

序号	目标化合物中文名称	目标化合物英文名称	CAS	定量离子（m/z）	辅助离子（m/z）
16	苊 -d_{10}（内标）	Acenaphthene-d_{10}（IS）	15067-26-2	164	162、160
17	2,3,4- 三氯硝基苯	2,3,4-Trichloronitrobenzene	17700-09-3	225	179、227
18	2,4- 二硝基甲苯	2,4-Dinitrotoluene	121-14-2	165	89、63
19	2,4,5- 三氯硝基苯	2,4,5-Trichloronitrobenzene	89-69-0	225	227、179
20	2,4- 二硝基氯苯	2,4-Dinitrochlorobenzene	97-00-7	202	75、110
21	3,4- 二硝基甲苯	3,4-Dinitrotoluene	610-39-9	182	63、89
22	2,3,5,6- 四氯硝基苯	Tetrachloronitrobenzene	117-18-0	203	215、261
23	2,4,6- 三溴苯酚（替代物）	2,4,6-Tribromophenol（SS）	118-79-6	332	62、143
24	1,3,5- 三硝基苯	1,3,5-Trinitrobenzene	99-35-4	75	213、74
25	2,4,6- 三硝基甲苯	2,4,6-Trinitrotoluene	118-96-7	210	89、63
26	五氯硝基苯	Pentachloronitrobenzene	82-68-8	237	295、249、214

附录 C

（资料性附录）

方法的精密度和准确度

表 C.1、表 C.2 给出了方法的精密度、准确度汇总数据。

表 C.1　方法的精密度汇总表

化合物名称	加标浓度 /（mg/kg）	总平均值 /（mg/kg）	实验室内相对标准偏差 /%	重复性限 r/（mg/kg）
硝基苯	0.10	0.10	9.6	0.03
	0.50	0.44	3.8	0.05
	2.00	1.79	6.0	0.30
邻 - 硝基甲苯	0.10	0.11	13	0.04
	0.50	0.41	3.5	0.04
	2.00	1.65	5.3	0.24
间 - 硝基甲苯	0.10	0.10	11	0.03
	0.50	0.46	1.9	0.02
	2.00	1.91	4.8	0.26
对 - 硝基甲苯	0.10	0.08	13	0.03
	0.50	0.48	1.2	0.02
	2.00	1.94	5.2	0.28
间 - 硝基氯苯	0.10	0.09	11	0.03
	0.50	0.47	2.2	0.03
	2.00	1.85	7.5	0.39
对 - 硝基氯苯	0.10	0.09	12	0.03
	0.50	0.47	2.7	0.04
	2.00	1.79	7.1	0.36
邻 - 硝基氯苯	0.10	0.10	14	0.04
	0.50	0.45	2.0	0.03
	2.00	1.87	4.2	0.22

化合物名称	加标浓度 / （mg/kg）	总平均值 / （mg/kg）	实验室内相对标准偏差 /%	重复性限 r/ （mg/kg）
对 - 二硝基苯	0.10	0.08	15	0.03
	0.50	0.32	15	0.13
	2.00	1.44	2.9	0.12
间 - 二硝基苯	0.10	0.07	20	0.04
	0.50	0.36	12	0.12
	2.00	1.35	3.5	0.13
2,6- 二硝基甲苯	0.10	0.10	19	0.05
	0.50	0.32	7.6	0.07
	2.00	1.65	6.0	0.28
邻 - 二硝基苯	0.10	0.08	11	0.02
	0.50	0.33	8.3	0.08
	2.00	1.59	14	0.62
2,3,4- 三氯硝基苯	0.10	0.09	16	0.04
	0.50	0.32	25	0.22
	2.00	1.90	12	0.64
2,4- 二硝基甲苯	0.10	0.08	13	0.03
	0.50	0.30	11	0.09
	2.00	1.59	13	0.58
2,4,5- 三氯硝基苯	0.10	0.09	12	0.03
	0.50	0.27	14	0.11
	2.00	1.41	9.4	0.37
2,4- 二硝基氯苯	0.10	0.06	7.2	0.01
	0.50	0.31	10	0.09
	2.00	1.53	14	0.60
3,4- 二硝基甲苯	0.10	0.07	15	0.03
	0.50	0.37	11	0.11
	2.00	1.53	10	0.43

化合物名称	加标浓度 /（mg/kg）	总平均值 /（mg/kg）	实验室内相对标准偏差 /%	重复性限 r/（mg/kg）
2,3,5,6- 四氯硝基苯	0.10	0.11	16	0.05
	0.50	0.27	14	0.11
	2.00	1.42	11	0.44
1,3,5- 三硝基苯	0.10	0.08	16	0.04
	0.50	0.25	21	0.15
	2.00	1.40	12	0.47
2,4,6- 三硝基甲苯	0.10	0.08	30	0.07
	0.50	0.34	14	0.13
	2.00	1.75	7.4	0.36
五氯硝基苯	0.10	0.10	15	0.04
	0.50	0.40	9.8	0.11
	2.00	1.57	13	0.57

表 C.2　方法的准确度汇总表

化合物名称	样品类型	加标浓度 /（mg/kg）	加标回收率 /%	实验室内相对标准偏差 /%
硝基苯	土壤	0.50	87.3	1.8
		2.00	99.7	1.9
		5.00	88.6	3.1
	沉积物	2.00	86.3	3.0
		5.00	80.9	2.5
邻 - 硝基甲苯	土壤	0.50	81.9	7.8
		2.00	97.5	6.5
		5.00	88.4	5.4
	沉积物	2.00	81.6	7.6
		5.00	86.2	6.3

化合物名称	样品类型	加标浓度 / (mg/kg)	加标回收率 / %	实验室内相对标准偏差 /%
间 - 硝基甲苯	土壤	0.50	82.6	2.8
		2.00	98.4	5.0
		5.00	89.1	7.9
	沉积物	2.00	85.7	7.8
		5.00	96.6	4.8
对 - 硝基甲苯	土壤	0.50	81.7	5.9
		2.00	84.1	5.2
		5.00	85.5	5.1
	沉积物	2.00	86.3	6.2
		5.00	83.3	7.3
间 - 硝基氯苯	土壤	0.50	78.5	6.8
		2.00	81.7	4.7
		5.00	81.1	4.5
	沉积物	2.00	98.1	4.4
		5.00	81.0	6.0
对 - 硝基氯苯	土壤	0.50	79.3	6.5
		2.00	88.3	5.9
		5.00	93.8	6.2
	沉积物	2.00	82.2	5.9
		5.00	73.4	7.5
邻 - 硝基氯苯	土壤	0.50	78.2	8.3
		2.00	79.7	7.1
		5.00	95.3	3.8
	沉积物	2.00	96.7	3.0
		5.00	77.1	7.0

化合物名称	样品类型	加标浓度 /（mg/kg）	加标回收率 /%	实验室内相对标准偏差 /%
对 - 二硝基苯	土壤	0.50	73.0	4.2
		2.00	88.5	7.0
		5.00	74.5	4.3
	沉积物	2.00	75.1	8.3
		5.00	94.3	5.0
间 - 二硝基苯	土壤	0.50	91.1	5.2
		2.00	88.2	5.4
		5.00	94.9	4.8
	沉积物	2.00	77.1	7.4
		5.00	82.3	5.3
2,6- 二硝基甲苯	土壤	0.50	82.8	8.3
		2.00	83.6	5.7
		5.00	82.7	4.4
	沉积物	2.00	90.4	5.5
		5.00	89.1	5.6
邻 - 二硝基苯	土壤	0.50	73.9	6.8
		2.00	95.5	4.3
		5.00	77.5	8.4
	沉积物	2.00	92.4	5.6
		5.00	75.2	5.0
2,3,4- 三氯硝基苯	土壤	0.50	87.5	5.6
		2.00	90.5	6.3
		5.00	86.6	7.5
	沉积物	2.00	97.0	2.7
		5.00	95.8	3.6

化合物名称	样品类型	加标浓度 /（mg/kg）	加标回收率 / %	实验室内相对标准偏差 /%
2,4- 二硝基甲苯	土壤	0.50	93.8	5.3
		2.00	76.4	3.9
		5.00	82.5	6.3
	沉积物	2.00	97.0	5.0
		5.00	88.0	5.6
2,4,5- 三氯硝基苯	土壤	0.50	88.8	7.4
		2.00	79.4	7.2
		5.00	79.8	6.4
	沉积物	2.00	87.5	5.2
		5.00	92.6	4.4
2,4- 二硝基氯苯	土壤	0.50	95.2	4.1
		2.00	95.5	6.0
		5.00	79.6	6.6
	沉积物	2.00	92.4	4.2
		5.00	79.9	5.9
3,4- 二硝基甲苯	土壤	0.50	89.0	6.0
		2.00	86.9	5.4
		5.00	108	4.8
	沉积物	2.00	99.4	5.7
		5.00	85.2	6.0
2,3,5,6- 四氯硝基苯	土壤	0.50	94.5	4.5
		2.00	91.7	5.6
		5.00	79.1	8.1
	沉积物	2.00	96.4	4.8
		5.00	89.5	7.5

化合物名称	样品类型	加标浓度 /（mg/kg）	加标回收率 /%	实验室内相对标准偏差 /%
1,3,5-三硝基苯	土壤	0.50	78.1	8.1
		2.00	75.3	6.8
		5.00	83.1	6.6
	沉积物	2.00	89.4	5.7
		5.00	88.3	5.6
2,4,6-三硝基甲苯	土壤	0.50	78.1	5.0
		2.00	83.3	6.0
		5.00	87.6	6.9
	沉积物	2.00	93.4	7.1
		5.00	93.3	6.2
五氯硝基苯	土壤	0.50	81.9	5.7
		2.00	99.4	2.8
		5.00	90.7	4.1
	沉积物	2.00	75.6	9.0
		5.00	81.2	3.7

土壤和沉积物　甲基叔丁基醚的测定
吹扫捕集/气相色谱–质谱法

1　标准制定的必要性分析

1.1　甲基叔丁基醚的环境危害

1.1.1　甲基叔丁基醚的理化性质

甲基叔丁基醚（Methyl Tert-Butyl Ether，MTBE）是一种由甲醇和异丁烯合成的无色透明有机醚类化合物，其纯度一般为 97% ～ 99.5%。分子式 $C_5H_{12}O$，结构式为（CH_3）$_3COCH_3$，分子量 88.15。黏度低、可挥发，具有特殊气味，熔点为 –108 ℃，沸点为 55.2 ～ 55.3 ℃，25 ℃时的正辛醇 / 水分配系数对数值为 1.06。密度为 740.6 kg/m^3（20 ℃），水中溶解度为 43.0 g/L（20 ℃），含能量 34.9 kJ/g，氧含量为 18.2%，Redi 蒸汽压为 53.6 kPa。MTBE 的嗅觉阈值和味觉阈值较低，分别为 45 μg/L 和 35 μg/L，并且能与苯、甲苯、乙苯等产生共溶作用。MTBE 在空气中爆炸极限（在空气中的体积分数）为 1.65 ～ 8.4。它的蒸汽比空气重，可沿地面扩散，具有很强的抗氧化性，不易生成爆炸性过氧化物。当 MTBE 与强氧化剂共存时 , 可以发生燃烧反应。在 MTBE 的分子中，氧原子与碳原子相连，而不是与氢原子相连，其分子间不能形成氢键，因此 MTBE 的沸点与密度低于相应的醇类。由于 C-O 键的键能大于 C—C 键能，而且 MTBE 分子中存在叔碳原子的空间效应，难以使 MTBE 分子断裂。因此，MTBE 作为汽油添加剂有良好的化学稳定性，不能生成过氧化合物，这是其他醚类所不具备的特性。总之，MTBE 稳定的化学性质和结构特点决定了它在环境中具有难以降解和可能加剧环境污染的特殊性质。

1.1.2　甲基叔丁基醚的环境存在和危害

MTBE 作为一种环境污染物，具有蔓延性，在美国的加利福尼亚、伊利诺斯、新泽西、科罗拉多、得克萨斯等州的公用供水系统中均能检测到 MTBE，印第安、罗德岛和密苏里等地区的私人供水中也发现了 MTBE 的存在。美国地质调查发现使用 MTBE 配方汽油的地区地下水中 MTBE 的检出率是未使用该配方地区的 10 倍，而国土调查报告表明全美范围内有27% 的城区水井检测到了 MTBE。另外，MTBE 还具有难降解性，土壤和蓄水层的自净过程几乎无法降解 MTBE。A.Happel 和 G.Fogg 的研究表明，含 MTBE 的地下水可以在 10 年内渗透几百米而几乎无降解，比一些危险性化合物的残留时间还要长。首次引起公众关注的 MTBE 污染事件是1996 年美国加利福尼亚州地下输油管道和储油罐泄露污染了地下水，使 SaniaMoncia 城市的 7 个水井中的饮用水中 MTBE 的浓度超过了 600 μg/L，使饮用水产生了难闻的气味，市民不得不购买纯净水饮用。存在于环境中的 MTBE 通过空气和饮用水对人体健康造成损伤，通过土壤对植物产生影响。对美国大城市浅层地下水的水质进行调查的结果表明，检测到最多的挥发性有机污染物（VOC）的名单中有 MTBE，在井水中 MTBE 的含量达到 20 μg/L。1998 年美国国家环境保护局（EPA）建议饮用水中 MTBE 可接受的质量浓度为 5.2 ～ 10.3 μg/L，这仅是味觉和嗅觉的阈值，而对消费者健康的影响还不确定。1992 年 11 月，拉斯维加斯 Fairbanks 首次报道了当地居民因 MTBE 引起头昏、头痛、刺激眼睛等症状，引起人们对 MTBE 对人体健康影响的关注。MTBE 主要经呼吸道被吸收，也可经皮肤和消化道被吸收。动物试验表明，MTBE 体外细胞致突变阳性，可诱导细胞增殖和抑制细胞凋亡，可能是动物致癌的机制之一。人群健康影响调查显示，MTBE 接触者（如石油精炼工人、加油站员工）主要症状表现为上呼吸道和眼睛黏膜的刺激反应，长期接触可引起皮肤干燥、粗糙和皲裂。长期饮用被 MTBE 污染的水可导致淋巴细胞凋亡增加。2014 年李琴和梁林涵分别对南宁市加油站工人和该市普通人群甲基叔丁基醚暴露的健康风险进行了评估，结果表明加油站工人和普通人群的健康风险高值分别为 2.29×10^{-5} 和 7.52×10^{-6}，均超过了人群可接受的健康风险水平（10^{-6}）。李莉和郝英华等研究表明土壤中 MTBE 对玉米的生长和土壤中的酶（POD、SOD、CAT）等存在影响。2003 年起，美国加州率先禁止在汽油中添加 MTBE，随后其他州郡也开始禁用 MTBE。欧洲丹麦也已经禁用 MTBE，德国、法国、芬兰和瑞士等国也积极开展对 MTBE 环境影响及其防治技术的研究。然而欧洲其他国家和亚洲暂无禁用 MTBE 的意向，也没有制定 MTBE 相关的法律规章对其进行防治。因此，增强人们对 MTBE 环境污染和健康危害的认知，对 MTBE 的生产和使用进行合理管理，减少或禁止 MTBE 的使用是解决 MTBE 污染和人体健康危害问题的根本手段。而对环境中 MTBE 的污染状况进行监测则能为以上目标提供依据。

MTBE 主要经呼吸道被吸收，也可经皮肤和消化道被吸收。动物试验表明，在高浓度 MTBE 条件下，MTBE 可导致癌变和其他危害。MTBE 的急性毒性比乙醚大，对小鼠的半致死浓度（LC_{50}）为 1.6 mmol/L。动物的中毒症状表现为中枢神经麻醉、共济失调、震颤等。在高浓度 MTBE 的短期暴露条件下，对大鼠可引起鼻黏膜炎症及气管炎症；长期暴露可引起雄性大鼠慢性肾病和多种类型肿瘤发生。小鼠长期暴露可使雄性小鼠发生肝肿瘤，高浓度暴露可造成生殖毒性，引起肾小管肿瘤增加、肝细胞腺肿瘤增加以及畸形发生率增加的现象，并有明显的剂量效应关系。低剂量 MTBE 喂养染毒大鼠，可引起雌性大鼠子宫肉瘤发生率增加，中高剂量组引起淋巴瘤及白血病增加，高剂量组的雄性大鼠睾丸间质肿瘤增加。研究发现 MTBE 可诱导细胞增殖和抑制细胞凋亡，可能是动物致癌的机制之一。对人群健康影响的调查表明，接触 MTBE 的职业人员，如石油精炼工人、运输司机、加油站工作人员等，主要症状为上呼吸道、眼睛黏膜的刺激反应，长期或频繁接触可引起皮肤干燥、粗糙、被裂。调查发现，动物或人长期饮用受 MTBE 污染的水，其淋巴细胞凋亡率较对照群体明显增加。

1.2 相关环保标准和环保工作的需要

环境质量标准与污染物排放（控制）标准对甲基叔丁基醚的监测要求：1998 年美国国家环境保护局（EPA）建议饮用水中 MTBE 可接受的质量浓度为 5.2 ~ 10.3 μg/L，我国目前尚无有关土壤中甲基叔丁基醚的检测标准分析方法及相应的评价限值。

2 国内外相关分析方法研究

2.1 主要国家、地区及国际组织相关分析方法研究

开发不同介质中 MTBE 检测方法，加强对环境和生物材料中 MTBE 的监测是控制 MTBE 环境污染和人体危害扩大的有效手段。但我国目前尚未制定相关的法规和标准，对 MTBE 检测还没有形成统一的认识。本研究对国内外现有的比较成熟的 MTBE 分析方法进行综合分析，目前研究的比较成熟的检测技术是对水体中 MTBE 含量的测定方法，主要有吹扫捕集色谱 - 质谱法（P&T-GC-MS）和固相微萃取色谱 - 质谱法（SPME-GC-MS）。而对工作场所空气中 MTBE 含量常见的测定方法是直接进样 / 热解吸 - 气相色谱法（GC），生物材料（主要是血液样品）中 MTBE 则常与其代谢产物叔丁醇（Tert-butyl alcohol，TBA）同时测定，采用的方法有 P&T-GC-MS、SPME-GC-MS。但是对 MTBE 土壤污染的研究则极少见报道。美国

EPA 推荐的方法是 EPA 524.2（P&T-GC-MS），即吹扫捕集 / 气相色谱 - 质谱联用技术。该方法主要用于水体中 MTBE 的测定。得克萨斯自然资源保护委员会推荐，在测定土样中 MTBE 的含量时，建议使用 USEPA 方法 8021B（P&T-GCP-ID），即吹扫捕集 / 气相色谱 - 光离子化检测技术。此外，USEPA 方法 EPA 8020、EPA 8240 和 EPA 8260C 也经常被用于不同样品中 MTBE 的测定。除普遍采用的气相色谱法外，傅里叶转换红外光谱法、核磁共振波谱法以及飞行时间质谱法等方法也常用于测定水和大气样品中 MTBE 的含量。吹扫捕集是环境样品中挥发性有机物的一种先进的前处理方法。工作中将氮气按一定流速通入液体样品，对样品进行吹扫，使样品中低沸点化合物随氮气从样品中流出，进入捕集装置。捕集装置一般有常温和低温捕集两种，低温捕集器外层喷射液氮以降低温度，使吹扫出的低沸点化合物快速冷却，使其滞留在捕集装置中。对经过富集的样品进行升温解析，使样品随载气进入色谱柱进行分离和测定。

2.2　国内相关分析方法研究

目前土壤中 MTBE 测定方法主要参考水质中 MTBE 的分析方法，MTBE 的常规测定方法有静态顶空 -GC-FID、固相微萃取 -GC-MS 和液液微萃取 -GC-MS 等，前一种方法由于无法定性，容易造成假阳性，后两种方法虽精密度和准确度均得到了提高，但固相微萃取和液液微萃取操作较为复杂，无法大范围推广应用。本研究采用吹扫捕集 -GC-MS 对土壤中甲基叔丁基醚进行了定量分析研究，以期对 MTBE 分析检测方法进行补充，为 MTBE 的环境检测提供技术支持。

3　方法研究报告

3.1　方法原理

引用了 EPA 方法 EPA 524.2（P&T-GC-MS）、EPA 8021B（P&T-GCP-

ID）、EPA 8260C 中的描述。

3.2 试剂和材料

在 EPA 8260C 中规定所有的试剂都应符合美国化学协会分析试剂委员会的说明，美国商业实验室无有机物的水是将自来水通过活性炭过滤制取的。我国实验室要求使用不含有机物的水。

3.3 仪器和设备

引用了 EPA 方法 EPA 524.2（P&T-GC-MS）、EPA 8021B（P&T-GCP-ID）、EPA 8260C 中的部分描述。

3.4 样品的采集和保存

①按照 HJ 166 和 GB 17378.3 的相关要求采集土壤和沉积物样品。采集前在样品瓶中放置磁力搅拌子，密封，称重（精确至0.01 g），采集约5.0 g 样品至 40 ml 棕色玻璃样品瓶中，快速清除掉样品瓶螺纹及外表面黏附的样品，立即密封样品瓶。每份样品均应采集 3 份平行样品。

② EPA 5035 规定样品放在无有机干扰的区域，低温（4 ℃ ±2 ℃）保存并尽快分析；HJ 166 要求样品低温保存（<4 ℃），避免用含有待测组分或对测试有干扰的材料制成的容器盛装保存样品，挥发性有机物保存时间为 7 d。本方法通过验证，贮存温度分别为25℃和 4 ℃时，MTBE 均能保持较好的稳定性，样品选择在 25 ℃下保存，存放区域应无有机物干扰，保存期为 7 d。

③在 EPA 5021 和 EPA 5035 中规定了目标物浓度大于 200 μg/kg 时为高含量样品，用甲醇萃取方法。甲醇萃取要求吹扫捕集具有冷聚焦功能，否则方法定量限达不到要求。而国内目前配备的吹扫捕集装置大多不具备冷聚焦功能，所以本方法将目标物含量在 200 ～ 1 000 μg/kg 的样品只取 1.0 g 进行吹扫。

3.5 分析步骤

取出样品瓶，待恢复至室温后称重（精确至 0.01 g），加入 5 ml 实验用水、替代物和内标，待测。

针对吹扫捕集法对土壤样品进行前处理，样品的回收率主要受吹扫时间、吹扫温度、吹扫压力、脱附温度、脱附时间、保存温度 6 个参数影响。本文对以上参数进行研究，优化吹扫捕集条件。

3.5.1 吹扫时间的优化

吹扫时间对提取效率的影响结果见图 1-3-1。

实验结果表明，随着吹扫时间的增加，MTBE 的响应也随之增加，直到 11 min 后，响应值变化趋势基本平稳。同时，参考仪器说明推荐，选用 11 min 作为最优吹扫时间。

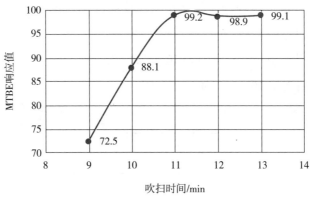

图 1-3-1 吹扫时间对测定结果的影响

3.5.2 吹扫温度的优化

吹扫温度对提取效率的影响结果见图 1-3-2。

实验结果表明，吹扫温度越高对 MTBE 的回收率影响越大。吹扫温度在 35 ℃以下时，MTBE 回收率处于较大状态；大于 35 ℃时，MTBE 回收率随温度的升高明显下降。过高的温度对 MTBE 的提取不易。因此，本文选用 30 ℃作为吹扫温度。

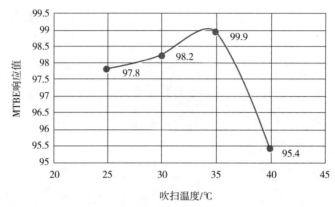

图 1-3-2 吹扫温度对测定结果的影响

3.5.3 吹扫压力的优化

吹扫压力直接影响到吹扫捕集系统中载气的流速，压力同流速成正比。吹扫压力对提取效率的影响结果见图 1-3-3。

实验结果表明，吹扫压力为 10 psi 时，MTBE 的响应值最大，回收率最高，因此将选用 10 psi 作为吹扫压力。

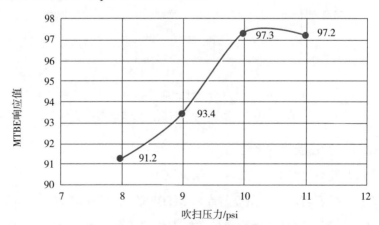

图 1-3-3 吹扫压力对测定结果的影响

3.5.4　脱附温度的优化

脱附温度对提取效率的影响结果见图 1-3-4。

根据 MTBE 的物理性质，实验考查了脱附温度分别为 150 ℃、170 ℃、180 ℃、190 ℃、200 ℃时对测定结果的影响。结果表明，随着脱附温度的增加 MTBE 的响应值不断增加，脱附温度增加至 190 ℃后，响应值随温度变化的幅度变小。综合考虑，脱附温度设定为 190 ℃。

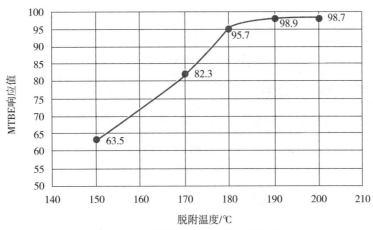

图 1-3-4　脱附温度对测定结果的影响

3.5.5　脱附时间的优化

脱附时间对提取效率的影响结果见图 1-3-5。

实验考查了脱附时间分别为 0.5 min、1 min、2 min、3 min、4 min 时对测定结果的影响，由图 1-3-5 可知，脱附时间为 2 min 较好。

3.5.6　样品保存温度的影响

实验考查了保存温度分别为 25 ℃和 4 ℃时对测定结果的影响，结果表明：保存温度的影响并不显著，在 4 ℃ MTBE 更能保持较好的稳定性。实验选择在 4 ℃下保存。

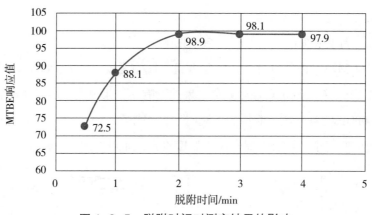

图 1-3-5　脱附时间对测定结果的影响

3.6　结果计算与表示

本方法按照 HJ 168 的规定，给出结果的计算公式和结果表示内容。化合物的定性定量引用了 EPA 8260C 的部分内容。

本方法按照 HJ 168 的规定，得出了精密度和准确度的数据。

3.7　精密度与准确度

根据 HJ 168 要求，本研究进行了 6 次空白样品加标测定，得出了精密度和准确度数据。此外，本研究还增加了沉积物采样的内容。选取了农田土壤和河道中沉积物实际样品进行了加标回收率的测定，加标样品中 MTBE 的回收率均在 85.1% ～ 97.7%。

本研究采用 5.0 g 空白样品加标，吹扫捕集法选用 3 种浓度：2.0 μg/kg、5.0 μg/kg 和 10.0 μg/kg，连续 6 次分析，其相对标准偏差为 3.3% ～ 6.2%。回收率为 86.1% ～ 96.5%。另外，回收率的测定采用了 5.0 g 土壤和沉积物实际样品加标的方法，加标量选用了 3 种浓度：2.0 μg/kg、5.0 μg/kg 和 10.0 μg/kg，其相对标准偏差为 2.8% ～ 12.5%，加标回收率为 85.1% ～ 97.7%。具体数据结果见表 1-3-1 和表 1-3-2。

表 1-3-1　空白样品加标的精密度和回收率

平行号		MTBE		
测定结果 /（μg/kg）	1	1.78 *	4.89	8.97
	2	1.65	5.11	9.23
	3	1.89	4.75	8.87
	4	1.59	4.67	9.46
	5	1.67	4.73	9.71
	6	1.75	4.81	9.15
平均值 $\overline{X}$/（μg/kg）		1.72	4.83	9.23
加标量 /（μg/kg）		2.0	5.0	10.0
标准偏差 S_i/（μg/kg）		0.11	0.16	0.31
相对标准偏差 RSD_i/（μg/kg）		6.2	3.3	3.4
回收率 /%		86.1	96.5	92.3

表 1-3-2　实际样品的加标回收率

平行号		MTBE										
		土壤		沉积物		土壤		沉积物		土壤		沉积物	
	编号	样品	加标样品	样品	加标样品	样品	加标样品	样品	加标样品	样品	加标样品	样品	加标样品
测定结果 /（μg/kg）	1	0	2.09	0	1.65	0	4.84	0	4.65	0	8.84	0	9.14
	2	0	1.78	0	1.75	0	4.67	0	4.92	0	9.67	0	9.37
	3	0	1.64	0	1.76	0	4.49	0	5.12	0	9.49	0	9.56
	4	0	1.49	0	1.67	0	4.54	0	4.72	0	9.54	0	10.6
	5	0	1.57	0	1.81	0	4.71	0	4.43	0	8.97	0	10.1
	6	0	1.64	0	1.59	0	4.56	0	4.59	0	9.05	0	9.87
平均值 $\overline{X}$/（μg/kg）		0	1.70	0	1.71	0	4.64	0	4.74	0	9.26	0	9.77

平行号	MTBE										
加标量 /（μg/kg）	—	2.0	—	2.0	—	5.0	—	5.0	—	10.0	—	10.0
加标回收率 /%	—	85.1	—	85.3	—	92.7	—	94.8	—	92.6	—	97.7
标准偏差 S_i/（μg/kg）	—	0.21	—	0.08	—	0.13	—	0.25	—	0.35	—	0.53
相对标准偏差 RSD_i/（μg/kg）	—	12.5	—	4.8	—	2.8	—	5.2	—	3.8	—	5.4

本实验按照 HJ 168 的要求，采用对空白样品加标 0.5 μg/kg 的方式进行了方法检出限和测定下限的测定，实验得出该方法检出限为 0.2 μg/kg，测定下限为 0.8 μg/kg。具体数据见表 1-3-3。

表 1-3-3　方法检出限和测定下限

平行号		MTBE
测定结果 /（μg/kg）	1	0.65
	2	0.57
	3	0.53
	4	0.59
	5	0.70
	6	0.64
	7	0.68
平均值 $\overline{X}$/（μg/kg）		0.62
标准偏差 S_i/（μg/kg）		0.06
t 值		3.143
检出限 /（μg/kg）		0.2
测定下限 /（μg/kg）		0.8

3.8 质量保证和质量控制

本方法引用 HJ 605—2011 中的部分规定。

参考文献

[1] Anonymous. EPA Watch: Health advisory set for fuel oxygenate MTBE [J]. Environmental Science & Technology, 1998,32（3）:83A.

[2] 吴千里.甲基叔丁基醚（MTBE）对汽油性能的改 [J].江苏化工，1995,23（1）:29-32.

[3] 张婧.国内外 MTBE 的生产和供需 [J].石油化工技术经济，1999,15（4）:50-52.

[4] Williams P R, Benton L, Sheehan P J. The risk of MTBE relative to other VOCs inpublic drinking water in California [J]. Risk Anal, 2004,24（3）:621-634.

[5] 钱伯章.美国全面禁用 MTBE 全球市场将受到影响 [J].石油化工技术经济，2001,6（3）:33-35.

[6] Squillace P J, Zogorski J S, Wiber W G, et al.. Preliminary Assessment of theOccurrence and Possible Sources of MTBE in Groundwater in the United States,1993—1994 [J]. Environmental Science& Technology, 1996,30（5）:1721-1730.

[7] Squillace P J, Moran M J, Lapham W W, et al.. Volatile organic compounds inuntreated ambient groundwater in the United States, 1985–1995 [J]. Environmental Science&Technology,1999,33（23）:4176-4187.

[8] Hong M S, Farmayan W F, Dortch I J, et al.. Phytoremediation of MTBE from aGroundwater Plume [J]. Environmental Science & Technology,2001,35（6）:1231-1239.

[9] EPA Method524. Volatile organic compounds in soils and other solid matrices using equilibrium headspace analysis.

[10] EPA Method 8260C. Volatile organic compoundsbygas chromatography /mass

spentrometry（GC/MS）.

[11] 徐志强，宋宪臣，王玉军. 静态顶空 - 气相色谱法测定土壤中甲基叔丁基醚 [J].
吉林农业大学学报，2005，27（3）:310-314.

[12] 陈井影，宋宪臣，孙华. 顶空 - 气相色谱法测定水体中甲基叔丁基醚 [J]. 吉林农
业大学学报，2006，28（3）:305-306.

[13] 刘艳茹，梅勇，宋世震. 顶空固相微萃取 - 气相色谱 - 质谱联用法测定土壤中甲基
叔丁基醚 [J]. 中国卫生检验杂志，2015，25（12）:1913-1915.

土壤和沉积物 甲基叔丁基醚的测定 吹扫捕集气相色谱－质谱法

1　适用范围

本方法规定了测定土壤和沉积物中甲基叔丁基醚的吹扫捕集气相色谱-质谱法。

本方法适用于土壤和沉积物中甲基叔丁基醚的测定。当样品量为 5 g 时，定容到 10 ml 用标准四级杆质谱进行全扫描分析时，本方法的检出限为 0.2 µg/kg，测定下限为 0.8 µg/kg。

2　规范性引用文件

本方法内容引用了下列文件或其中的条款。凡是不注日期的引用文件，其有效版本适用于本方法。

GB 17378.3　海洋监测规范　第 3 部分：样品采集、贮存与运输

GB 17378.5　海洋监测规范　第 5 部分：沉积物分析

HJ/T 166　土壤环境监测技术规范

HJ 613　土壤干物质和水分的测定重量法

3　术语和定义

下列术语和定义适用于本方法。

3.1　内标 internal standards

指样品中不含有，但其物理化学性质与待测目标物相似的物质。一般在样品分析之前加入，用于目标物的定量分析。

3.2　替代物 surrogate standards

指样品中不含有，但其物理化学性质与待测目标物相似的物质。一般在样品提取或其他前处理之前加入，通过回收率可以评价样品基体、样品

警告：实验中所使用的甲醇、甲基叔丁基醚属于有毒有机物，实验操作时应避免接触皮肤和衣物，溶液配制过程应在通风橱内进行。

处理过程对分析结果的影响。

3.3　基体加标 matrix spike

指在样品中添加了已知量的待测目标物，用于评价目标物的回收率和样品的基体效应。

3.4　校准确认标准溶液　calibration verification standards

指浓度在校准曲线中间点附近的标准溶液，用于确认校准曲线的有效性。

3.5　运输空白 trip blank

采样前在实验室将一份空白试剂水放入样品瓶中密封，将其带到采样现场，与采样的样品瓶同时开盖和密封，之后随样品运回实验室，按与样品相同的操作步骤进行试验，用于检查样品运输过程中是否受到污染。

3.6　全程序空白 whole program blank

采样前在实验室将一份空白试剂水放入样品瓶中密封，将其将其带到采样现场，与采样的样品瓶同时开盖和密封，之后随样品运回实验室，按与样品相同的操作步骤进行试验，用于检查从样品采集到分析全过程是否受到污染。

4　方法原理

样品中的甲基叔丁基醚经高纯氦气（或氮气）吹扫富集于捕集管中，将捕集管加热并以高纯氦气（或氮气）反吹，捕集管中的甲基叔丁基醚被热脱附出来，进入气相色谱分离后，用质谱仪进行检测。根据保留时间、碎片离子质荷比及不同离子丰度比定性，内标法定量。

5　试剂和材料

5.1　空白试剂水：二次蒸馏水或通过纯水制备的水。使用前需经过空白检验，确认无目标物或其中的目标物浓度低于方法检出限。

5.2　甲醇（CH_3OH）：农药级，使用前需经过检验，确认无目标物或目标物浓度低于方法检出限。

5.3 甲基叔丁基醚标准贮备液：ρ=2 000 mg/L

可直接购买市售有证标准溶液，或用标准物质配制。在 -18 ℃以下避光保存或参照制造商的产品说明。使用时应恢复至室温，并摇匀。

5.4 甲基叔丁基醚标准使用液：ρ=1.0 mg/L，或其他合适的浓度。

取适量标准贮备液（5.3），用甲醇（5.2）进行适当稀释。

5.5 内标贮备溶液：ρ=2 000 μg/ml

可选用氟苯作为内标。可直接购买市售有证标准溶液，或用标准物质配制。在 -18 ℃以下避光保存或参照制造商的产品说明。使用时应恢复至室温，并摇匀。

5.6 内标使用液：ρ=10 μg/ml，或其他合适的浓度。

取适量内标贮备液（5.5），用甲醇（5.2）进行适当稀释。

5.7 替代物标准贮备液：ρ=2 000 mg/L。

可选用 4- 溴氟苯作为替代物。可直接购买市售有证标准溶液，或用标准物质配制。在 -18 ℃以下避光保存或参照制造商的产品说明。使用时应恢复至室温，并摇匀。

5.8 替代物使用液：ρ=1.0 μg/ml，或其他合适的浓度。

取适量替代物贮备液（5.7），用甲醇（5.2）进行适当稀释。

5.9 4 - 溴氟苯（BFB）溶液：ρ= 25 μg/ml。

可直接购买市售有证标准溶液，或用高浓度标准溶液配制在 -10 ℃以下避光保存或参照制造商的产品说明，使用时应恢复至室温，并摇匀。

5.10 石英砂（空白土壤或沉积物）：20 ～ 50 目。

在 400℃下烘烤 4 h，冷却后，贮于磨口棕色玻璃瓶中密封保存。

5.11 氦气：纯度为 99.999% 以上。

5.12 氮气：纯度为 99.999% 以上。

注：以上所有标准溶液均以甲醇为溶剂，在 4℃以下避光保存或参照制造商的产品说明保存方法。使用前应恢复至室温、混匀。

6 仪器和设备

6.1 采样瓶：具聚四氟乙烯-硅胶衬垫螺旋盖的 60 ml 棕色广口玻璃瓶。

6.2 采样器：铁铲和不锈钢药勺。

6.3 样品瓶：具聚四氟乙烯-硅胶衬垫螺旋盖的 40 ml 棕色玻璃瓶或无色玻璃瓶。

6.4 气相色谱仪：具分流/不分流进样口，能对载气进行电子压力控制，可程序升温。

6.5 质谱仪：电子轰击（EI）电离源，1 s 内能从 35 amu 扫描至 270 amu；具 NIST 质谱图库、手动/自动调谐、数据采集、定量分析及谱库检索等功能。

6.6 吹扫捕集装置：适用于土壤样品测定。捕集管使用 1/3 Tenax、1/3 硅胶、1/3 活性炭混合吸附剂或其他等效吸附剂。若使用无自动进样器的吹扫捕集装置，其配备的吹扫管应至少能够盛放 5 g 样品和 10 ml 的水。

6.7 毛细管柱：30 mm×0.25 mm，1.4 μm 膜厚（6% 腈丙苯基 94% 二甲基聚硅氧烷固定液）：或使用其他等效性能的毛细管柱。

6.8 天平：精度为 0.01 g。

6.9 微量注射器：10 μl、25 μl、100 μl、250 μl、500 μl 或其他规格。

6.10 棕色玻璃瓶：2 ml，具聚四氟乙烯-硅胶衬垫和实芯螺旋盖。

6.11 一次性巴斯德玻璃吸液管。

6.12 往复式振荡器：振荡频率 150 次/min，可固定吹扫瓶。

6.13 一般实验室常用仪器和设备。

7 样品

7.1 样品的采集

土壤和沉积物样品的采集分别参照 HJ/T 166 和 GB 17378.3 的相关规定。低浓度样品均应至少采集 3 份平行样品，采样前，向每个 40 ml 棕色样品瓶（6.3）中放一个清洁的磁力搅拌子，密封，贴标签并称重（精确到 0.01 g），记录其重量并在标签上注明。采样时，用采样器采集适量样品到样品瓶（6.3）中，快速清除掉样品瓶螺纹及外表面上黏附的样品，密封样品瓶。另外，采集一份样品于采样瓶（6.1）中用于高含量样品和含水率的测定。

7.2 样品的保存

样品采集后应冷藏运输。运回实验室后尽快分析。实验室内样品存放区域应无有机物干扰，在 4 ℃以下保存时间为 7 d。

7.3 样品的制备

7.3.1 低含量样品的制备

取出样品瓶（6.3），待恢复室温后称重（精确至 0.01 g）。加入 10.0 ml 实验用水（4.1）、1 μl 替代物使用液（5.8）和 1 μl 内标物使用液（5.6）（含量均为 10 ng），待测。

7.3.2 高含量样品的制备

取出样品瓶（6.3），待恢复室温后称取 5 g 样品置于样品瓶（6.3）中，迅速加入 10.0 ml 甲醇，密封，在往复式振荡器上以振荡频率 150 次/min 震荡 10 min，静置沉降后，用一次性巴斯吸管移取约 1.0 ml 提取液至 2 ml 棕色瓶中（6.10），必要时，提取液可进行离心分离。该提取液可置于 4 ℃下保存，保存期 14 d。分析前将提取液恢复至室温后，向样品瓶中加入 5 g 石英砂，加入 10.0 ml 实验用水（4.1）、10～100 μl 甲醇提取液、1 μl 替代物使用液（5.8）和 1 μl 内标物使用液（5.6）（含量均为 10 ng），待测。

7.4 空白样品的制备

7.4.1 低含量空白样品

以 5 g 石英砂（5.10）代替样品，按照 7.3.1 步骤制备低含量空白样品。

7.4.2　高含量空白样品

以 5 g 石英砂（5.10）代替样品，按照 7.3.2 步骤制备高含量空白样品。

7.5　水分的测定

土壤样品含水率的测定按照 HJ 613 执行，沉积物样品含水率的测定按照 GB 17378.5 执行。

8　分析步骤

8.1　仪器参考条件

8.1.1　吹扫捕集装置参考条件

吹扫流量：40 ml/min；吹扫温度：30 ℃或室温；预热时间：2 min；吹扫时间：11 min；干吹时间：2 min；脱附温度：190 ℃；脱附时间：2 min；烘烤温度：200 ℃；烘烤时间：8 min；传输线温度：200 ℃。其余参数参照仪器使用说明书进行设定。

8.1.2　气相色谱参考条件

进样口温度：200 ℃；载气：氦气；分流比：20 ∶ 1；主流量（恒流模式）：1.0 ml/min；程序升温：35 ℃（6 min）→ 8 ℃ /min → 220 ℃。

8.1.3　质谱参考条件

扫描方式：全扫描；扫描范围：35 ～ 270 amu；离子化方式：EI；离子化能量：70 eV；离子源温度：220 ℃；其余参数按照仪器使用说明书进行设定。

8.2　校准

8.2.1　仪器性能检查

每次分析样品前或 24 h 内应进行仪器性能检查，取 BFB 溶液直接进气相色谱分析或加入到 10.0 ml 无有机物水中通过吹扫捕集分析。得到的 BFB 质谱图应符合表 1 中规定的要求或参照制造商的说明，若不满足，应检查仪器，清洗离子源。

表 1 BFB 关键离子丰度标准

质量	离子丰度标准	质量	离子丰度标准
50	质量 95 的 8%～40%	174	大于质量 95 的 50%
75	质量 95 的 30%～80%	175	质量 174 的 5%～9%
95	基峰，100% 相对丰度	176	质量 174 的 93%～101%
96	质量 95 的 5%～9%	177	质量 176 的 5%～9%
173	小于质量 174 的 2%	—	—

8.2.2　标准曲线的绘制

用微量注射器分别移取一定量的标准使用液（5.4）和替代物使用液（5.8），至盛有 5 g 石英砂（5.10）、10.0 ml 实验用水的样品瓶中，配制目标物和替代物参考含量分别为 2.5 ng、5.0 ng、10.0 ng、20.0 ng、50.0 ng 的系列，并分别加入 1 μl 内标物使用液（5.6），使内标物含量均为 10.0 ng，立即密封。按照仪器参考条件从低含量到高含量依次进行分析，以目标物定量离子的响应值与内标物定量离子的响应值的比值为纵坐标，以目标物含量与内标物含量的比值为横坐标，绘制标准曲线。

标准曲线需当天配制。图 1 为在本方法规定的仪器条件下目标化合物的色谱图。

8.2.2.1　用平均相应因子建立标准曲线

标准系列第 i 点目标物（或替代物）的相对响应因子（RRF_i），按式（1）计算。

$$RRF_i = \frac{A_i}{A_{ISi}} \times \frac{\rho_{ISi}}{\rho_i} \tag{1}$$

式中：RRF_i——标准系列中第 i 点目标化合物的相对响应因子；

A_i——标准系列中第 i 点目标化合物（或替代物）定量离子的响应值；

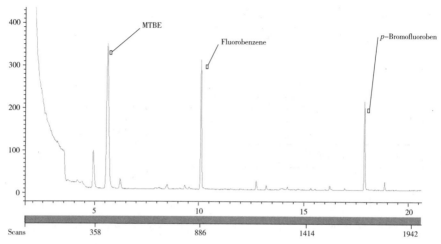

1—MtBE 甲基叔丁基醚；2—Fluorobenzene 氟苯（内标）；

3—*p*-Bromofluorobenzene 对溴氟苯（替代物）

图 1　甲基叔丁基醚和替代物、内标物的总离子流图

A_{ISi}——标准系列中第 i 点与目标化合物（或替代物）相对应内
标定量离子的响应值；

ρ_{ISi}——标准系列中内标物的含量，ng；

ρ_i——标准系列中第 i 点目标化合物（或替代物）的含量，ng。

标准曲线中目标化合物的平均相对响应因子 $\overline{RRF}$，按式（2）计
算。

$$\overline{RRF} = \frac{\sum_{i=1}^{n} RRF_i}{n} \tag{2}$$

式中：$\overline{RRF}$——目标化合物（或替代物）的平均相对响应因子；

RRF_i——标准系列中第 i 点目标化合物（或替代物）的相对响应
因子；

n——标准系列点数。

RRF 的标准偏差，按式（3）进行计算。

162

$$SD = \sqrt{\frac{\sum_{i=1}^{n}\left(RRF_i - \overline{RRF}\right)^2}{n-1}} \qquad (3)$$

RRF 的相对标准偏差，按式（4）进行计算。

$$RSD = \frac{SD}{\overline{RRF}} \times 100\% \qquad (4)$$

标准系列目标物（或替代物）相对响应因子（RRF）的相对标准偏差（RSD）应≤20%，否则应重新绘制曲线。

8.2.2.2　用最小二乘法绘制标准曲线

以目标化合物和相对应内标的响应值比为纵坐标，浓度比为横坐标，用最小二乘法建立标准曲线，标准曲线的相关系数＞0.995。若标准曲线的相关系数小于 0.995 时，应重新分析。

8.3　测定

8.3.1　样品测定

将制备好的低浓度样品（7.3.1）、高浓度样品（7.3.2）按照仪器参考条件（8.1）进行测定。

8.3.2　空白试验

将制备好的低浓度空白样品（7.4.1）、高浓度空白样品（7.4.2）按照仪器参考条件（8.1）进行测定。

9　结果计算与表示

9.1　定性分析

以全扫描方式采集数据，以样品中目标化合物相对保留时间（RRT）、辅助定性离子和目标离子丰度比（Q）与标准溶液中的变化范围来定性。样品中目标化合物的相对保留时间与标准曲线该化合物的相对保留时间的差值应在 ±0.06 内。样品中目标化合物的辅助定性离子和定量离子峰面积（$Q_{样品}$）与标准曲线目标化合物的辅助定性离子和定量离子峰面积（$Q_{标准}$）

163

相对偏差控制在 ±30% 以内。

按式（5）进行计算。

$$RRT = \frac{RT_X}{RT_{IS}} \qquad (5)$$

式中：RRT——相对保留时间；

RT$_X$——目标化合物的保留时间，min；

RT$_{IS}$——内标物的保留时间，min。

平均相对保留时间（$\overline{RRF}$）：标准系列中同一目标化合物的相对保留时间平均值按公式（6）计算辅助定性离子和定量离子峰面积（Q）。

$$Q = \frac{A_q}{A_t} \qquad (6)$$

式中：A_t——定量离子峰面积；

A_q——辅助定性离子峰面积。

9.2 定量分析

经定性鉴别后，根据目标物和内标定量离子的响应值进行计算。

9.2.1 目标物（或替代物）含量 m_i 的计算

9.2.1.1 用平均相对相应因子计算

当目标物（或替代物）采用平均相对相应因子进行校准时，目标物（或替代物）的含量 m_i 按式（7）进行计算。

$$m_i = \frac{A_x \times m_{IS}}{A_{IS} \times \overline{RRF}} \qquad (7)$$

式中：m_i——目标物（或替代物）的含量，ng；

A_x——目标物（或替代物）定量离子的响应值；

m_{IS}——内标物的含量，ng；

A_{IS}——内标物定量离子的响应值；

$\overline{RRF}$——标准曲线中目标化合物的平均相对响应因子

9.2.1.2　用线性标准曲线计算

当采用线性标准曲线进行校准时，目标物（或替代物）的含量 m_i 通过相应的标准曲线计算。

9.2.2　土壤样品结果计算

低含量样品中目标物的浓度（μg/kg），按式（8）计算：

$$w_1 = \frac{m_i}{m \times w_{dm}} \tag{8}$$

式中：w_1——样品中目标物的含量，μg/kg；

　　　m_i——使用相对响应因子得出的或标准曲线上查得的目标物的含量，ng；

　　　m——样品的重量，g

　　　w_{dm}——样品干物质含量，%。

高含量样品中目标物的浓度（μg/kg），按式（9）计算：

$$w_1 = \frac{m_i \times V_c \times f}{V_s \times m \times w_{dm}} \tag{9}$$

式中：w_1——样品中目标物的含量，μg/kg；

　　　m_i——使用相对响应因子得出的或标准曲线上查得的目标物的含量，ng；

　　　V_c——提取液体积，ml；

　　　m——样品的重量，g；

　　　w_{dm}——样品干物质含量，%；

　　　V_s——提取液的进样量，ml；

　　　f——提取液的稀释倍数。

注：如果 10.0ml 提取液需要稀释，则稀释倍数 f 应代入计算，如不需要稀释，f 为 1。

9.2.3　沉积物样品结果计算

低含量样品中目标物的浓度（μg/kg），按式（10）计算：

$$w_2 = \frac{m_i}{m \times \left(1 - w_{H_2O}\right)}$$ （10）

式中：w_2——样品中目标物的含量，μg/kg；

m_i——使用相对响应因子得出的或标准曲线上查得的目标物的含量，ng；

m——样品的重量，g

w_{H_2O}——样品含水率，%。

高含量样品中目标物的浓度（μg/kg），按式（11）计算：

$$w_2 = \frac{m_i \times V_c \times f}{V_s \times m \times \left(1 - w\right)}$$ （11）

式中：w_2——样品中目标物的含量，μg/kg；

m_i——使用相对响应因子得出的或标准曲线上查得的目标物的含量，ng；

V_c——提取液体积，ml；

m——样品的重量，g；

w_{H_2O}——样品含水率，%；

V_s——提取液的进样量，ml；

f——提取液的稀释倍数。

注：如果10.0ml提取液需要稀释，则稀释倍数 f 应代入计算，如不需要稀释，f 为1。

9.3 结果表示

小数位数的保留与方法检出限一致，结果最多保留3位有效数字。

10 精密度和准确度

10.1 精密度

实验室分别对甲基叔丁基醚的加标浓度为 2.0 μg/kg、5.0 μg/kg 和 10.0 μg/kg 的石英砂，加标浓度为 2.0 μg/kg、5.0 μg/kg 和 10.0 μg/kg 的实

际土壤和沉积物样品进行了 6 次重复测定，实验室内相对标准偏差为石英砂 3.3%～6.2%，土壤和底泥 2.8%～12.5%；实验室间相对标准偏差具体见附录 A 中表 A.1。

10.2　准确度

实验室分别对甲基叔丁基醚的加标浓度为 2.0 μg/kg、5.0 μg/kg 和 10.0 μg/kg 的石英砂，加标浓度为 2.0 μg/kg、5.0 μg/kg 和 10.0 μg/kg 的实际土壤和沉积物样品进行了 6 次重复测定，加标回收率为石英砂 86.1%～96.5%，土壤和沉积物为 85.1%～97.7%，具体见附录 A 中表 A.2。

11　质量保证和质量控制

11.1　仪器性能检查

每次分析样品前或 24 h 内应进行仪器性能检查，得到的 BFB 质谱图应符合表 1 中规定的要求或参照制造商的说明，如不满足，应检查仪器，清洗离子源。

11.2　校准

11.2.1　标准曲线至少需 5 个浓度系列，甲基叔丁基醚相对响应因子（RRF）的 RSD 应小于等于 20%；或线性校准曲线的相关系数 $r > 0.995$，否则需更换捕集管、色谱柱或采取其他措施，然后重新绘制标准曲线。

11.2.2　每批样品（最多 20）应测定 1 个曲线中间校核点，在仪器性能检查之后进行分析，其测定结果与标准曲线相应点浓度的相对误差应≤ 20%。校准标准溶液中内标与校准曲线中间点内标比较，保留时间的变化不超过 10 s，定量峰面积变化为 50%～200%。如果不能达到要求，则应重新绘制校准曲线。

11.3　空白

每批样品应至少测定 1 个运输空白和 1 个全程序空白样品。若怀疑样品受到污染，则需分析该空白样品，目标物浓度应小于方法检出限，否则需查找原因，采取措施排除污染后重新采集样品。

11.4 平行样的测定

每批样品（最多 20 个）应选择 1 个样品进行平行分析。当测定结果小于等于 10 倍检出限，平行样测定结果的相对偏差应≤ 50%，当测定结果大于 10 倍检出限，平行样测定结果的相对偏差应≤ 20%。

11.5 回收率的测定

每批样品（最多 20 个）应选择 1 个样品进行基体加标分析。所有样品中替代物和目标物回收率均应为 70% ～ 130%。否则重新分析样品。若重复测定替代物或目标物回收率仍不合格，说明样品存在基体效应。此时应分析 1 个空白加标样品。其中替代物和目标物回收率应为 70% ～ 130%。

12 注意事项

12.1 实验过程中产生的废液和废物应分类收集和保管，委托有资质的单位进行处理。

12.2 在分析完高含量样品后，应分析 1 个或多个空白试验样品检查交叉污染。

12.3 若样品中含有大量水溶性物质、悬浮物、高沸点有机化合物或高含量有机化合物，在分析完后需用肥皂水和空白试剂水清洗吹扫装置和进样针，然后在烘箱中 105 ℃烘干。若吹扫管有水垢，可将吹扫管拆下，依次用稀盐酸、自来水、空白试剂水清洗，然后在烘箱中 105 ℃烘干。

附录 A

方法的精密度和准确度

（资料性附录）

实验室分别对 6 种不同浓度的样品进行了测定。精密度和准确度结果见表 A.1 和表 A.2。

表 A.1 方法的精密度

化合物名称（样品类型）	精密度统计结果		
	加标浓度 /（μg/kg）	均值 /（μg/kg）	实验室内相对标准偏差 /%
甲基叔丁基醚（空白石英砂）	2.0	1.72	6.2
	5.0	4.83	3.3
	10.0	9.23	3.4
甲基叔丁基醚（土壤）	2.0	1.70	12.5
	5.0	4.64	2.8
	10.0	9.26	3.8
甲基叔丁基醚（沉积物）	2.0	1.71	4.8
	5.0	4.74	5.2
	10.0	9.77	5.4

表 A.2　方法的准确度

化合物名称	样品类型	实际样品浓度 / (μg/kg)	加标浓度 / (μg/kg)	平均回收率 /%
甲基叔丁基醚	空白石英砂	—	2.0	86.1
		—	5.0	96.5
		—	10.0	92.3
	土壤	—	2.0	85.1
		—	5.0	92.7
		—	10.0	92.6
	沉积物	—	2.0	85.3
		—	5.0	94.8
		—	10.0	97.7

土壤和沉积物　梯恩梯、地恩梯、黑索金的测定　气相色谱法

1　方法研究的必要性分析

1.1　梯恩梯、地恩梯、黑索金的理化性质

梯恩梯（2,4,6-Trinitrotoluene、TNT）自 J. 威尔勃兰德发明以来由于其良好的稳定性、相对较低的熔点和可塑性，合成工艺相对简单和经济，成为运用最为广泛的军用和民用炸药。梯恩梯由甲苯的硝化反应制成，具体硝化步骤见图 1-4-1。外观呈黄色粉末或鱼鳞片状，难溶于水、乙醇、乙醚，易溶于氯仿、苯、甲苯、丙酮。其化学式为 $C_6H_2CH_3(NO_2)_3$，分子量为 227.13，熔点为 80.1 ℃，沸点为 240 ℃。梯恩梯的化学性质十分稳定，与金属类不发生化学反应，但与碱发生强烈反应，生成不稳定的化合物。

地恩梯（2,4-dinitrotoluene、DNT）广泛用于有机合成，用于染料、油漆、涂料的制备，也是生产炸药的主要原料，具致癌性。外观呈浅黄色针状结晶，有苦杏仁味，微溶于水、乙醇、乙醚，易溶于苯、甲苯、丙酮。化学式为 $CH_3C_6H_3(NO_2)_2$，分子量为 182.14，熔点为 69.5 ℃，沸点为 300 ℃。地恩梯具有一定的化学活性，受热可分解，水体中的地恩梯可发生水解。

黑索金（Hexogen，RDX）为无水晶体，不溶于水，微溶于乙醚和乙醇，在丙酮和苯中溶解度略高，在加热的环己酮、硝基苯和乙三醇中较容

易溶解。化学式为（CH_2NNO_2）$_3$，分子量为222.15，熔点为209 ℃，爆燃点为230 ℃。黑索金的化学性质比较稳定，在110 ℃加热152 h，化学稳定性不变。50 ℃长期贮存不分解，遇稀酸、稀碱无变化，遇浓硫酸分解。遇明火、高温、振动、撞击、磨擦能引起燃烧爆炸。

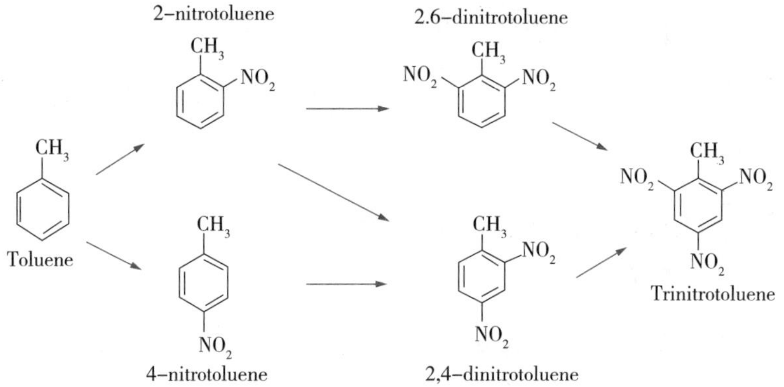

图 1-4-1　由甲苯经三步硝基化合成三硝基甲苯的方法

1.2　梯恩梯、地恩梯、黑索金的环境危害

梯恩梯、地恩梯、黑索金同属于硝基芳香烃类化合物，这类化合物因化学结构稳定，在环境当中不易被分解转化，其溶解性低、污染持久性与生物毒理性等特点，一旦生产过程中产生的废水处理不当被排放进入环境后容易对土壤、地表水及地下水造成极大危害，从而给环境污染治理工作造成巨大的挑战与困难。有研究结果表明：人体长期暴露于梯恩梯环境中会增加患贫血症和肝功能不正常的概率。研究发现注射或吸入梯恩梯将对动物的血液、肝脏和脾脏产生不良影响。有研究证据证明梯恩梯对男性的生殖功能有不良影响，被列为一种可能致癌物，轻则引起中毒性白内障、中毒性肝病、再生性障碍贫血及中毒性类神经症等，重则导致死亡。第一次世界大战期间，梯恩梯生产和装药工人中就有2 400多人中毒，其中580人死亡。由于梯恩梯具有严重的危害性，我国及美国等国家已将其列

入优先控制物名单。但自梯恩梯被合成以来，炸药军火的生产和旧军火的退役都在大规模的进行着；1945 年，美国每天每条军火生产线生产梯恩梯的能力高达 65t，德国每个月生产 2.36 万 t 梯恩梯。这种大规模的生产及其加工、使用和销毁导致了大量的梯恩梯和硝基有机化合物进入环境。据估计，美国有超过 120 万 t 的土壤被炸药污染，其污染物大部分是梯恩梯，其他国家炸药污染土壤量估计在同一个数量级甚至更多。我国梯恩梯所造成的环境污染也很严重，工厂周围烟雾弥漫，排放的废水和降尘对附近的河流和土壤造成了严重的污染，对生态系统带来了毁灭性的打击；此外，在一些军事训练场，遭受梯恩梯污染的水、土壤及空气可通过皮肤接触、食物链、饮水链、呼吸链等途径对所在区域官兵的身体健康造成威胁。梯恩梯在表层污染土壤中的浓度可达 50 ～ 81 g/kg。我国于 2005 年开始逐步淘汰铵炸药（主要成分为硝酸铵和梯恩梯）的生产。尽管 20 世纪 80 年代美国本土生产梯恩梯的工业以及被基本终止。但是在一些梯恩梯的污染场地，2,4-DNT 和 2,6-DNT 仍然是土壤和地下水中除梯恩梯外的主要污染物。地恩梯为梯恩梯合成过程中的中间产物，其含量占整个产品中的 95% 以上。地恩梯较容易经皮肤引起中毒，急性中毒症状表现为头痛、头晕、兴奋、虚弱、恶心、呕吐、气短、倦睡，甚至神志丧失及死亡。

黑索金的首次制造是作为医用药物使用，后被发展用于炸药制造。黑索金是乌洛托品经硝化而制成。黑索金主要通过呼吸道吸入或皮肤吸收而产生毒性作用，导致中枢神经系统、胃肠和肾脏受到损害，其中以中枢神经系统症状和体征最为常见。急性中毒主要表现为典型、反复的癫痫样发作。中毒途径主要通过吸入或口服，中毒症状主要表现为头晕、恶心、呕吐、流涎、多汗、重者发生抽搐。作为第三代含能物质，在建国以来国内军工企业大力生产黑索金，在军事、工业等方面大量使用，对水体、土壤等环境介质产生污染。

1.3 相关环保标准和环保工作的需要

我国环境质量标准与污染物排放（控制）标准中尚无对梯恩梯、地恩梯、黑索金的监测要求。

我国现行的环境标准分析方法体系中没有关于土壤和沉积物中梯恩梯、地恩梯、黑索金气相色谱法的国家标准分析方法。在《土壤环境质量 建设用地土壤污染风险管控标准（试行）》（GB 36600—2018）中推荐了分析方法《土壤中半挥发性有机物（SVOC）的测定气相色谱质谱法》，且只适用于地恩梯（2,4- 二硝基甲苯）。我国现行的《土壤环境质量 农用地土壤污染风险管控标准（试行）》（GB 15618—2018）未对梯恩梯、地恩梯、黑索金规定限值，现目前主要执行《土壤环境质量 建设用地土壤污染风险管控标准（试行）》（GB 36600—2018）和《工业企业通用土壤环境质量风险评价基准》（HJ/T 25—1999），且只适用于地恩梯（2,4- 二硝基甲苯），对梯恩梯和黑索金没有相关限值标准。具体限值见表 1-4-1。

表 1-4-1 地恩梯（2,4- 二硝基甲苯）相关环境质量标准或排放标准

环境质量或排放标准	标准号	排放限值	
土壤环境质量建设用地土壤污染风险管控标准（试行）	GB 36600—2018	一类 /（mg/kg）	二类 /（mg/kg）
		1.8	5.2
工业企业通用土壤环境质量风险评价基准	HJ/T 25—1999	土壤基准直接接触 /（mg/kg）	土壤基准迁移至地下水 /（mg/kg）
		98	7.5

2 国内外相关分析方法研究

2.1 国际分析方法研究

通过查询国内外关于硝基芳香烃化学物分析方法类文献发现，目前美国 EPA 关于此类物质的分析方法较为全面，主要相关方法如下：

EPA 8091：Nitroaromatics and Cyclic Ketones By Gas Chromatography（GC-ECD）标准适用于液体及固体中硝基芳香烃类化合物的测定，样品提取方法采用液液萃取 / 索氏提取。

EPA 8270D：标准适用于固体废物浸出液、土壤、气体和各类水样中的硝基芳香烃类化合物的测定，样品提取方法采用液液萃取 - 索氏提取。

EPA 8330B：Nitroaromatics，Nitrmines，And Nitrate Esters by High Performance Liquid Chromatography（HPLC）标准适用于土壤中硝基芳香烃类化合物的测定，样品提取方法采用索提 / 超声波萃取。

国际标准化组织 BS ISO 11916-2：Soil Quality-Determinationof Selected Explosives Andrelated Compounds Part 2: Method using gas chromatography（GC）with electron capture detection（ECD）or mass spectrometric detection（MS）标准适用于土壤中选定爆炸物和相关化合物的测定 第 2 部分：带电子捕获器（ECD）或气相色谱质谱仪（GC-MS）。

2.2 国内分析方法研究

硝基芳香烃类化合物是军事及化工行业的主要污染因子，大气和废水中的梯恩梯、地恩梯、黑索金通过干湿沉降，进入到土壤及沉积物当中并形成累积，但多年来对水质中的梯恩梯、地恩梯、黑索金研究及报道较多，而土壤中较少。目前国内土壤和沉积物中梯恩梯、地恩梯、黑索金的标准分析方法还不完善，分析方法很少且不全。国内土壤与沉积物当中的梯恩梯、地恩梯、黑索金相关分析方法有：

《水质梯恩梯、黑索金、地恩梯的测定气相色谱法》（HJ 600—2011）：

采用苯萃取，毛细柱 GC/ECD 测定。

《土壤中半挥发性有机物（SVOC）的测定气相色谱质谱法》《展览会用地土壤环境质量评价标准（暂行 HJ 350—2007）》附录 D: 土壤样品采用索氏提取，参考 EPA 3620 净化。毛细柱 GC-MS 法测定。

《土壤和沉积物有机物的提取加压流体萃取法》（HJ 783—2016）: 使用加压流体萃取仪进行土壤提取。

3　方法研究报告

3.1　方法原理

土壤与沉积物中梯恩梯、地恩梯、黑索金采取合适的提取方式（加压流体萃取或索氏提取），样品净化采用 GPC 或硅酸镁（弗罗里硅土）等不同净化方式，浓缩定容后用具电子捕获器的气相色谱仪检测，根据保留时间定性，外标法定量。

3.2　试剂和材料

按照 HJ 168 的相关要求，列出了本方法使用的有标准物质和有机溶剂以及辅助试剂。除非另有说明，分析时均使用符合国家标准的色谱级试剂，实验用水为新制备的去离子水或蒸馏水，并进行空白试验。

3.3　仪器和设备

在这部分内容中，给出了本方法直接涉及的必要仪器设备，气相色谱仪、快速溶剂萃取仪、索提装置、净化设备、浓缩仪、色谱柱等。

3.4　样品

3.4.1　采集与保存

参照 HJ/T 166 和 GB 173783 中有关要求采集有代表性的土壤或沉积物样品，保存在事先清洗洁净，并用有机溶剂处理不存在干扰物的磨口棕色玻璃瓶中。运输过程中应密封避光、冷藏保存，途中避免干扰引入或样品的破坏，尽快运回实验室进行分析。如暂不能分析应在 4 ℃以下冷藏、避光、密封保存，样品保存时间定为 10 d。

3.4.2 含水率的测定

土壤样品水分的测定按照 HJ 613 执行，沉积物样品含水率的测定按照 GB 17378.5 执行。

3.4.3 试样的制备

样品的制备参考 HJ/T 166 进行制备，将样品放在搪瓷盘或玻璃盘中，混匀，除去枝棒、叶片、石子、玻璃、非金属等异物，按照四分法粗分。可以采用干燥剂或冷冻干燥仪进行脱水。

3.4.3.1 试样的提取

称取制备好的样品使用适合方法进行提取，在标准制定过程中，根据目标污染物的性质，结合文献调研，选择超声提取、索氏提取或加速溶剂提取来萃取目标化合物。

在提取溶剂的选择上参考了 HJ 783 中推荐的针对于半挥发性有机物的提取溶剂为丙酮 - 正己烷（1∶1），且目标化合物在丙酮当中的溶解度较高，因此本方法提取溶剂推荐使用丙酮 - 正己烷（1∶1），其他提取溶剂经验证也可以使用。

考察目标物在几种提取方式的回收情况。实验结果表明，几种提取方式目标化合物的回收率范围在 70% 以上，重现性在 10% 以内，能满足定量分析要求（表 1-4-2）。

制备的样品量根据提取方法及样品的情况而定，一般需要称量 20 g 左右。

本方法提供了几种相关提取步骤，并对样品量提出建议，样品量应该根据实际情况而定。

表 1-4-2　提取结果

序号	化合物名称	超声提取		加压流体提取		索氏提取	
		Rr*/%	Ar*/%	Rr*/%	Ar*/%	Rr*/%	Ar*/%
1	梯恩梯	71.1 ～ 92.2	82.3	83.3 ～ 104	89.2	89.1 ～ 105	95.1
2	地恩梯	81.2 ～ 91.4	84.1	81.2 ～ 92.0	85.1	82.4 ～ 101	89.3
3	黑索金	68.8 ～ 83.2	79.2	72.1 ～ 89.1	83.2	79.1 ～ 98.2	88.0

注：*Rr 回收率范围，Ar 回收率均值（%），6 个平行样。

3.4.3.2　提取液的过滤与浓缩

目前，浓缩技术主要有 KD 浓缩、氮气常压浓缩、负压旋转蒸发浓缩、负压平行震荡浓缩和负压结合氮吹浓缩等多种方式。按原理不同分为加热溶剂蒸发和加热减压加速溶剂蒸发，每种浓缩技术浓缩效果不尽相同，且每种方式参数的设置和操作细节均会对化合物带来损失。因此，本方法在这部分仅提出了浓缩的操作要点和注意事项。

方法验证过程中对每一个方法步骤都进行了大量的试验。本次方法验证主要选用氮气常压浓缩（氮吹）与负压旋转蒸发浓缩两种方式进行加标回收试验，结论为：梯恩梯、地恩梯、黑索金在浓缩过程中较容易随着有机溶剂的挥发减少过程黏附在器壁上，同时过大气流会引起化合物溅出损失。因此，文本中对不同的浓缩方式提出了操作注意要点：一是在氮吹的过程中气流要小不能在溶剂表面形成漩涡；二是要不断清洗容器壁。在操作与条件适当的情况下，目标化合物的损失可以控制在 5% ～ 20%。表 1-4-3 列出了两种浓缩方式对梯恩梯、地恩梯、黑索金的回收率比较。

表 1-4-3　氮吹和旋转蒸发浓缩结果

序号	化合物名称	氮吹（水浴 45℃，低流量氮吹）		旋转蒸发结合氮吹（水浴 45℃）	
		Rr*/%	Ar*/%	Rr*/%	Ar*/%
1	梯恩梯	72.2 ～ 89.1	81.3	84.2 ～ 97.4	91.2

序号	化合物名称	氮吹 (水浴45℃, 低流量氮吹)		旋转蒸发结合氮吹 (水浴45℃)	
		Rr*/%	Ar*/%	Rr*/%	Ar*/%
2	地恩梯	83.4～92.1	88.1	89.2～104	97.3
3	黑索金	81.2～103	92.2	85.3～106	96.1

注：*Rr 回收率范围，Ar 回收率均值（%），6 个平行样。

3.4.3.3　净化

针对本方法目标化合物的性质，参考了 EPA 8270d 关于硝基芳烃化合物的净化方案，选择了两种净化方案；一种是全自动化的 GPC 净化；另一种是使用硅酸镁柱手动净化。

（1）GPC 净化

凝胶色谱净化是目前较为成熟的自动化方法，全自动化减少了手工操作带来的不稳定，主要用于清除样品中大分子干扰物，使用之前首先用校正液进行校正，根据标准样品在紫外检测器上面的出峰时间来确定收集的时间段。样品前处理时将 5.0 ml 的提取后样品装载于凝胶渗透色谱上，按照设定程序用环己烷/乙酸乙酯（1∶1）进行淋洗。收集淋洗液用浓缩设备浓缩到 5 ml 以下，氮吹浓缩至液体量为 1 ml 以下，待仪器分析。

（2）硅酸镁净化

硅酸镁层析柱净化参考了 EPA 3620 硅酸镁净化，并对方法进行了验证。验证结果能够满足要求。根据地恩梯、梯恩梯和黑索金在不同溶剂中的溶解度不同，验证的过程中对不同的溶剂组合及淋洗体积进行了大量的试验，最终选择丙酮、乙醚和正己烷作为洗脱溶剂。通过实验发现丙酮 - 乙醚（1+9）和丙酮 - 正己烷（1+9）配合使用能达到很好的洗脱效果，回收率满足要求。通过淋洗曲线可以看出丙酮 - 乙醚（1+9）可以洗脱出大部分的目标化合物，在合适的淋洗体积下黑索金能够洗脱完全。再进一步使用丙酮 - 正己烷（1+9）能洗脱全部的目标化合物。

表 1-4-4　硅酸镁固相小柱不同阶段淋洗组分

化合物名称	洗脱液 1	洗脱液 2
梯恩梯	59.3%	36.2%
地恩梯	63.2%	31.2%
黑索金	92.6%	—

洗脱液 1：100 ml 丙酮：乙醚（体积比 1∶9）；

洗脱液 2：50 ml 丙酮：正己烷（体积比 1∶9）。

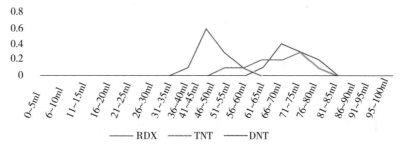

图 1-4-2　20g 硅酸镁层析柱对梯恩梯、地恩梯和黑索金的淋洗曲线

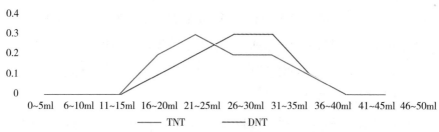

图 1-4-3　20 g 硅酸镁层析柱洗脱液 2 对梯恩梯、地恩梯和黑索金的淋洗曲线

若能满足本方法的质量控制要求，可以使用其他自动或者手动净化措施。

3.5　分析步骤

3.5.1　仪器参考条件

进样口：235 ℃，分流进样（分流比根据仪器实际情况而定）。

柱温：100 ℃（4min）→ 10 ℃→ 260 ℃（4 min）。

检测器温度：300 ℃。

载气：高纯氮气（4.19），2.0 ml/min，恒流。

尾吹气：高纯氮气（4.19），20 ml/min。

进样量：1μl。

3.5.2 标准曲线绘制

配置至少 5 个不同浓度的标准系列，其中一点浓度应相当于或低于样品浓度，其余点应参考实际样品的浓度范围，应不超过气相色谱的定量范围。

3.5.3 定性与定量

由于使用色谱法定性、定量，为了避免色谱分离造成的杂质干扰问题，选择双柱定性，因此筛选了非极性毛细管色谱柱和中等极性色谱柱分别进行条件优化，推荐使用中等极性色谱柱。色谱图见图 1-4-4、图 1-4-5。

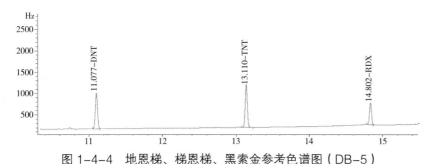

图 1-4-4 地恩梯、梯恩梯、黑索金参考色谱图（DB-5）

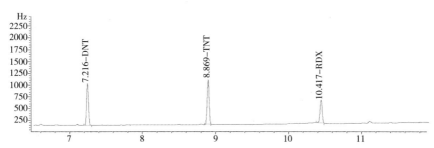

图 1-4-5 地恩梯、梯恩梯、黑索金参考色谱图（色谱柱 DB-17）

3.6 方法检出限和测定下限试验

按照 HJ 168—2010 要求，用石英砂作为土壤空白样品，添加低浓度标准物质，按照实际样品测试全过程平行重复 7 次测定，计算测定结果的标准偏差，按照式（1-4-1）计算方法检出限。按照方法中规定的分析步骤，采用加压流体提取 /GPC 净化 /GC-ECD 分析，在 20.0 g 石英砂中添加 0.1μg 的标准物质，平行测定 7 次，结果见表 1-4-5。

表 1-4-5　方法检出限及测定下限统计结果

平行号		地恩梯	梯恩梯	黑索金
测定结果 /（μg/kg）	1	3.75	4.15	4.45
	2	4.35	4.80	3.45
	3	4.25	4.00	4.55
	4	4.05	3.75	4.10
	5	4.20	4.05	3.25
	6	3.70	4.40	4.35
	7	4.10	4.65	3.30
平均值 $\overline{X}$/（μg/kg）		4.06	4.26	3.92
标准偏差 S_i（μg/kg）		0.25	0.38	0.57
t 值		3.14	3.14	3.14
检出限 /（μg/kg）		0.8	1.2	1.8
测定下限 /（μg/kg）		3.2	4.8	7.2

3.7 精密度和准确度试验

称取 20.0 g 空白样品（石英砂）分别添加 2.0 μg、10.0 μg 和 20.0 μg 3 种浓度的混和标准溶液，配置成 0.1 mg/kg、0.5 mg/kg 和 1.0 mg/kg 含量

样品，平行测定 6 次的结果计算平均值、相对偏差、相对标准偏差及回收率，考查实际样品测试的精密度和准确度，结果见表1-4-6。

表1-4-6　精密度、准确度统计结果

化合物名称	加标浓度 / （mg/kg）	平均值 / （mg/kg）	RSD/%	回收率 P/%
地恩梯	0.1	0.080	9.1	80.0
	0.5	0.432	4.4	86.4
	1.0	0.792	9.0	79.2
梯恩梯	0.1	0.082	8.7	82.0
	0.5	0.442	3.8	88.4
	1.0	0.824	6.8	82.4
黑索金	0.1	0.084	8.0	84.0
	0.5	0.387	5.6	77.4
	1.0	0.848	5.9	84.8

3.8　结果计算与表示

3.8.1　结果计算

土壤和沉积物中地恩梯、梯恩梯、黑索金的含量（μg/kg）分别按式（1-4-1）和式（1-4-2）计算。

$$w_1 = \frac{\rho_i \times V}{m \times w_{dm}} \qquad (1\text{-}4\text{-}1)$$

式中：w_1——样品中目标化合物的含量，μg/kg；；

ρ_i——由标准曲线计算所得目标化合物的浓度，μg/L；

V——浓缩后样品体积，ml；

m——土壤样品质量，g；

w_{dm}——样品干物质含量，%。

$$w_2 = \frac{\rho_i \times V}{m \times (1 - w_{H_2O})}$$ （1-4-2）

式中：ω_i——样品中目标化合物的含量，μg/kg；

　　　ρ_i——由标准曲线计算所得目标化合物的浓度，μg/L；

　　　V——浓缩后试样体积，ml；

　　　m——沉积物样品质量，g；

　　　w_{H_2O}——沉积物样品含水率，%。

3.8.2 结果表示

小数位数的保留与方法检出限一致，结果最多保留 3 位有效数字。

3.9 质量保证和质量控制

本方法参考美国 EPA 8330B、ISO 11916-2 中的部分规定，并结合方法验证结果，从校准曲线、定性、空白试验、平行样测定、加标回收率分析等方面制定质量保证和质量控制的建议和要求。具体给出以下质控措施和规定。

3.9.1 保留时间的确定

样品分析前应建立保留时间窗口 $t \pm 3s$。当样品分析时，目标化合物保留时间应在保留时间窗口内。

3.9.2 空白试验

每 20 个样品或每批次（少于 20 个样品／批）至少分析一个实验室空白。目标物的测定值应低于方法的检出限。

3.9.3 标准曲线

标准曲线的相关系数 ≥ 0.995。

每 20 个样品或每批次（少于 20 个样品／批）应分析一个曲线中间浓度点标准溶液，其测定结果与初始曲线在该点测定浓度的相对偏差应 ≤ 20%，否则应重新绘制标准曲线。

3.9.4　平行样品的测定

每 20 个样品或每批次（少于 20 个样品 / 批）至少分析一个平行样，单次平行样品测定结果的相对偏差应在 30% 以内。

3.9.5　空白加标样品的测定

每 20 个样品或每批次（少于 20 个样品 / 批）至少分析一个空白加标样品，回收率应在 70% ～ 120%。

3.9.6　基体加标样品的测定

每 20 个样品或每批次（少于 20 个样品 / 批）至少分析一个加标样品，加标浓度为原样品浓度的 1 ～ 5 倍，土壤、沉积物加标样品的回收率应在 70.0% ～ 120%。

参考文献

[1] Li Y I, Jiang Q G, Yao S Q, *et al.*. Effects of Exposure to Trinitrotoluene on Male Reproduction [J]. 生物医学与环境科学，1993, 6（2）:154-160.

[2] 牛芌泽，李峰，杨彦荣. 三硝基甲苯 174 名作业者的健康调查报告 [J]. 职业与健康，2002, 18（11）:24-25.

[3] 刘绮. 环境化学 [M]. 北京：化学工业出版社 , 2004.

[4] Rodgers J D, Bunce N J. Electrochemical treatment of 2,4,6-trinitrotoluene and related compounds [J]. Environmental Science & Technology, 2001, 35（2）:406.

[5] Lewis T A, Newcombe D A, Crawford R L. Bioremediation of soils contaminated with explosives [J]. Journal of Environmental Management, 2004, 70（4）:291-307.

[6] Bradley P M, Chapelle F H. Factors Affecting Microbial 2,4,6-Trinitrotoluene Mineralization in Contaminated Soil [J]. Environmental Science & Technology, 1995, 29（3）:802-6.

[7] 土壤环境质量建设用地土壤污染风险管控标准（试行）[S].GB 36600—2018.

[8] 工业企业通用土壤环境质量风险评价基准 [S].HJ/T 25—1999.

［9］EPA Method 8091：Nitroaromatics and Cyclic Ketones By Gas Chroma-tography（GC/ECD）.

［10］EPA Method 8270D：Semivolatile Organic Compounds by Gas Chroma-tography/Mass Spectrometry（GC/MS）.

［11］EPA Method 8330B：Nitroaromatics,Nitrmines,And Nitrate Esters by High Performance Liquid Chromatography（HPLC）.

［12］BS ISO 11916-2：Soil Quality-Determinationof Selected Explosives Andrelated Compounds Part 2: Method using gas chromatography（GC）with electron capture detection（ECD）or mass spectrometric detection.

［13］水质梯恩梯、黑索金、地恩梯的测定气相色谱法［S］. HJ 600—2011.

［14］土壤中半挥发性有机物（SVOC）的测定气相色谱质谱法. 展览会用地土壤环境质量评价标准（暂行）附录 D ［S］. HJ 350—2007.

土壤和沉积物 地恩梯、梯恩梯、黑索金的测定 气相色谱法

1 适用范围

本方法规定了测定土壤和沉积物中地恩梯、梯恩梯、黑索金的气相色谱法。

本方法适用于土壤和沉积物中地恩梯、梯恩梯、黑索金的测定，其他硝基芳香烃类化合物如果通过验证也可适用于本方法。

当取样量为 20.0 g 时，浓缩后定容体积为 1.0 ml，地恩梯的方法检出限为 0.8 μg/kg，梯恩梯的方法检出限为 1.2 μg/kg，黑索金的方法检出限为 1.8 μg/kg，地恩梯的测定下限为 3.2 μg/kg，梯恩梯的测定下限为 4.8 μg/kg，黑索金的测定下限为 7.2 μg/kg。

2 规范性引用文件

本方法内容引用了下列文件或其中的条款。凡是不注明日期的引用文件，其有效版本适用于本方法。

GB 17378.3 海洋监测规范 第 3 部分：样品采集、贮存与运输

GB 17378.5 海洋监测规范 第 5 部分：沉积物分析

HJ/T 166 土壤环境监测技术规范

HJ 613 土壤干物质和水分的测定重量法

HJ 783 土壤和沉积物有机物的提取加压流体萃取法

3 方法原理

土壤或沉积物中梯恩梯、地恩梯、黑索金采用适合的提取方法（索氏提取、加压流体萃取等）进行提取，根据样品基体干扰情况选择合适的净化方法（铜粉脱硫、硅酸镁柱或凝胶渗透色谱）对提取液净化，浓

警告：实验中使用的试剂和标准溶液对人体健康有危害，操作过程应在通风柜中进行，按规定佩戴防护器具，避免接触皮肤。

缩、定容后，用具电子捕获器的气相色谱仪检测，根据保留时间定性，外标法定量。

4 试剂和材料

除非另有说明，分析时均使用符合国家标准的分析纯化学试剂，实验用水为二次蒸馏水或通过纯水设备制备的超纯水。

4.1 丙酮（C_3H_6O）：农残级。

4.2 二氯甲烷（CH_2Cl_2）：农残级。

4.3 正己烷（C_6H_{14}）：农残级。

4.4 甲醇（CH_3OH）：农残级。

4.5 乙酸乙酯（$C_4H_8O_2$）：农残级。

4.6 环己烷（C_6H_{12}）：农残级。

4.7 凝胶色谱流动相：

用乙酸乙酯（4.5）和环己烷（4.6）按 1∶1 的体积混合。

4.8 硝酸：ρ（HNO_3）=1.42 g/ml，优级纯。

4.9 硝酸溶液：1+1。

用优级纯硝酸（4.8）与实验用水按 1∶1 混合。

4.10 丙酮 - 正己烷混合溶剂：1+1（V/V）。

用丙酮（4.1）和正己烷（4.3）按 1∶1 的体积混合。

4.11 粒状硅藻土：60 ～ 100 目。

置于马弗炉中 400 ℃烘烤 4 h，冷却后装入磨口玻璃瓶中密封，于干燥器中保存。

4.12 石英砂：20 ～ 100 目（尽量选择和土壤样品相近粒径）

置于马弗炉中 400 ℃烘烤 4 h，冷却后装入磨口玻璃瓶中密封，于干燥器内保存。

4.13 无水硫酸钠（Na_2SO_4）：优级纯。

置于马弗炉中 400 ℃烘烤 4 h，冷却后装入磨口玻璃瓶中密封，于干燥器内保存。

4.14 标准贮备液：ρ=1 000 mg/L。

购买市售有证标准溶液，在 4 ℃下避光密封冷藏保存，或参照标准溶液证书进行保存。标液开封后，应在 -18 ℃下避光密封保存，使用时应恢复至室温并摇匀。

4.15 标准使用液：ρ=1.0 mg/L，或其他合适的浓度。

用正己烷（4.3）稀释标准贮备液（4.14），在 -18 ℃下避光密封保存。

4.16 玻璃棉或玻璃纤维滤膜：置于马弗炉中 400 ℃烘烤 4 h，冷却后装入磨口玻璃瓶中密封保存。

4.17 索氏提取套筒：玻璃纤维或天然纤维材质套筒。使用前，玻璃纤维套筒置于马弗炉中 400 ℃ 烘烤 4 h，玻璃纤维套筒应用与样品提取相同的溶剂净化。

4.18 玻璃层析柱：内径 20 mm 左右，长 10 ～ 20 cm 的带聚四氟乙烯阀门，下端具筛板。

4.19 铜粉（Cu）：纯度为 99.5%。

使用前用硝酸溶液（4.9）去除铜粉表明的氧化物，用实验用水冲洗除酸，并用丙酮（4.1）清洗后，再用高纯氮气缓缓吹干待用，每次临用前处理，保持铜粉表面光亮。

4.20 硅酸镁：农残级，60 ～ 100 目，130℃，活化 12 h。

4.21 氮气（N_2）：纯度≥ 99.999%。

5 仪器和设备

5.1 气相色谱仪：具分流 / 不分流进样口，可程序升温，带电子捕获获检测器（ECD）。

189

5.2 色谱柱。

5.2.1 30 m×0.25 mm×0.25 μm，固定相为 5%- 苯基 -95% 聚二甲基硅氧烷毛细管柱，或其他等效毛细管柱。

5.2.2 30 m×0.25 mm×0.25 μm，固定相为 14% 聚苯基氰丙基硅氧 -86% 聚二甲基硅氧烷毛细管柱，或其他等效毛细管柱。

5.3 提取设备：加压流体萃取仪或索氏提取装置等性能相当的设备。

5.4 浓缩装置：旋转蒸发仪、氮吹浓缩仪或性能相当的设备。

5.5 凝胶渗透色谱仪（GPC）：具 254 nm 固定波长紫外检测器，填充凝胶填料的净化柱。

5.6 真空冷冻干燥仪：空载真空度达 13 Pa 以下。

5.7 固相萃取装置。

5.8 一般实验室常用仪器和设备。

6 样品

6.1 样品采集和保存

按照 HJ/T 166 的相关规定进行土壤样品的采集。沉积物按照 GB 17378.3 的相关规定进行样品的采集。

样品采集后保存在事先清洗洁净，并用有机溶剂处理不存在干扰物的磨口棕色玻璃瓶中。运输过程中应密封避光、冷藏保存，途中避免干扰引入或样品的破坏，尽快运回实验室进行分析。如暂不能分析应在 4 ℃以下冷藏保存，样品保存时间定为 10 d。提取液在 4 ℃以下冷藏保存 40 d 内完成分析。

6.2 试样的制备

样品的制备参考 HJ/T 166 进行脱水处理，将新鲜样品放在搪瓷盘或玻璃盘中，混匀，除去枝棒、叶片、石子、玻璃、非金属等异物，按照四分法粗分。称取两份 20 g（精确到 0.01 g）的样品：一份用于测定干物质含量，另一份加入适量无水硫酸钠（4.13），研磨均化成流砂状脱水，如果使用加压流体萃取法萃取，则使用硅藻土（4.11）脱水。土壤样品干物质和水分的测定按照 HJ 613 执行，沉积物样品含水率测定按照GB 17378.5 执行。提取方式可采用加压流体萃取、索氏提取及其他等效提取方法。

注：也可采用冷冻干燥法进行脱水。取适量样品混匀，然后放入冷冻干燥仪进行脱水，干燥后的样品需研磨、过 60 目筛。然后准确称量 20 g（精确到 0.01 g）样品，全部转移到提取器中待用。

6.2.1 加压流体萃取。

参考 HJ 783。

注：如果提取液中存在明显水分，需进一步过滤和脱水。在玻璃漏斗上垫一层玻璃棉或玻璃纤维滤膜（4.16），加入约 5 g 无水硫酸钠（4.13），将提取液过滤至浓缩器皿中。再用少量丙酮-正己烷混合溶剂（4.10）洗涤提取容器 3 次，洗涤液并入漏斗中过滤，最后用少量丙酮-正己烷混合溶剂（4.10）冲洗漏斗，全部收集至浓缩器皿中，待浓缩。

6.2.2 索氏提取。

将制备好的土壤或沉积物样品全部转移入索氏提取套筒（4.17），小心置于索氏提取器回流管中，在圆底溶剂瓶中加入 100 ml 丙酮-正己烷混合溶剂（4.10），提取 16～18 h，回流速度控制在每小时 4～6 次，然后停止加热回流，取出圆底溶剂瓶，待浓缩。

6.2.3 浓缩。

在 45℃ 以下将脱水后的提取液（6.2.2）浓缩到 1 ml，待净化。

如需更换溶剂体系，则将提取液浓缩至 1.5～2.0 ml 后，用 5～10 ml 正己烷（4.3）置换，再将提取液浓缩到 1 ml，待净化。

6.2.4 净化

6.2.4.1 凝胶色谱净化

使用凝胶色谱净化首先确定收集时间，先将收集时间初步定在玉米油出峰之后至硫出峰之前，芘洗脱出之后，立即停止收集。然后使用地恩梯、梯恩梯、黑索金混合标准溶液进样形成标准物谱图，根据标准物质谱图进一步确定起始和停止收集时间，并测定其回收率。当所有目标化合物回收率均大于 90% 时，即可按此收集时间和清洗条件净化样品，否则需要继续调整收集时间和其他条件。

用凝胶渗透色谱流动相（4.7）将浓缩后的提取液（6.2.3）定容至凝胶渗透色谱仪定量环需要的体积，按照确定好的收集时间自动净化，收集流出液，待再次浓缩（6.2.4）。

6.2.4.2 硅酸镁层析柱净化

在玻璃层析柱（4.18）的底部加入玻璃棉，加入 1cm 厚的无水硫酸钠（4.13），层析柱上方置一玻璃漏斗，加入 20.0 g 硅酸镁（4.20），加入 1 cm 厚的无水硫酸钠于柱子顶端，先用 30 ml 二氯甲烷 - 正己烷混合溶剂（1+9）淋洗净化柱（4.14），弃去，在柱顶端加入约 2 g 铜粉（4.19），将提取液（6.2.2）浓缩至 2 ml（参照 6.2.3），然后将 2 ml 样品提取浓缩液全部转移至净化柱，再用 30 ml 二氯甲烷 - 正己烷混合溶剂（1+9）淋洗，弃去此部分淋洗液。之后用 100 ml 的丙酮 - 乙醚混合溶剂（1+9）洗脱柱子，这部分洗脱液中包含所有硝基芳香烃类化合物。最后用 30 ml 丙酮 - 正己烷混合溶剂（1+9）洗脱，合并浓缩上述淋洗液，待用。

注：若能通过验证，也可以选用硅酸镁固相萃取柱等其他净化方法。

6.2.5 浓缩

将净化过后的试液再次按照 6.2.3 的步骤进行浓缩，并定容至 1.0 ml，混匀后转移至 2 ml 样品瓶中，待测。

6.2.6 空白样品的制备

用石英砂（4.12）代替实际样品，按照与试样的制备（6.2）相同步骤制备空白试样。

7 分析步骤

7.1 气相色谱参考条件

进样口：235 ℃，分流进样（分流比根据仪器实际情况而定）。

柱温升温程序：初始温度 100 ℃，保持 4 min，以 10 ℃/min 的速度升温至 260 ℃，保持 5 min。

检测器温度：300 ℃。

载气：高纯氮气（4.19），2.0 ml/min，恒流。

尾吹气：高纯氮气（4.19），20 ml/min。

进样量：1 μl。

7.2 校准

用正己烷（4.3）配制目标化合物参考浓度分别为 50 μg/L、100 μg/L、200 μg/L、500 μg/L 和 1 000 μg/L。在推荐仪器条件（7.1）下进行测定，以各组分的质量浓度为横坐标，以该组分色谱峰面积（或峰高）为纵坐标绘制标准曲线。

7.3 参考色谱图

按照气相色谱参考条件（7.1）分析，地恩梯、梯恩梯、黑索金在 5%-苯基 -95% 聚二甲基硅氧烷毛细管柱上的参考色谱图见图 1。

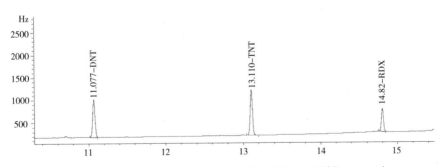

图 1　地恩梯、梯恩梯、黑索金参考色谱图（色谱柱 DB-5）

193

7.4 测定

将制备好的试样（6.2.4）按照气相色谱参考条件（7.1）进行测定。

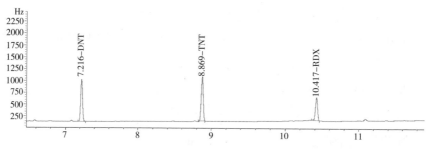

图 2 地恩梯、梯恩梯、黑索金参考色谱图（色谱柱 DB-17）

7.5 空白测试

称取 20.0 g 石英砂（4.8），按照 6.2 步骤制备试样，按照气相色谱参考条件（7.1）进行测定。

8 结果计算与表示

8.1 目标化合物定性

样品分析前，应建立保留时间窗口 t±3s。t 为初次校准时各浓度标准物质保留时间的平均值，s 为初次校准时各标准物质保留时间的标准偏差。当样品分析时，目标化合物保留时间应在保留时间窗口内。

当目标化合物在色谱柱上有检出时，需要使用另外一根极性不同的色谱柱进行辅助定性。目标化合物在两根色谱柱上均有检出时，视为检出。否则视为未检出。

8.2 结果计算

目标化合物按外标法定量，土壤中地恩梯、梯恩梯、黑索金的含量（µg/kg）按式（1）进行计算，沉积物中地恩梯、梯恩梯、黑索金的含量（µg/kg）按式（2）进行计算。

$$w_1 = \frac{\rho_i \times V}{m \times w_{dm}} \qquad (1)$$

式中：w_1——样品中目标化合物的含量，μg/kg；

ρ_i——由校准曲线计算所得目标化合物的质量浓度，μg/L；

V——试样定容体积，ml；

m——土壤试样质量，g；

w_{dm}——土壤试样干物质含量，%。

$$w_2 = \frac{\rho_i \times V}{m \times (1 - w_{H_2O})} \qquad (2)$$

式中：w_2——样品中目标化合物的含量，μg/kg；

ρ_i——由校准曲线计算所得目标化合物的质量浓度，μg/L；

V——试样定容体积，ml；

m——沉积物试样质量，g；

w_{H_2O}——沉积物试样含水率，%。

8.3 结果表示

小数位数的保留与方法检出限一致，结果最多保留 3 位有效数字。

9 精密度和准确度

实验室分别对 20 g 土壤和沉积物添加标准为 0.1 mg/kg、0.5 mg/kg 和 1.0 mg/kg 混标样品进行了测定，实验室内相对相对标准偏差为 6.7%～11.6%，4.4%～5.6%，3.9%～10.6%，实验室内对空白样品加标测试，加标浓度分别为 2.0 μg、10.0 μg 和 20.0 μg，回收率范围为 71.1%～94.3%。

精密度和准确度详见附录 A。

10 质量保证和质量控制

10.1 保留时间的确定

样品分析前应建立保留时间窗口 $t \pm 3s$。当样品分析时，目标化合物保留时间应在保留时间窗口内。

10.2 空白试验

每 20 个样品或每批次（最多 20 个样品）至少分析两个实验室空白。其目标物的测定值应低于方法的检出限。

10.3 标准曲线

标准曲线的相关系数＞ 0.995。

每 20 个样品或每批次（最多 20 个样品）应分析 1 个曲线中间浓度点标准溶液，其测定结果与初始曲线在该点测定浓度的相对偏差应≤ 20%，否则应重新绘制标准曲线。

10.4 平行样品的测定

每 20 个样品或每批次（最多 20 个样品）至少分析 1 个平行样，单次平行样品测定结果的相对偏差应在 20% 以内。

10.5 加标的测定

每 20 个样品或每批次（最多 20 个样品）至少分析 1 个加标样品，加标浓度为原样品浓度的 1 ～ 5 倍，土壤、沉积物加标样品的回收率应在 70% ～ 120%。

11 废弃物的处理

试验过程中产生的废液和其他废弃物（包括检测后的残液）应集中密封存放，并附警示装置，委托有资质单位集中处置。

12 注意事项

12.1 实验所用玻璃器皿均应清洗干净，干燥。必要时，应用重铬酸钾洗液浸泡后用自来水，蒸馏水反复冲洗，干燥。

12.2 电子捕获检测器灵敏度高，线性范围窄，易污染，应注意保持检测器的清洁。

附录 A

方法精密度和准确度

（资料性附录）

表 A 方法精密度和准确度

化合物名称	加标浓度 / （μg/kg）	平均值 / （μg/kg）	RSD_i / %	回收率 P_i / %
地恩梯	5.00	3.98	9.1	79.7
	25.0	4.08	8.7	81.5
	50.0	4.21	8.0	84.2
梯恩梯	5.00	21.6	8.7	86.5
	25.0	22.1	3.8	88.3
	50.0	19.3	6.8	77.4
黑索金	5.00	39.6	8.0	79.2
	25.0	41.2	5.6	82.4
	50.0	42.4	5.9	84.8

第二篇

土壤无机元素前沿
分析测试方法研究

土壤和沉积物　汞、砷、硒、锑、铋的测定　水浴/原子荧光分光光度法

1　方法研究的必要性分析

1.1　被测对象的环境危害

汞，俗称水银，为银白色液体金属，它的化学符号是 Hg，原子序数 80，相对原子质量为 200.59，密度为 13.6 g/cm³，凝固点为 –38.8 ℃，沸点为 356.7 ℃。汞是唯一在常温下呈液态并易流动的金属，质感犹如果冻。一般汞化合物的化合价是 +1、+2、+3 价，以 +1、+2 最常见。内聚力很强，在空气中稳定，汞蒸气有剧毒。溶于硝酸和热浓硫酸，但与稀硫酸、盐酸、碱都不起作用。能溶解许多金属与其形成合金，包括金和银，但不包括铁，这些合金统称汞合金（或汞齐）。具有很强的亲硫性和亲汞性，即在常态下，很容易与硫和汞的单质化合并生成稳定化合物，因此在实验室通常会用硫单质去处理撒漏的水银。汞及其化合物都是具有强毒、强致癌性的。因其具有污染持久性、生物富集性和剧毒性等特点，对环境及人体健康产生巨大的危害。当前，汞已被各国政府及 UNEP、WHO 及 FAO 等国际组织列为优先控制且最具毒性的环境污染物之一。

砷，化学符号是 As，原子序号为 33，相对原子质量为 74.92，密度为 5.727 g/cm³，熔点为 817 ℃（28 大气压），加热到 613 ℃直接升华成为蒸气，砷蒸气具有一股难闻的大蒜臭味。砷是一种有毒的类金属，有黄、灰、黑

褐 3 种同素异形体。其中灰色晶体具有金属性，脆而硬，具有金属般的光泽，并善于传热导电，易被捣成粉末。砷的常见化合价为 +3 和 +5。第一电离能 9.81 eV。游离砷相当活泼，在空气中加热至约 200 ℃时有荧光出现，于 400 ℃时，会有一种带蓝色的火焰燃烧并形成白色的氧化砷烟。游离砷元素易与氟和氮化合，在加热情况亦与大多数金属和非金属发生反应，不溶于水，溶于硝酸和王水，也能溶解于强碱生成砷酸盐。砷在地壳中的平均含量一般都在 $1.7 \times 10^{-4}\%$ ～ $5 \times 10^{-4}\%$ 范围内。通常以硫砷矿（AsS）、雌黄（As_2S_3）、雄黄（As_4S_4）、砷硫铁矿（FeAsS）存在或者伴生于 Cu、Pb、Zn 等硫化物。它是一种具有较强毒性和致癌作用的元素，可引起皮肤癌、膀胱、肝脏、肾、肺和前列腺以及冠状动脉等疾病和黑足病等慢性砷中毒。

硒，化学符号是 Se，原子序数 34，相对原子质量 78.96，密度为 4.81 g/cm³，熔点为 217 ℃，沸点为 684.9 ℃。硒在化学元素周期表中位于第四周期Ⅵ A 族，是一种非金属，可以用作光敏材料和电解锰行业催化剂，同时也是动物体必需的营养元素和植物有益的营养元素等。硒在自然界的存在方式分为两种：无机硒和植物活性硒。无机硒一般指亚硒酸钠和硒酸钠，从金属矿藏的副产品中获得；后者是硒通过生物转化与氨基酸结合而成，一般以硒蛋氨酸的形式存在。过量的摄入硒可导致中毒，出现脱发、脱甲等。临床所见的硒过量而致的硒中毒分为急性、亚急性及慢性。最主要的中毒原因是机体直接或间接地摄入、接触大量的硒，包括职业性、地域性，饮食习惯及滥用药物等原因。

锑，化学符号是 Sb，原子序数 51，相对原子质量 121.75，相对密度为 6.68 g/cm³，熔点为 630.5 ℃，沸点为 1 440 ℃。锑有毒，最小致死量（大鼠，腹腔）为 100 mg/kg，能刺激人的眼、鼻、喉咙及皮肤，持续接触可破坏心脏及肝脏功能，吸入高含量的锑会导致锑中毒，症状包括呕吐、头痛、呼吸困难，严重者可能死亡。金属锑不是一种活泼性很强的元素，它仅在赤热时与水反应放出氢气，在室温中不会被空气氧化，但能与氟、氯、溴化合；加热时才能与碘和其他金属化合。锑易溶于热硝酸，形成水合的氧化锑。能与热硫酸反应，生成硫酸锑。锑在高温时可与氧反应，生成三氧化二锑，为两性氧化物，难溶于水，但溶于酸和碱。锑在地壳中的含量为 0.000 1%，主要以单质或辉锑矿、方锑矿的形式存在。世界目前已探明的锑矿储量为 400 多万 t。中国锑的储量、产量、出口量均占世界第一位。中国目前有锑产地 111 处，主要包括贵州万山、务川、丹寨、铜仁、半坡；湖南省冷水江市锡矿山（全世界最大的锑矿）、板溪；广西壮族自治区南丹县大厂矿山；甘肃省崖湾锑矿、陕西省旬阳汞锑矿。锑是土壤中广泛存在的元素之一，世界土壤中锑的含量范围是 0.2 ～ 10 mg/kg，土壤锑的背景浓度范围为 0.05 ～ 4.0 mg/kg，通常 <1 mg/kg；我国土壤锑的背景浓度为 0.38 ～ 2.98 mg/kg。

铋，化学符号是 Bi，原子序数 83，相对原子质量 208.98，相对密度为 9.8 g/cm³，熔点为 271.3 ℃，沸点为 1 560 ℃ ±5 ℃。铋为银白色至粉红色的金属，质脆易粉碎，化学性质较稳定。以前铋被认为是相对原子质量最大的稳定元素，但在 2003 年，发现了铋有极其微弱的放射性。铋在地壳中的含量不大，铋在自然界中以游离金属和矿物的形式存在，主要矿物有辉铋矿（Bi_2S_3）、泡铋矿（Bi_2O_3）、菱铋矿（$nBi_2O_3 \cdot mCO_2 \cdot H_2O$）、铜铋矿（$3Cu_2S \cdot 4Bi_2S_3$）、方铅铋矿（$2PbS \cdot Bi_2S$）。铋属微毒类，大多数以化合物、特别是盐基性盐类存在，在消化道中难吸收。不溶于水，仅稍溶于组织液。不能经完整皮肤粘膜吸收。铋吸收后分布于身体各处，以肾最多，肝次之。大部分贮存在体内的铋，在数周以至数月内由尿排出。

1.2 相关环保标准和环保工作的需要

1.2.1 重金属的环境质量标准与排放标准

在我国现行环境质量标准和排放标准中，涉及土壤和沉积物中汞、砷、硒、锑、铋监测排放的相关数据见表 2-1-1。

表 2-1-1 土壤中重金属监测排放标准

标准名称	元素	筛选值 /（mg/kg）	管制值 /（mg/kg）
《土壤环境质量建设用地土壤污染风险 管理标准（试行）》（GB 36600—2018）	砷	第一类 20；第二类 60	第一类 120，第二类 140
	汞	第一类 8；第二类 38	第一类 33，第二类 82
	锑	第一类 20；第二类 180	第一类 40，第二类 360
《土壤环境质量 农用地土壤污染风险管控标准（试行）》（GB 15618—2018）	汞（水田）	pH ≤ 5.5, 0.5；5.5<pH ≤ 6.5, 0.5；6.5<pH ≤ 7.5, 0.6；pH>7.5, 1.0	pH ≤ 5.5, 2.0；5.5<pH ≤ 6.5, 2.5；6.5<pH ≤ 7.5, 4.0；pH>7.5, 6.0
	汞（其他）	pH ≤ 5.5, 1.3；5.5<pH ≤ 6.5, 1.8；6.5<pH ≤ 7.5, 2.4；pH>7.5, 3.4	
	砷（水田）	pH ≤ 5.5, 30；5.5<pH ≤ 6.5, 30；6.5<pH ≤ 7.5, 25；pH>7.5, 20	pH ≤ 5.5, 200；5.5<pH ≤ 6.5, 150；6.5<pH ≤ 7.5, 120；pH>7.5, 100
	砷（其他）	pH ≤ 5.5, 40；5.5<pH ≤ 6.5, 40；6.5<pH ≤ 7.5, 30；pH>7.5, 25	

1.2.2 环保工作的需要

目前我国尚无土壤和沉积物中汞、砷、硒、锑、铋的水浴 / 原子荧光法环境监测标准方法。HJ 680—2013 标准是采用微波消解 / 原子荧光法测定土壤和沉积物中汞、砷、硒、锑、铋。水浴消解法相比于微波消解法，具有仪器设备简单、操作简便、无需容器转移等优势。

2 国内外相关分析方法研究

2.1 国外相关分析方法研究现状

国际上，关于土壤和沉积物重金属监测方法，大多采用电感耦合等离子体发射光谱法（ICP-AES）、电感耦合等离子体质谱法（ICP-MS）、原子吸收法（AAS）等，原子荧光法（AFS）主要用于测定汞（见表 2-1-2）。土壤和沉积物中重金属前处理多采用电热板和微波消解方式。

表 2-1-2 国外相关标准方法

序号	标准号	标准名称	测定元素	检出限	备注
1	CEN/TS 16175-2-2013	污泥、处理的生物废物和土壤 汞的测定 第2部分：冷蒸气原子荧光光谱法（CV-AFS）	汞	0.003 mg/kg	硝酸/电热板消解或王水萃取
2	ISO/TS 16727—2013	土质 汞的测定 冷蒸汽原子荧光光谱法（CV-AFS）	汞	0.003 mg/kg	硝酸/电热板消解或王水萃取
3	ISO 16772—2004	土质 用水蒸气原子光谱法或冷蒸气原子荧光光谱法测定王水土壤萃取物中的汞	汞	0.1 mg/kg	王水萃取

2.2 国内标准研究现状

无论是原子荧光仪器的研发，还是分析技术的研究，我国均处于国际领先水平。目前原子荧光光谱分析技术已广泛用于各个领域：环保、卫生防疫、地质、冶金、食品、质检等。

国内发布的采用 AFS 测定土壤、沉积物或固体废物中金属的标准方法共有 7 项，涉及国家标准、环保行业标准以及农业行业标准（见表 2-1-3）。大多数标准都是单元素测定的，涉及汞、砷、硒、锑、铋 5 个元素的标准

（HJ 680—2013，HJ 702—2014）都是采用微波前处理方式，该前处理用到的微波技术是先进技术，设备比较昂贵，普及性不强。而本方法推荐的水浴消解法，具有设备简单且价格便宜、操作过程简便、无需转移容器（降低污染）、普及性更强等优点。

表 2-1-3　国内相关标准方法

序号	标准号	标准名称	测定元素	备注
1	GB/T 22105.1—2008	土壤质量　总汞、总砷、总铅的测定原子荧光法　第 1 部分：土壤中总汞的测定	汞	王水（1+1），沸水浴
2	GB/T 22105.2—2008	土壤质量　总汞、总砷、总铅的测定原子荧光法　第 2 部分：土壤中总砷的测定	砷	王水（1+1），沸水浴
3	HJ 680—2013	土壤和沉积物　汞、砷、硒、铋、锑的测定　微波消解 / 原子荧光法	汞、砷、硒、铋、锑	王水，微波
4	HJ 702—2014	固体废物　汞、砷、硒、铋、锑的测定　微波消解 / 原子荧光法	汞、砷、硒、铋、锑	王水，微波
5	NY/T 1104—2006	土壤中全硒的测定	硒	硝酸 - 高氯酸，自动控温消化炉
6	NY/T 1121.10—2006	土壤检测　第 10 部分：土壤总汞的测定标准	汞	王水（1+1），沸水浴
7	NY/T 1121.11—2006	土壤检测　第 11 部分：土壤总砷的测定	砷	王水（1+1），沸水浴

2.3　文献情况

尽管国内暂无水浴 / 原子荧光分光光度法测定土壤和沉积物中汞、砷、硒、锑和铋相关标准方法，但由于水浴法操作简单、原子荧光分光光度法又存在无需赶酸等优势，越来越多的研究人员采用水浴 / 原子荧光分光光度法检测土壤和沉积物中的金属元素含量。汪文波等研究了试样经（1+1）王水沸水浴分解，用 10% 的盐酸溶液稀释至刻度，采用氢化物原子荧光光度法快速测定土壤样中的痕量砷、锑、铋和汞，测定土壤标准样品（n=12）相对标准偏差分别为 9.3% ～ 14.2%、14.6% ～ 25.2%、9.9% ～ 25.1% 和 20.4 ～ 23.3%。刘桂玲等同样采用王水（1+1）沸水浴溶解土壤试样中砷、锑、铋、汞和硒，应用原子荧光分光光度法进行测定，结果满意。郑锋等应用原子荧光光度计测定土壤中的硒，用 1+1 王水沸水浴消解样品，对消解方式、仪器条件和共存元素的干扰及消除进行了探讨，确定最优检测条件，得到检出限 0.13 μg/L，相对标准偏差 5.46%，测定标准样品与标准值接近。林海兰等建立了王水沸水浴消解 - 原子荧光光度法测定土壤和沉积物中的铋，文中通过比较水浴消解、微波消解和电热板消解 3 种前处理方式处理土壤中的铋，发现水浴消解法操作简单方便、精密度和准确度高，实际土壤和沉积物样品加标回收率分别为 97.6% ～ 102% 和 99.5% ～ 104%。

3 方法研究报告

3.1 方法原理

土壤和沉积物样品经王水沸水浴消解，在盐酸介质中将硒（Ⅵ）还原为硒（Ⅳ），加入硫脲 + 抗坏血酸混合溶液将砷（Ⅴ）还原为砷（Ⅲ）、锑（Ⅴ）还原为锑（Ⅲ）。在氢化物发生器中，以盐酸溶液为载流，用硼氢化钾溶液作为还原剂，砷、硒、锑和铋分别还原生成砷化氢、硒化氢、锑化氢和铋化氢气体；汞被还原成原子态，由载气带入石英原子化器中，并在氩氢火焰中原子化。基态原子受元素灯（汞、砷、硒、铋、锑）的发射光激发产生原子荧光，通过原子荧光光度计测量其原子荧光的相对强度。在一定元素含量范围内，原子荧光强度与试样中元素含量呈线性关系。

3.2 试剂和材料

除非另有说明，分析时均使用符合国家标准的分析纯试剂，实验用水为新制备的去离子水或同等纯度的水。

①硝酸：ρ（HNO₃）=1.42 g/ml，优级纯。

②盐酸：ρ（HCl）=1.19 g/ml，优级纯。

③王水（1+1）。

量取 3 体积盐酸（②）和 1 体积硝酸（①）混合后，加入 4 体积水，摇匀。

④砷、汞、硒、锑、铋标准贮备液：ρ=100 mg/L。

使用市售的标准溶液；或分别准确称取 1.000 0 g 金属砷、汞、硒、锑、铋，用 30 ml 硝酸（1+1）加热溶解，冷却，用水定容至 1 L。

⑤砷、汞、硒、锑、铋标准中间液：ρ=1.0 mg/L。

准确吸取 1.00 ml 砷、汞、硒、锑、铋标准贮备液（④）于 100 ml 容量瓶中，加入 3 ml 盐酸（②），用水定容至标线，摇匀。

⑥砷、汞、硒、铋、锑标准使用液：ρ=100.0 μg/L。

准确吸取 10.0 ml 砷、汞、硒、铋、锑标准中间液（⑤）于 100 ml 容量瓶中，加入 3 ml 盐酸（②），用水定容至标线，摇匀。

⑦硫脲＋抗坏血酸溶液。

称取硫脲 10 g、抗坏血酸各 5 g，用 100 ml 水溶解，混匀，使用当天配制。

⑧硼氢化钾溶液 A。

称取 2.5 g 氢氧化钠（或氢氧化钾）放入盛有 500 ml 水的烧杯中，玻璃棒搅拌待完全溶解后再加入称好的 5.0 g 硼氢化钾，搅拌溶解，现配现用。

⑨硼氢化钾溶液 B。

称取 0.25 g 氢氧化钠（或氢氧化钾）放入盛有 500 ml 水的烧杯中，

玻璃棒搅拌待完全溶解后再加入称好的 0.5 g 硼氢化钾，搅拌溶解，现配现用。

3.3 仪器和设备

①原子荧光光度计：仪器性能指标应符合 GB/T 21191 的规定。

②氩气：纯度 >99.99%。

③元素灯（汞、砷、硒、锑、铋）。

④恒温水浴锅（可控温）。

⑤其他实验室常用仪器和设备。

3.4 样品

3.4.1 样品采集与保存

按照 HJ/T 166 的相关规定进行土壤样品的采集和保存；按照 GB 17378.3 的相关规定进行海洋沉积物样品的采集和保存；按照 HJ 494 的相关规定进行水体沉积物样品的采集。采集后的样品保存于洁净的玻璃容器中，4℃以下保存，汞可保存 28 d，砷、硒、锑和铋可以保存 180 d。

3.4.2 样品的制备

将样品置于风干盘中，平摊成 2 ～ 3 cm 厚的薄层，先剔除异物，适时压碎和翻动，自然风干。

按四分法取混匀的风干样品，研磨，过 2 mm（10 目）尼龙筛。取粗磨样品研磨，过 0.149 mm（100 目）尼龙筛，装入样品袋或聚乙烯样品瓶中。

3.4.3 水分的测定

土壤样品水分的测定按照 HJ 613 执行，沉积物样品含水率的测定按照 GB 17378.5 执行。

3.4.4 前处理方法

称取样品（3.4.2）0.2 ～ 0.5 g，精确至 0.000 1 g，置于 50 ml 比色管中，加入 10 ml 王水（1+1），加塞于水浴锅中煮沸 2 h，期间摇动 3 ～ 4 次。

取下冷却，用水定容至刻度，摇匀静置，取上清液经适当稀释后再进行测试。样品消解后应尽快测定。

3.4.5　空白试样的制备

用水代替试样，采用和试样制备相同的步骤和试剂，制备空白试样，即全程序空白样品。

3.5　分析步骤

3.5.1　原子荧光光度计的调试

原子荧光光度计开机预热，按照仪器使用说明书设定灯电流、负高压、载气流量、屏蔽气流量等工作参数，推荐参考条件见表 2-1-4。

表 2-1-4　仪器测试条件

元素	灯电流 /mA	负高压 /V	原子化温度	载气流量 / ml/min	屏蔽气流量 / ml/min	波长 /nm
汞	15～40	230～300	200	400	800～1 000	253.7
砷	40～80	230～300	200	300～400	400～800	193.7
锑	40～80	230～300	200	300～400	400～700	217.6
硒	40～80	230～300	200	300～400	400～700	196.0
铋	40～80	230～300	200	300～400	400～700	306.8

仪器条件优化原则：对于砷、硒、锑和铋元素，以 1.0 μg/L 的标准溶液，能产生 100 左右荧光强度为宜；对于汞元素，0.10 μg/L 的标准溶液，产生 100 左右荧光强度为宜。对于测定低浓度含量的砷、汞、硒、锑和铋，应适当调高仪器灵敏度，并采用低浓度标准曲线测量。

3.5.2　标准曲线

3.5.2.1　标准系列的制备

（1）砷、锑标准系列的制备

准确移取标准使用液（3.2.6）0.00 ml、0.50 ml、1.00 ml、2.50 ml、

5.00 ml、10.0 ml 于 50.0 ml 容量瓶中，加入 5 ml 盐酸（②），5 ml 硫脲 + 抗坏血酸混合溶液（⑦），用超纯水定容至标线，摇匀，其浓度为 0.00 μg/L、1.0 μg/L、2.0 μg/L、5.0 μg/L、10.0 μg/L 和 20.0 μg/L。砷、锑的标准系列现配现用。

（2）硒、铋标准系列的制备

准确移取标准使用液（⑥）0.00 ml、0.25 ml、0.50 ml、1.25 ml、2.50 ml、5.00 ml 于 50.0 ml 容量瓶中，加入 10 ml 王水（1+1），用超纯水定容至标线，摇匀，其浓度为 0.00 μg/L、0.50 μg/L、1.0 μg/L、2.0 μg/L、5.0 μg/L 和 10.0 μg/L。硒、铋的标准系列可以放置 1 个月。

（3）汞标准系列的制备

准确移取标准使用液（⑥）0.00 ml、0.10 ml、0.20 ml、0.50 ml、1.00 ml、2.00 ml 于 100.0 ml 容量瓶中，加入 20 ml 王水（1+1），用超纯水定容至标线，摇匀，其浓度为 0.00 μg/L、0.10 μg/L、0.20 μg/L、0.50 μg/L、1.00 μg/L 和 2.00 μg/L。汞的标准系列现配现用。

3.5.2.2 标准曲线的绘制

按照表 4 中的仪器参考条件，以硼氢化钾溶液（⑧或⑨）为还原剂、5% 盐酸为载流，由低浓度到高浓度顺次测定标准系列标准溶液的原子荧光强度。用扣除空白的标准系列的原子荧光强度为纵坐标，溶液中相对应的元素含量（μg/L）为横坐标，绘制标准曲线。

注：硼氢化钾溶液 A（⑧）适用于测定砷、硒、锑、铋的含量，硼氢化钾溶液 B（⑨）适用于测定汞的含量。

3.5.3　空白试样测定

按照 3.5.4 试样测定步骤进行空白试样（3.4.5）的测定。

3.5.4　试样测定

①汞、铋、硒：取王水（1+1）水浴消解后的上清液（3.4.4）直接上

机测定，如果超出曲线则取适量上清液，用20%王水（1+1）稀释后按照与绘制标准曲线相同仪器分析条件测定。

②砷、锑：移取一定量（如5.0 ml）水浴消解后的上清液（3.4.3）置于10.0 ml塑料刻度管中，加入1 ml盐酸（②）、1 ml硫脲+抗坏血酸混合溶液（⑦），用超纯水定容至标线，混匀。室温放置30 min；当室温低于15 ℃时，应置于30 ℃水浴中保温20 min。然后按照与绘制标准曲线相同仪器分析条件测定。

3.6 结果计算与表示

3.6.1 结果计算

土壤样品中待测金属的含量 w_1（mg/kg）按照式（2-1-1）计算：

$$w_1 = \frac{(\rho - \rho_0) \times V \times f}{m \times w_{dm}} \times 10^{-3} \qquad (2\text{-}1\text{-}1)$$

式中：w_1——土壤样品中金属元素的含量，mg/kg；

ρ——由标准曲线查得的试样中金属元素的质量浓度，μg/L；

ρ_0——实验室空白试样中对应金属元素的质量浓度，μg/L；

V——消解后试样的定容体积，ml；

f——试样的稀释倍数；

m——称取过筛后样品的质量，g；

w_{dm}——土壤样品干物质的含量，%。

沉积物样品中待测金属的含量 w_2（mg/kg）按照式（2-1-2）计算：

$$w_2 = \frac{(\rho - \rho_0) \times V \times f}{m \times (1 - w_{H_2O})} \times 10^{-3} \qquad (2\text{-}1\text{-}2)$$

式中：w_2——沉积物样品中金属元素的含量，mg/kg；

ρ——由标准曲线查得的试样中金属元素的质量浓度，μg/L；

ρ_0——实验室空白试样中对应金属元素的质量浓度，μg/L；

V——消解后试样的定容体积，ml；

f——试样的稀释倍数；

m——称取过筛后样品的质量，g；

w_{H_2O}——沉积物样品含水率，%。

3.6.2 结果表示

测定结果小数点后位数的保留与方法检出限一致，最多保留 3 位有效数字。

3.7 精密度和准确度

3.7.1 精密度测试数据

表 2-1-5　土壤和沉积物中砷的精密度测试数据　　单位：mg/kg

As	GSD-8a	GSD-5a	GSS-13	GSS-16	土壤样 1	土壤样 4
1	7.37	82.8	11.1	17.1	260	21.2
2	7.27	79.7	11.1	17.0	253	22.0
3	7.31	76.8	10.6	17.8	245	21.3
4	7.04	78.9	10.9	17.7	252	21.0
5	7.37	69.6	11.1	17.6	251	22.4
6	6.99	76.4	10.8	17.2	255	22.0
平均值	7.22	77.4	10.9	17.4	253	21.6
标准偏差	0.17	4.44	0.19	0.32	5.2	0.6
RSD/%	2.3	5.7	1.8	1.8	2.0	2.7

表 2-1-6　土壤和沉积物中汞的精密度测试数据　　单位：mg/kg

Hg	GSD-8a	GSD-5a	GSS-13	GSS-16	土壤样 1	土壤样 4
1	0.023	0.272	0.054	0.468	0.336	0.248
2	0.025	0.292	0.048	0.551	0.318	0.260

Hg	GSD-8a	GSD-5a	GSS-13	GSS-16	土壤样 1	土壤样 4
3	0.024	0.289	0.049	0.516	0.299	0.249
4	0.024	0.307	0.054	0.510	0.301	0.178
5	0.020	0.319	0.055	0.560	0.308	0.243
6	0.022	0.304	0.047	0.581	0.313	0.247
平均值	0.023	0.297	0.051	0.531	0.313	0.237
标准偏差	0.00	0.02	0.00	0.04	0.01	0.03
RSD/%	7.0	5.5	6.9	7.7	4.3	12.5

表 2-1-7   土壤和沉积物中硒的精密度测试数据   单位：mg/kg

Se	GSD-8a	GSD-5a	GSS-13	GSS-16
1	0.130	0.350	0.130	0.403
2	0.130	0.349	0.128	0.404
3	0.122	0.335	0.128	0.407
4	0.121	0.338	0.124	0.405
5	0.114	0.334	0.127	0.408
6	0.116	0.340	0.129	0.414
平均值	0.122	0.341	0.128	0.407
标准偏差	0.006 7	0.006 8	0.002 0	0.004 0
RSD/%	5.5	2.0	1.6	1.0

表 2-1-8   土壤和沉积物中锑的精密度测试数据   单位：mg/kg

Sb	GSD-8a	GSD-5a	GSS-13	GSS-16	土壤样 1	土壤样 4
1	0.345	8.20	0.733	1.73	12.9	3.02
2	0.307	8.05	0.836	1.87	16.2	3.48
3	0.337	8.04	0.786	1.79	15.1	3.37
4	0.300	8.05	0.860	1.82	14.2	3.13
5	0.344	10.0	0.872	1.77	16.8	3.48

Sb	GSD-8a	GSD-5a	GSS-13	GSS-16	土壤样 1	土壤样 4
6	0.351	9.62	0.760	1.56	16.0	3.35
平均值	0.331	8.66	0.808	1.76	15.2	3.31
标准偏差	0.02	0.90	0.06	0.11	1.4	0.2
RSD/%	6.5	10.4	7.0	6.1	9.5	5.8

表 2-1-9　土壤和沉积物中铋的精密度测试数据　　单位：mg/kg

Bi	GSD-8a	GSD-5a	GSS-13	GSS-16	土壤 1	土壤 2	沉积物 1	沉积物 2
1	0.183	3.10	0.286	1.55	4.13	41.8	81.7	364
2	0.184	3.05	0.293	1.54	3.91	39.8	75.8	383
3	0.181	3.08	0.286	1.54	3.89	40.1	79.6	385
4	0.183	3.04	0.293	1.55	3.77	41.0	80.4	355
5	0.211	3.37	0.292	1.55	3.80	39.1	75.9	377
6	0.185	3.08	0.329	1.52	3.80	39.4	80.1	361
平均值	0.188	3.12	0.296	1.54	3.88	40.2	78.9	371
标准偏差	0.01	0.13	0.02	0.01	0.13	1.02	2.48	12.5
RSD/%	6.2	4.0	5.5	0.8	3.4	2.5	3.1	3.4

从表 2-1-5 ～表 2-1-9 可以看出，采用水浴王水消解原子荧光光谱法测定土壤和沉积物中砷、汞、硒、锑和铋的相对标准偏差范围分别为 1.8% ～ 5.7%、3.9% ～ 12.5%、1.0% ～ 5.5%、5.8% ～ 10.4% 和 0.8% ～ 6.2%。

3.7.2　准确度测试数据

实验室内采用水浴 / 原子荧光法分别对 4 ～ 7 种土壤有证标准样品（GSD-8a、GSD-5a、GSS-13、GSS-16 或 GSS-4、GSS-5、GSS-9、GSS-1、GSS-3）进行准确度测定（平行 6 次）。测定结果见表 2-1-10 ～表 2-1-14。

表 2-1-10 土壤和沉积物中砷的准确度测试数据　　单位：mg/kg

As	GSD-8a	GSD-5a	GSS-13	GSS-16	GSS-4	GSS-5	GSS-9
1	7.37	82.8	11.1	17.1	54.9	415	7.21
2	7.27	79.7	11.1	17.0	56.2	430	7.83
3	7.31	76.8	10.6	17.8	53.6	411	7.51
4	7.04	78.9	10.9	17.7	55.0	415	7.75
5	7.37	69.6	11.1	17.6	54.2	413	7.68
6	6.99	76.4	10.8	17.2	54.6	412	7.78
平均值	7.22	77.4	10.9	17.4	54.7	416	7.62
标准值范围	7.3±0.5	74±4	10.6±0.8	18±2	58±6	412±16	8.4±1.3
标准值	7.3	74	10.6	18	58	412	8.40
相对误差 /%	−1.0	4.5	3.1	−3.3	−5.6	1.0	−9.2

表 2-1-11 土壤和沉积物中汞的准确度测试数据　　单位：mg/kg

Hg	GSD-8a	GSD-5a	GSS-13	GSS-16
1	0.023	0.272	0.054	0.468
2	0.025	0.292	0.048	0.551
3	0.024	0.289	0.049	0.516
4	0.024	0.307	0.054	0.510
5	0.020	0.319	0.055	0.560
6	0.022	0.304	0.047	0.581
平均值	0.023	0.297	0.051	0.531
标准值范围	0.024±0.005	0.29±0.03	0.052±0.006	0.46±0.05
标准值	0.024	0.290	0.052	0.460
相对误差 /%	−3.9	2.5	−1.5	−15.4

表 2-1-12　土壤和沉积物中硒的准确度测试数据　　单位：mg/kg

Se	GSD-8a	GSD-5a	GSS-13	GSS-16
1	0.130	0.350	0.130	0.403
2	0.130	0.349	0.128	0.404
3	0.122	0.335	0.128	0.407
4	0.121	0.338	0.124	0.405
5	0.114	0.334	0.127	0.408
6	0.116	0.340	0.129	0.414
平均值	0.122	0.341	0.128	0.407
标准值范围	0.14±0.02	0.37±0.04	0.16±0.02	0.51±0.05
标准值	0.14	0.37	0.16	0.51
相对误差 /%	-12.9	-7.8	-20.2	-20.2

表 2-1-13　土壤和沉积物中锑的准确度测试数据　　单位：mg/kg

Sb	GSD-8a	GSD-5a	GSS-13	GSS-16
1	0.345	8.20	0.733	1.73
2	0.307	8.05	0.836	1.87
3	0.337	8.04	0.786	1.79
4	0.300	8.05	0.860	1.82
5	0.344	10.0	0.872	1.77
6	0.351	9.62	0.760	1.56
平均值	0.331	8.66	0.808	1.76
标准值范围	0.38±0.05	8.9±0.7	0.86±0.06	1.7±0.2
标准值	0.38	8.9	0.86	1.7
相对误差 /%	-13.0	-2.7	-6.1	3.4

表 2-1-14 土壤和沉积物中铋的准确度测试数据　　　单位：mg/kg

Bi	GSD-8a	GSD-5a	GSS-13	GSS-16	GSS-1	GSS-3	GSS-5
1	0.183	3.10	0.286	1.55	1.20	0.19	41.8
2	0.184	3.05	0.293	1.54	1.10	0.17	39.8
3	0.181	3.08	0.286	1.54	1.12	0.19	40.1
4	0.183	3.04	0.293	1.55	1.20	0.14	41.0
5	0.211	3.37	0.292	1.55	1.12	0.15	39.1
6	0.185	3.08	0.329	1.52	1.12	0.16	39.4
平均值	0.188	3.12	0.296	1.54	1.14	0.17	40.2
标准值范围	0.18±0.02	3.0±0.2	0.29±0.02	1.44±0.11	1.2±0.1	0.17±0.03	41±4
标准值	0.18	3.0	0.29	1.44	1.2	0.17	41
相对误差/%	4.3	3.9	2.2	7.0	−4.7	−2.0	−2.0

从表 2-1-10 ～表 2-1-14 可以看出，采用水浴王水消解原子荧光光谱法测定土壤和沉积物中砷、汞、硒、锑和铋的相对误差范围分别为 −9.2% ～ 4.5%、−3.9% ～ 15.4%、−20.2% ～ −7.8%、−13.0% ～ 3.4% 和 −4.7% ～ 7.0%。用本方法测定 4 ～ 7 种土壤 / 沉积物标准样品中砷、锑和铋的测定值都在标准值范围之内；测定土壤 / 沉积物标准样品中汞的测定值大部分都在标准值范围之内；而本法用于测定 GSD-5a、GSD-8a、GSS-13 和 GSS-16 中硒，只有 GSD-5a 和 GSD-8a 的测定值在标准值范围之内，其余标准样品的测定值都存在结果偏低的现象。查文献及相关标准获悉，硒（Ⅵ）完全不与硼氢化钾反应，故测总 Se 时应将消解好的样品用 10% ～ 20% 盐酸或硫脲 - 抗坏血酸将 Se（Ⅵ）还原成 Se（Ⅳ）。于是设计以下 5 种方案进行比较：方案①：采用本方法 [王水（1+1）水浴]，称取 100 目土壤样品干重 0.5 g，精确至 0.000 1 g，置于 50 ml 比色管中，加入 10 ml 王水（1+1），加塞于水浴锅中煮沸 2 h，期间摇动 3 ～ 4 次。取

下冷却，用水定容至刻度，摇匀静置，取上清液直接测定；方案②：采用①的消解方法，在水浴煮沸 2 h 后，取下冷却，然后加入 5 ml 盐酸，再用水定容至刻度，摇匀静置，取上清液直接测定；方案③：采用①的消解方法，在水浴煮沸 2 h 后，取下冷却，先用水定容至刻度，摇匀静置，取一定量的上清液加入 1 ml 硫脲 - 抗坏血酸溶液，定容至 10 ml 再上机测定；方案④：采用①的消解方法，在水浴煮沸 2 h 后，取下冷却，先用水定容至刻度，摇匀静置，取一定量的上清液加入 1 ml 盐酸，定容至 10 ml 再上机测定；方案⑤：王水水浴：取 100 目土壤样品干重 0.5 g，精确至 0.000 1 g，置于 50 ml 比色管中，加入 8 ml 王水，加塞于水浴锅中煮沸 2 h，期间摇动 3 ～ 4 次。取下冷却，用水定容至刻度，摇匀静置，取上清液直接测定。测定结果见表 2-1-15。

表 2-1-15　不同测定方案测定土壤和沉积物中硒的影响　　单位 mg/kg

项目	方案①				方案②	方案③		
	GSD-8a	GSD-5a	GSS-13	GSS-16	GSD-5a	GSD-8a	GSS-13	GSS-16
1	0.107	0.351	0.135	0.413	0.341	0.043 5	0.051 4	0.119
2	0.109	0.336	0.130	0.419	0.339	0.040 8	0.049 0	0.130
3	0.103	0.340	0.124	0.406	0.336	0.041 7	0.047 8	0.128
4	0.102	0.341	0.129	0.410	0.343	0.042 9	0.048 7	0.076 3
5	0.105	0.339	0.127	0.421	0.341	0.043 1	0.031 1	0.099 3
6	0.099	0.336	0.124	0.421	0.338	0.040 5	0.042 3	0.096 6
平均值	0.104	0.340	0.128	0.415	0.340	0.042	0.045	0.108
标准值	0.14	0.37	0.16	0.51	0.37	0.14	0.16	0.51
相对误差 /%	−25.6	−8.0	−20.0	−18.6	−8.2	−70.0	−71.8	−78.8
标准偏差	0.003 6	0.005 4	0.004 4	0.006 2	0.002 7	0.001 3	0.007 5	0.021 1
RSD/%	3.5	1.6	3.4	1.5	0.8	3.0	16.6	19.5

项目	方案④				方案⑤			
	GSD-8a	GSD-5a	GSS-13	GSS-16	GSD-8a	GSD-5a	GSS-13	GSS-16
1	0.082	0.323	0.117	0.395	0.106	0.351	0.128	0.418
2	0.089	0.320	0.113	0.399	0.103	0.347	0.130	0.423
3	0.086	0.321	0.112	0.393	0.104	0.350	0.133	0.431
4	0.083	0.327	0.113	0.386	0.104	0.351	0.131	0.424
5	0.092	0.321	0.114	0.389	0.106	0.356	0.130	0.417
6	0.085	0.325	0.117	0.392	0.105	0.349	0.129	0.422
平均值	0.086	0.32	0.114	0.392	0.105	0.351	0.130	0.422
标准值	0.14	0.37	0.16	0.51	0.14	0.37	0.16	0.51
相对误差 /%	−38.4	−12.8	−28.6	−23.1	−25.1	−5.2	−18.6	−17.2
标准偏差	0.00	0.00	0.00	0.00	0.001 1	0.003 0	0.001 7	0.005 0
RSD/%	4.2	0.9	2.1	1.2	1.0	0.8	1.3	1.2

从表 2-1-15 可以看出，在消解液中加盐酸或直接用王水消解等处理方案，其测定结果均没有明显区别（方案③除外，其结果偏低很多），这说明本方法消解的用的盐酸量已经能够将 Se（Ⅵ）还原成 Se（Ⅳ）。另外改变仪器条件对测定结果的影响不大；不同时间段对这四种标准样品进行消解（不少于 3 次），得到的结果相近。于是考虑采用本方法进行加标回收率测定，在消解前加入 1 倍左右的硒标液，GSD-8a、GSS-13 和 GSS-16 的加标回收率分别为 73.1%、79.4% 和 89.5%，能够满足测定要求。

采用本方法用于测定其他 5 种土壤或沉积物标准样品（各取 2 ～ 3 个不同重量，例如 0.25 g、0.50 g、0.10 g 左右），硒的测定值都在标准值范围之内，见表 2-1-16。

表 2-1-16　王水（1+1）水浴消解法测定其他土壤和沉积物中硒

单位：mg/kg

项目	GSS-4	GSS-5	GSS-9	GSD-7a	GSD-2
1	0.607	1.66	0.140	0.258	0.155
2	0.582	1.61	0.134	0.268	0.156
3	0.652	—	—	—	—
平均值	0.614	1.63	0.137	0.263	0.155
标准值	0.64	1.6	0.15	0.26	0.20
标准值范围	0.64±0.14	1.6±0.2	0.15±0.03	0.26	0.20±0.05
相对误差 /%	6.6	6.3	−10.0	−0.1	−12.5

3.8　方法检出限和测定下限

按照样品分析步骤和仪器测定条件对全程序空白样品进行测定（平行 7 次）。上机测定结果见表 2-1-17。按照《环境监测分析方法方法研究技术导则》（HJ 168—2010）的相关规定，根据 7 次测定结果的标准偏差 S 计算方法检出限，并以 4 倍的检出限作为方法的测定下限。

表 2-1-17　各元素检出限及检出下限

项目	As	Hg	Se	Sb	Bi
1	0.127	0.107	0.192	0.163	0.246
2	0.109	0.102	0.156	0.157	0.247
3	0.126	0.097	0.162	0.158	0.229
4	0.113	0.099	0.195	0.126	0.256
5	0.063	0.077	0.167	0.122	0.231
6	0.091	0.157	0.221	0.131	0.244
7	0.064	0.091	0.201	0.141	0.29
平均值 / （µg/L）	0.099	0.104	0.185	0.143	0.249

项目	As	Hg	Se	Sb	Bi
标准偏差	0.027	0.025	0.024	0.017	0.020
检出限 / (μg/L)	0.085	0.079	0.075	0.053	0.064
检出限 / (mg/kg)	0.008	0.008	0.007	0.005	0.006
测定下限 / (mg/kg)	0.032	0.032	0.028	0.020	0.024

注：当样品称样量为 0.500 0 g，定容至 50.0 ml 时。

计算 n（$n=7$）次平行测定的标准偏差，按式（2-1-3）计算方法检出限。

$$MDL = t_{(n-1,0.95)} \times S \qquad (2\text{-}1\text{-}3)$$

式中：MDL——方法检出限；

　　　n——样品的平行测定次数；

　　　t——自由度为 n-1，置信度为 95% 时 t 分布，t 值取 3.14；

　　　S——n 次平行测定的标准偏差。

3.9 质量保证和质量控制

3.9.1 空白实验

每批样品至少要加 2 个全程序空白。

3.9.2 标准曲线

由于仪器状态、环境温度、湿度、试剂纯度和贮存时间等因素的不稳定性，每次测定应绘制标准曲线，其线性相关系数应大于 0.999 0。每分析 20 个样品，应分析一次标准曲线中间浓度点，其测定结果与实际浓度值相对偏差应 ≤ 10%，否则应查找原因或重新建立标准曲线。每批样品分析完毕后，应进行一次曲线最低点的分析，其测定结果与实际浓度值相对偏差应 ≤ 20%。

3.9.3 精密度

采用水浴王水消解原子荧光光谱法测定土壤和沉积物中砷、汞、硒、锑和铋的相对标准偏差范围分别为 1.8%～5.7%、3.9%～12.5%、1.0%～5.5%、5.8%～10.4% 和 0.8%～6.2%。最大相对标准偏差为 12.5%，对应的 6 个数据中最大值（0.260）和最小值（0.178）的相对偏差为 18.7%，于是规定每 20 个样品或每批样品（少于 20 个 / 批）测定 1 个平行样，平行样测定结果的相对偏差应≤ 20%。

3.9.4　准确度

采用水浴王水消解原子荧光光谱法测定土壤和沉积物中砷、汞、硒、锑和铋的相对误差范围分别为 -9.2%～4.5%、-3.9%～15.4%、-20.2%～7.8%、-13.0%～3.4% 和 -4.7%～7.0%。最大相对误差绝对值为 20.2%，于是规定每 20 个样品或每批样品（少于 20 个 / 批）插入 1 个土壤或沉积物标准样品，测定结果与标准样品标准值的相对误差绝对值应≤ 25%。

参考文献

[1] 何孟尝，万红艳 . 环境中锑的分布、存在形态及毒性和生物有效性 . 化学进展，2004，16（1）：131-135.

[2] 建设用地土壤污染风险筛选值和管制值 [S]. GB 36600—2018.

[3] 土壤环境质量　农用地土壤污染风险管控标准（试行）[S]. GB 15618—2018.

[4] 土壤和沉积物　汞、砷、硒、铋、锑的测定　微波消解 / 原子荧光法 [S].HJ 608—2013.

[5] 污泥、处理的生物废物和土壤　汞的测定　第 2 部分：冷蒸气原子荧光光谱法（CV-AFS）[S]. CEN/TS 16175-2—2013.

[6] 土质　汞的测定　冷蒸汽原子荧光光谱法（CV-AFS）[S]. ISO/TS 16727—2013.

[7] 土质　用水蒸气原子光谱法或冷蒸气原子荧光光谱法测定　王水土壤萃取物中的汞 [S]. ISO 16772—2004.

[8] 土壤质量　总汞、总砷、总铅的测定　原子荧光法　第 1 部分：土壤中总汞的测定 [S]. GB/T 22105.1—2008.

[9] 土壤质量　总汞、总砷、总铅的测定　原子荧光法　第 2 部分：土壤中总砷的测定 [S]. GB/T 22105.2—2008.

[10] 固体废物　汞、砷、硒、铋、锑的测定　微波消解 / 原子荧光法 [S]. HJ 702—2014.

[11] 土壤检测　第 11 部分：土壤总砷的测定 [S]. NY/T 1121.11—2006.

[12] 土壤检测　第 10 部分：土壤总汞的测定标准 [S]. NY/T 1121.10—2006.

[13] 壤中全硒的测定 [S]. NY/T 1104—2006.

[14] 汪文波, 侯江颖. 土壤样中砷、锑、铋和汞的快速测定. 中国高新科技企业, 2010, 159（24）：45.

[15] 刘桂玲, 郭晓红. 原子荧光法快速连续测定土壤样品中的砷锑铋汞硒. 成果与方法, 2004, 20（2）：55-57.

[16] 郑锋. 原子荧光光谱法测定土壤中的硒. 光谱实验室, 2007, 24（4）：702-704.

[17] 林海兰, 黎智煌, 朱日龙, 等. 原子荧光光谱法测定土壤和沉积物中铋. 光谱学与光谱分析, 2016, 36（04）：1217-1220.

土壤和沉积物 汞、砷、硒、锑、铋的测定 水浴／原子荧光分光光度法

1 适用范围

本方法规定了测定土壤和沉积物中金属元素的水浴／原子荧光分光光度法。

本方法适用于土壤和沉积物中的砷（As）、汞（Hg）、硒（Se）、锑（Sb）、铋（Bi）5 种金属元素的测定。

当称样量为 0.5 g 时，5 种金属元素的方法检出限为 0.005 ～ 0.008 mg/kg，测定下限为 0.020 ～ 0.032 mg/kg。各元素的方法检出限和测定下限详见附录 A。

2 规范性引用文件

本方法引用了下列文件或其中的条款。凡是不注明日期的引用文件，其有效版本适用于本方法。

GB 17378.3 海洋监测规范 第 3 部分：样品采集、贮存与运输

GB 17378.5 海洋监测规范 第 5 部分：沉积物分析

HJ 494 水质 采样技术指导

HJ/T 166 土壤环境监测技术规范

HJ 613 土壤 干物质和水分的测定

GB/T 21191 原子荧光光谱仪

3 方法原理

土壤和沉积物样品经王水沸水浴消解，在盐酸介质中将硒（Ⅵ）还原

警告：配制砷和汞等剧毒物质的标准溶液时，应避免与皮肤直接接触。实验中使用的硝酸具有腐蚀性和强氧化性，盐酸具有强挥发性和腐蚀性，操作时应按规定要求佩戴防护用品，相关实验过程须在通风橱中进行操作，避免酸雾吸入呼吸道和接触皮肤或衣物。

为硒（IV），加入硫脲＋抗坏血酸混合溶液将砷（V）还原为砷（III）、锑（V）还原为锑（III）。在氢化物发生器中，以盐酸溶液为载流，用硼氢化钾溶液作为还原剂，砷、硒、锑和铋分别还原生成砷化氢、硒化氢、锑化氢和铋化氢气体；汞被还原成原子态，由载气带入石英原子化器中，并在氩氢火焰中原子化。基态原子受元素灯（汞、砷、硒、铋、锑）的发射光激发产生原子荧光，通过原子荧光光度计测量其原子荧光的相对强度。在一定元素含量范围内，原子荧光强度与试样中元素含量呈线性关系。

4 干扰和消除

4.1 酸性介质中能与硼氢化钾反应生成氢化物的元素会相互影响产生干扰，加入硫脲和抗坏血酸基本可以消除干扰。

4.2 物理干扰消除。选用双层结构石英管原子化器，内外两层均通氩气，外面形成保护层隔绝空气，使待测元素的基态原子不与空气中的氧和氮碰撞，降低荧光猝灭对测定的影响。

5 试剂和材料

除非另有说明，分析时均使用符合国家标准的分析纯试剂，实验用水为新制备的去离子水或同等纯度的水。

5.1 硝酸：ρ（HNO_3）=1.42 g/ml，优级纯。

5.2 盐酸：ρ（HCl）=1.19 g/ml，优级纯。

5.3 王水（1+1）。

量取 3 体积盐酸（5.2）和 1 体积硝酸（5.1）混合后，加入 4 体积水，摇匀。

5.4 砷、汞、硒、锑、铋标准贮备液：ρ=100 mg/L。

使用市售的标准溶液；或分别准确称取 1.000 0 g 金属砷、汞、硒、锑、铋，用 30 ml 硝酸（1+1）加热溶解，冷却，用水定容至 1 L。

5.5 砷、汞、硒、锑、铋标准中间液：ρ=1.0 mg/L。

准确吸取 1.00 ml 砷、汞、硒、锑、铋标准贮备液（5.4）于 100 ml 容量瓶中，加入 3 ml 盐酸（5.2），用水定容至标线，摇匀。

5.6 砷、汞、硒、铋、锑标准使用液：ρ=100.0 μg/L

准确吸取 10.0 ml 砷、汞、硒、铋、锑标准中间液（5.5）于 100 ml 容量瓶中，加入 3 ml 盐酸（5.2），用水定容至标线，摇匀。

5.7 硫脲 + 抗坏血酸溶液

称取硫脲 10 g、抗坏血酸 5 g，用 100 ml 水溶解，混匀，使用当天配制。

5.8 硼氢化钾溶液 A

称取 2.5 g 氢氧化钠（或氢氧化钾）放入盛有 500 ml 水的烧杯中，玻璃棒搅拌待完全溶解后再加入称好的 5.0 g 硼氢化钾，搅拌溶解，现配现用。

5.9 硼氢化钾溶液 B

称取 0.25 g 氢氧化钠（或氢氧化钾）放入盛有 500 ml 水的烧杯中，玻璃棒搅拌待完全溶解后再加入称好的 0.5 g 硼氢化钾，搅拌溶解，现配现用。

6 仪器和设备

6.1 原子荧光光度计：仪器性能指标应符合 GB/T 21191 的规定。

6.2 氩气：纯度 >99.99%

6.3 元素灯（汞、砷、硒、锑、铋）。

6.4 恒温水浴锅（可控温）。

6.5 尼龙筛：10 目和 100 目。

6.6 其他实验室常用仪器和设备。

7 样品制备

7.1 采集与保存

按照 HJ/T 166 的相关规定进行土壤样品的采集和保存；按照

GB 17378.3 的相关规定进行海洋沉积物样品的采集；按照 HJ 494 的相关规定进行水体沉积物样品的采集。采集后的样品保存于洁净的玻璃容器中，4℃以下保存，汞可保存 28 d，砷、硒、锑和铋可以保存 180 d。

7.2 样品制备

将样品置于风干盘中，平摊成 2 ～ 3 cm 厚的薄层，先剔除异物，适时压碎和翻动，自然风干。

按四分法取混匀的风干样品，研磨，过 2 mm（10 目）尼龙筛。取粗磨样品研磨，过 0.149 mm（100 目）尼龙筛，装入样品袋或聚乙烯样品瓶中。

7.3 水分测定

土壤样品水分的测定按照 HJ 613 执行，沉积物样品含水率的测定按照 GB 7378.5 执行。

7.4 前处理方法

称取样品（7.2）0.2 ～ 0.5 g（精确至 0.000 1 g），置于 50 ml 比色管中，加入 10 ml 王水（1+1），加塞于水浴锅中煮沸 2 h，期间摇动 3 ～ 4 次。取下冷却，用水定容至刻度，摇匀静置，取上清液经适当稀释后再进行测试。样品消解后应尽快测定。

7.5 空白试样

用水代替试样，采用与实际样品制备相同的步骤和试剂，制备空白试样。

8 分析步骤

8.1 仪器操作参考条件

原子荧光光度计开机预热，按照仪器使用说明书设定灯电流、负高压、载气流量、屏蔽气流量等工作参数，推荐参考条件见表 1。

表 1　仪器测试条件

元素	灯电流 /mA	负高压 /V	原子化温度 /℃	载气流量 /（ml/min）	屏蔽气流量 /（ml/min）	波长 /nm
汞	15 ～ 40	230 ～ 300	200	400	800 ～ 1000	253.7
砷	40 ～ 80	230 ～ 300	200	300 ～ 400	400 ～ 800	193.7
锑	40 ～ 80	230 ～ 300	200	300 ～ 400	400 ～ 700	217.6
硒	40 ～ 80	230 ～ 300	200	300 ～ 400	400 ～ 700	196.0
铋	40 ～ 80	230 ～ 300	200	300 ～ 400	400 ～ 700	306.8

8.2　标准曲线的建立

8.2.1　标准系列的制备

8.2.1.1　砷、锑标准系列的制备

准确移取标准使用液（5.6）0.00 ml、0.50 ml、1.00 ml、2.50 ml、5.00 ml、10.0 ml 于 50.0 ml 容量瓶中，加入 5 ml 盐酸，5 ml 硫脲 + 抗坏血酸混合溶液，用超纯水定容至标线，摇匀，其浓度为 0.00 μg/L、1.0μg/L、2.0μg/L、5.0μg/L、10.0μg/L 和 20.0 μg/L。砷、锑的标准系列现配现用。

8.2.1.2　硒、铋标准系列的制备

准确移取标准使用液（5.6）0.00 ml、0.25 ml、0.50 ml、1.25 ml、2.50 ml、5.00 ml 于 50.0 ml 容量瓶中，加入 10 ml 王水（1+1），用超纯水定容至标线，摇匀，其浓度为 0.00 μg/L、0.50 μg/L、1.0 μg/L、2.0 μg/L、5.0 μg/L 和 10.0 μg/L。硒、铋的标准系列可以放置 1 个月。

8.2.1.3　汞标准系列的制备

准确移取标准使用液（5.6）0.00 ml、0.10 ml、0.20 ml、0.50 ml、1.00 ml、2.00 ml 于 100.0 ml 容量瓶中，加入 20 ml 王水（1+1），用超纯水定容至标线，摇匀，其浓度为 0.00 μg/L、0.10 μg/L、0.20 μg/L、0.50 μg/L、1.00 μg/L 和 2.00 μg/L。汞的标准系列现配现用。

8.2.2 标准曲线的绘制

按照表 1 中的仪器参考条件，以硼氢化钾溶液（5.8 或 5.9）为还原剂、5% 盐酸为载流，由低浓度到高浓度顺次测定标准系列标准溶液的原子荧光强度。用扣除空白的标准系列的原子荧光强度为纵坐标，溶液中相对应的元素含量（μg/L）为横坐标，绘制标准曲线。

注：硼氢化钾溶液 A（5.8）适用于测定砷、硒、锑、铋的含量，硼氢化钾溶液 B（5.9）适用于测定汞的含量。

8.3 空白样品测定

按照与试样测定（8.4）相同的步骤进行空白试样（7.5）的测定。

8.4 试样测定

8.4.1 汞、铋、硒：取王水（1+1）水浴消解后的上清液（7.4）直接上机测定，如果超出曲线则取适量上清液，用 20% 王水（1+1）稀释后按照与绘制标准曲线相同仪器分析条件测定。

8.4.2 砷、锑：移取一定量（如 5.0 ml）水浴消解后的上清液（7.4）置于 10.0 ml 塑料刻度管中，加入 1 ml 盐酸（5.2）、1 ml 硫脲 + 抗坏血酸混合溶液（5.7），用超纯水定容至标线，混匀。室温放置 30 min；当室温低于 15 ℃时，应置于 30 ℃水浴中保温 20 min。然后按照与绘制标准曲线相同仪器分析条件测定。

9 结果计算与表示

9.1 结果计算

土壤样品中待测金属的含量 w_1（mg/kg）按照式（1）计算：

$$w_1 = \frac{(\rho - \rho_0) \times V \times f}{m \times w_{dm}} \times 10^{-3} \qquad (1)$$

式中：w_1——土壤样品中金属元素的含量，mg/kg；

ρ——由标准曲线查得的试样中金属元素的质量浓度，μg/L；

ρ_0——实验室空白试样中对应金属元素的质量浓度，μg/L；

V——消解后试样的定容体积，ml；

f——试样的稀释倍数；

m——称取过筛后样品的质量，g；

w_{dm}——土壤样品干物质的含量，%。

沉积物样品中待测金属的含量 w_2（mg/kg）按照式（2）计算：

$$w_2 = \frac{(\rho - \rho_0) \times V \times f}{m \times (1 - w_{H_2O})} \times 10^{-3} \tag{2}$$

式中：w_2——沉积物样品中金属元素的含量，mg/kg；

ρ——由标准曲线查得的试样中金属元素的质量浓度，μg/L；

ρ_0——实验室空白试样中对应金属元素的质量浓度，μg/L；

V——消解后试样的定容体积，ml；

f——试样的稀释倍数；

m——称取过筛后样品的质量，g；

w_{H_2O}——沉积物样品含水率，%。

9.2　结果表示

测定结果小数位数与方法检出限保持一致，最多保留 3 位有效数字。

10　精密度和准确度

10.1　精密度

实验室内采用水浴／原子荧光法分别对 4 种土壤和沉积物有证标准样品（GSD-8a、GSD-5a、GSS-13、GSS-16）和 2～4 种实际土壤和沉积物样品进行精密度测定（平行 6 次），实验结果表明：

采用水浴王水消解原子荧光光谱法测定土壤和沉积物中砷、汞、硒、锑和铋的相对标准偏差范围分别为 1.8%～5.7%、3.9%～12.5%、1.0%～5.5%、5.8%～10.4% 和 0.8%～6.2%。

10.2 准确度

实验室内采用水浴 / 原子荧光法分别对 4 ～ 7 种土壤和沉积物有证标准样品（GSD-8a、GSD-5a、GSS-13、GSS-16 或 GSS-4、GSS-5、GSS-9、GSS-1、GSS-3）进行准确度测定（平行 6 次），实验结果表明：

采用水浴王水消解原子荧光光谱法测定土壤和沉积物中砷、汞、硒、锑和铋的相对误差范围分别为 −9.2% ～ 4.5%、−3.9% ～ 15.4%、−20.2% ～ −7.8%、−13.0% ～ 3.4% 和 −4.7% ～ 7.0%。

11 质量保证和质量控制

11.1 空白实验

每批样品至少应分析 2 个空白试样。空白值应符合下列的情况之一才能被认为是可接受的：①空白值应低于方法检出限；②低于标准限值的10%；③低于每一批样品最低测定值的10%。

11.2 标准曲线

每次分析应建立标准曲线，曲线的相关系数应大于 0.999。每分析 20 个样品，应分析一次标准曲线中间浓度点，其测定结果与实际浓度值相对偏差应≤ 10%，否则应查找原因或重新建立标准曲线。每批样品分析完毕后，应进行一次曲线最低点的分析，其测定结果与实际浓度值相对偏差应≤ 20%。

11.3 精密度

每 20 个样品或每批样品（少于 20 个 / 批）测定 1 个平行样，平行样测定结果的相对偏差应≤ 20%。

11.4 准确度

每 20 个样品或每批样品（少于 20 个 / 批）插入 1 个土壤或沉积物标准样品，测定结果与标准样品标准值的相对误差绝对值应≤ 25%。

12　废物处理

实验过程中产生的废液和废物，应置于密闭容器中分类保管，委托有资质的单位进行处理。

13　注意事项

13.1　在盐酸、硝酸等酸中常含有杂质（砷、汞等），因此实验中必须采用较高纯度的酸。在实验之前必须认真挑选，可将待使用的酸按标准空白的酸度在仪器上进行测试，选用荧光强度较低的酸。如果空白值过高，将影响工作曲线的线性、方法的检出限和测量的准确度。一批样品中，配制标准溶液和样品消解应使用同一瓶试剂。

13.2　分析过程中，样品酸度、标准曲线酸度及全程序空白酸度应保持一致。

13.3　实验所有器皿都需要用10%硝酸浸泡24 h后使用，用去离子水洗净后方可使用。对于汞分析，消解用比色管可以先采用王水水浴煮1 h后，分别用纯水、超纯水清洗，自然晾干后直接使用，可有效消除汞的残留。

13.4　当向比色管中加入酸溶液时，应观察比色管内的反应情况，若有剧烈的化学反应，待反应结束后再将比色管塞子塞住。

土壤和沉积物 4种形态砷的测定
液相色谱–原子荧光法

1 方法研究的必要性分析

1.1 4种形态砷的理化性质和环境危害

1.1.1 4种形态砷的基本理化性质

砷，俗称砒霜，是一种类金属元素，在化学元素周期表中位于第4周期、第ⅤA族，原子序数33，元素符号As，单质以灰砷、黑砷和黄砷这3种同素异形体的形式存在，具有金属性。原子量74.92，熔点814℃，615℃时升华。不溶于水，溶于硝酸和王水。在潮湿空气中易被氧化。

元素砷的毒性很低，但砷的化合物均有毒，砒霜（As_2O_3）就是一种三价砷化合物，进入人体的砷被吸收后，会破坏细胞的氧化还原能力，影响细胞正常代谢，引起组织损害和机体障碍，严重情况下可引起中毒死亡。常见的砷的化合物有：砷酸（+3价）、亚砷酸（+5价）、一甲基砷酸（MMA）、二甲基砷酸（DMA）、砷甜菜碱和砷胆碱，此外还有砷糖、砷脂类化合物等。其中，无机砷的毒性大于有机砷，砷与有机基团结合越多，毒性越小。如果将砷作用于人体局部，最初有刺激症状，久之出现组织坏死。砷对黏膜具有刺激作用，可直接损害毛细血管。正常人服入三氧化二砷 $0.01 \sim 0.05$ g，即出现中毒症状；服入 $0.06 \sim 0.2$ g，即可致死；在含砷化氢为 1 mg/L 的空气中，呼吸 $5 \sim 10$ min，可导致致命性中毒。无机砷甲基化是机体内砷降解的主要途径。

常见的 4 种形态砷理化性质见表 2-2-1。

表 2-2-1　常见 4 种形态砷理化性质一览表

序号	名称	结构式	理化性质
1	砷酸盐 [As（V）]	$HO-\overset{\overset{O}{\|\|}}{\underset{\underset{OH}{\|}}{As}}-OH$	无色至白色透明斜方晶系细小板状结晶，具有潮解性，剧毒；能溶于水和碱，溶于乙醇和甘油等有机溶剂；加热风化并分解；熔点，35.5 ℃，沸点，160 ℃（脱水）；砷酸为三元弱酸，具有一定的氧化性
2	亚砷酸盐 [As（III）]	$HO-\overset{\overset{As}{}}{\underset{\underset{OH}{\|}}{}}-OH$	为无色澄明液体，味微咸；具有很微弱的酸性，为三元弱酸
3	一甲基砷酸 [MMA（V）]	$^{-}O-\overset{\|}{\underset{\|\|}{As}}-OH$	密度，1.50，熔点，113～116 ℃；水溶性 ≥ 10 g/100 ml（22 ℃）
4	二甲基砷酸 [DMA（V）]	$\overset{O}{\diagdown}As\diagup^{OH}$	密度，1.50，熔点，113～116 ℃；水溶性 ≥ 10 g/100 ml（22 ℃）

1.1.2　4 种形态砷的环境危害

砷是目前科学界公认的、最普遍、危害性最大的致癌物质之一。1968 年，世界卫生组织颁布的环境污染报告中，砷污染排在首位。一般而言，微量的砷，不会对人体构成危害。但是如果砷的摄入量超过排泄量，砷就会在人体内蓄积，从而引起慢性砷中毒。砷以多种形式逸散到周围的环境中，对水体、大气、土壤等造成污染，严重影响人类的身体健康和正常生活。

砷在土壤中的存在形态决定着砷对作物的有效性和毒性。土壤中砷以无机态为主，包括 As（III）和 As（V），而无机态砷又以 As（V）为主，但在淹水的还原条件下，砷以毒性较强的 As（III）形态存在，作物受害最严重。有机砷包括一甲基砷和二甲基砷，占土壤总砷的比例极低。天然存在含高浓度砷的土壤很少，一般每千克土壤中含砷约为 6 mg。被污染土壤中的砷主要来自含砷农药的施用，矿山、工厂含砷废水的排放以及燃煤、冶炼排出的含砷飘尘的降落。现代砷矿的开采和熔炼，工业排放的含砷废水和废弃物，含砷农用化学品如杀虫剂、除草剂等使用导致了土壤污染，砷污染已成为危害严重的环境问题之一。砷可以在土壤中积累并由此进入农作物的组织之中，砷对农作物产生毒害作用的最低浓度为 3 mg/L。水稻因生长在淹水厌氧环境中而更容易吸收、富集砷，其颗粒对砷的累积导致大米成为人们主要的砷摄入途径。饮用水、食物中的农药兽药残留以及海产品、中药材、燃烧高砷煤等成为砷污染的主要来源。

在盐碱土中，钠和卤素丰富，砷污染物可能形成卤化物，如三氟化砷、三氯化砷，它们易水解形成亚砷酸，进而被氧化为砷酸，形成易溶于水的砷酸盐、亚砷酸盐。所以，盐碱土中的砷易溶解迁移，极具危害性。

1.2 相关环保标准和环保工作的需要

1.2.1 质量、排放及控制标准对形态砷的监测要求

美国国家环境保护局 1996 年颁布的旨在保护人体健康和生态受体安全的《通用土壤筛选导则》中规定了砷的基于地下水保护的土壤筛选限值为 1.0 mg/kg。《生态土壤筛选值》中规定了植物中的标准限值为 18 mg/kg，野生动物中的鸟类标准限值为 43 mg/kg，哺乳动物的标准限值为 46 mg/kg。《人体健康土壤筛选值》中居住区基于地下水保护的土壤筛选限值为 1.0 mg/kg；商业区／工业区基于地下水保护的土壤筛选限值为 1.0 mg/kg。日本环保局 1991 年颁布防治土壤污染的《土壤环境质量标准》，从保护土壤净化水质和涵养地下水功能角度规定了土壤溶出砷标准限值为 0.01 mg/L，

农用地土壤砷标准限值为 15 mg/kg。加拿大 2007 年颁布的人体健康和环境保护的《土壤环境质量指导值》规定，农用地 / 居住区和公园 / 商业区 / 工业区土壤砷质量标准限值均为 12 mg/kg。

美国国家环境保护局 2004 年制定的《饮用水水质标准》中规定饮用水中砷含量应低于 0.05 mg/L。水中普遍含有低浓度的砷类化合物，美国的研究表明，当饮用水中砷的浓度超过 0.05 mg/L，人发中积累的砷就会增加。日本 2015 年最新颁布的《饮用水水质基准》规定饮用水中砷的浓度限值为 0.01 mg/L。欧盟制定的《欧盟饮用水水质指令》规定饮用水中砷的浓度限值为 0.01 mg/L。世界卫生组织（World Health Organization，WHO）制定的《饮用水水质标准》中规定，饮用水中砷浓度应低于 0.01 mg/L。我国 2007 年 7 月 1 日开始实施的《生活饮用水卫生标准》（GB 5749—2006）已将砷列入水质常规指标中的毒理指标，限值为 0.01 mg/L。

关于总砷和无机砷，2010 年 JECFA 72 次会议确定了无机砷安全评价结果。清理组分别以总砷和无机砷进行膳食暴露评估，确定了膳食总砷和无机砷主要来源。以《食品中污染物限量标准》（GB 2762—2005）为基础，梳理了我国现行食品中砷限量的相关标准，借鉴新评估结果，提出大米和水产品中无机砷的限量要求。提出除大米外的其他谷类、蔬菜、食用菌、肉类、乳及乳制品、脂肪、油、乳化脂肪制品、调味品、甜味料、包装饮用水、可可脂及其制品等食品中总砷的限量要求，根据蔬菜、食用菌、肉类、乳及乳制品等食品中可能存在的砷形态，以总砷进行限量的控制。

目前，我国对食品中砷含量颁布了新标准《食品安全国家标准食品中污染物限量》（GB 2762—2012），规定了谷物、水产品及制品、蔬菜、食用菌、肉及肉制品、乳类，油类、调味品、糖类等食品中总砷或者无机砷的含量限值在 0.1 ～ 0.5 mg/kg。《化妆品卫生化学标准检验方法砷》

（GB 7917.2—87）规定了砷的标准限值为 0.5 mg/kg。《饲料中总砷的测定》
（GB/T 13079—2006）规定了砷的标准限值，银盐法为 0.04 mg/kg、硼氢化
物还原法为 0.04 mg/kg、原子荧光光度法为 0.01 mg/kg。

表 2-2-2　总砷及无机砷相关质量标准、排放标准汇总

序号	标准名称	目标物	限值要求	备注
1	《通用土壤筛选导则》（EPA，1996 年）	砷	砷：1.0 mg/kg	基于地下水保护的土壤筛选限值
2	《生态土壤筛选值》（EPA，2000 年）	砷	砷（植物）：18 mg/kg 砷（动物 - 鸟类）：43 mg/kg 砷（动物 - 哺乳类）：46 mg/kg	基于生态受体安全的土壤筛选限值
3	《人体健康筛选值》（EPA，2000 年）	砷	居住区：1.0 mg/kg 商业区 / 工业区：1.0 mg/kg	基于地下水保护的土壤筛选限值
4	《土壤环境质量标准》（日本环保局，1991 年）	砷	砷（土壤溶出）：0.01 mg/L 农用地土壤：15 mg/kg	从保护土壤净化水质和涵养地下水功能角度
5	《土壤环境质量指导值》（加拿大，2007）	砷	砷：12 mg/kg	农业区、居住区和公园、商业区、工业区
6	《饮用水水质标准》（EPA，2004 年）	砷	砷：0.05 mg/L	饮用水限值
7	《饮用水水质基准》（日本，2015 年）	砷	砷：0.01 mg/L	饮用水限值
8	《欧盟饮用水水质指令》（欧盟，2015 年）	砷	砷：0.01 mg/L	饮用水限值
9	《饮用水水质标准》（世界卫生组织，2009 年）	砷	砷：0.01 mg/L	饮用水限值

序号	标准名称	目标物	限值要求	备注
10	《生活饮用水卫生标准》（GB 5749—2006）	砷	砷：0.01 mg/L	饮用水限值
11	《食品安全国家标准 食品中污染物限量》（GB 2762—2012）	总砷 无机砷	谷物总砷：0.5 mg/kg 水产品无机砷：0.5 mg/kg 蔬菜总砷：0.5 mg/kg 食用菌总砷：0.5 mg/kg 肉类总砷：0.5 mg/kg 乳类总砷：0.1 mg/kg 油类总砷：0.1 mg/kg 调味品总砷：0.5 mg/kg 糖类总砷：0.5 mg/kg	食品限值
12	《化妆品卫生化学标准检验方法 砷》（GB 7917.2—87）	砷	0.5 mg/kg	化妆品限值
13	《饲料中总砷的测定》（GB/T 13079—2006）	总砷	银盐法：0.04 mg/kg 硼氢化物还原法：0.04 mg/kg 原子荧光光度法：0.01 mg/kg	饲料限值

1.2.2 环境保护重点工作涉及的形态砷监测要求

我国环境质量标准中《地表水环境质量标准》（GB 3838—2002）、《空气环境质量标准》（GB 3095—2012）规定了砷的含量限值，没有规定形态砷含量限值。《土壤环境质量、农用地土壤污染风险管控标准（试行）》（GB 15618—2018）和《土壤环境质量、建设用地土壤污染风险管理标准（试行）》（GB 36600—2018）有对砷的管控要求，没有对形态砷的管控要求。我国尚无形态砷的土壤环境质量标准和配套的国家或行业标准监测分析方法。考虑到砷总量的测定不能充分反映砷化合物的环境健康效应，目前愈来愈多地研究者采用测定不同形态砷的方法，代替过去常用的总量分析。土壤中砷及其化合物的含量对植物对砷的吸收状况造成影响，不同形态的砷经由食物链进入生命体，最终会影响人和动物的生长、发育与繁殖。沉积物中砷的迁移性和生物有效性受到其在沉积物中存在形态的影响，它是去除可溶态痕量元素的主要场所，同时又是痕量元素重新迁入周围水环境的重要来源。因此，监测土壤中形态砷的含量也是必要的。

我国地表水水质中砷的标准分析方法有《水质 汞、砷、硒、铋和锑的测定 原子荧光法》（HJ 694—2014），《水质 32 种元素测定 电感耦合等离子体发射光谱法》（HJ 776—2015），《水质 65 种元素的测定 电感耦合等离子体质谱法》（HJ 700—2014）等。大气中砷的标准分析方法有《空气和废气 颗粒物中铅等金属元素的测定 电感耦合等离子体质谱法》（HJ 657—2013）。土壤中砷的标准分析方法有《土壤和沉积物 砷、汞、硒、锑、铋的测定 原子荧光法》（HJ 680—2013），《土壤中总砷的测定》（GB/T 22105.2—2008），《全国土壤污染状况调查土壤样品分析测试方法技术规定》和《土壤元素的近代分析方法》等。目前我国已经颁布的水质、大气、土壤与砷相关的分析方法标准都是检测砷的总量，缺乏完整、系统的形态砷检测的标准分析方法，也缺乏成熟可靠的土壤和沉积物中形态砷的标准分析方法，国内对土壤和沉积物中形态砷含量分析研究的报道为数也不多，且已有的报道多集中在水体、食品、农产品等介质中。

2 国内外相关分析方法研究

2.1 主要国家、地区及国际组织相关分析方法研究

2.1.1 国外相关标准分析方法

通过查阅国外砷及其化合物的标准分析方法，大多数国家和地区颁布的关于砷的标准分析方法都主要集中于不同介质中总砷的测定，国际标准化组织检测方法 ISO 20280—2007 用电热或氢化法原子吸收光谱法测定

王水土壤萃取物中的砷、锑和硒。英国标准学会 BS ISO 20280—2008 使用电热或氢化法原子吸收光谱法测定王水萃取物中的砷、锑和硒。韩国标准 KS I ISO 20280—2013 用电热式或氢化物产生式原子吸收光谱法测定土壤的王水萃取物中的砷、锑和硒。法国标准 NF X31-437—2007 用电热或氢化物发生原子吸收光谱法测定王水土壤萃取物中砷、锑和硒。德国标准 DIN ISO 20280—2010 用电热或氢化法原子吸收光谱法测定王水土壤萃取物中的砷、锑和硒（ISO 20280—2007）。

2.1.2　国外文献报道的分析方法

国外有部分对砷的总量或形态的研究方法，一般都是用于研究某个地区的水质，土壤或是植物的含砷量。其中，现将较为常见的归纳如下。

2009 年，Lukasz Jedynak 团队发表了题为 *Studies on the uptake of different arsenic forms and the influence of sample pretreatment on arsenic spec -iation in White mustard*（Sinapis alba）的文章，介绍了不同的前处理和提取条件下，形态砷在植物中的转变和浓度，对形态砷的回收率和可靠性进行了研究。2014 年，Eun Hea Jho 团队发表了题为 *Changes in soil toxicity by phosphate-aided soil washing: Effect of soil characteristics, chemical forms of arsenic, and cations in washing solutions* 的文章，研究了砷污染土壤的毒性变化。利用磷酸盐作为洗涤剂对土壤的砷污染毒性起到一定作用。2017 年，Qingqing Liu 团队发表了题为 *Speciation of arsenice A review of phenylarsenicals and related arsenic metabolites* 的文章，使用 HPLC-ICP-MS，研究形态砷的环境和健康风险研究。

2.2　国内相关分析方法研究

2.2.1　国内相关标准分析方法

目前我国涉及形态砷的测试标准主要集中在食品和水产品中形态重金属的测定，如 GB/T 23372—2009、SN/T 3034—2011、GB 5009.11—2014、GB 5009.17—2014、GB/T 5009.17—2003 等，汇总于表 2-2-3。

表 2-2-3　国内形态砷检测的相关标准分析方法

序号	方法名称	介质	提取	净化	仪器	检出限
1	GB/T 23372—2009 食品中无机砷的测定　液相色谱 - 电感耦合等离子体质谱法	食品	水、3% 乙酸	石墨化炭黑小柱	LC-ICP-MS	As（III）2ppb As （V）4ppb
2	GB 5009.11—2014 食品中总砷及无机砷的测定	食品	50% 盐酸 0.15mol/L 硝酸	—	LC-AFS LC-ICP/MS	详细见下文

中华人民共和国国家质量监督检验检疫总局中国国家标准化管理委员会：《食品中无机砷的测定 液相色谱 - 电感耦合等离子体质谱法》（GB/T 23372—2009），该方法首先将试样用粉碎机粉碎，采用超声萃取，提取溶剂为水、3% 乙酸。提取液过滤膜（0.45 μm）、离心、脱色后，使用液相色谱仪进行分析测定，外标法定量。

《食品中总砷及无机砷的测定》（GB 5009.11—2014）中，"总砷的测定 第一法 电感耦合等离子体质谱法"该方法采用微波消解法或高压密闭消解法将样品消解，用硝酸消解，消解完全后赶酸、转移消解液、定容后，采用质谱仪测定，内标法定量。"第二法 氢化物发生原子荧光光谱法"该方法采用湿法消解或干灰化法处理样品。湿法消解：以硝酸、高氯酸和硫酸进行消解，消解完全后赶酸，移取消解液，加硫脲 + 抗坏血酸溶液加水定容置 30 min 待测；干灰化法：将固体试样置于坩埚中，以硝酸镁低温蒸干再加氧化镁炭化完全后移入马弗炉灰化，加盐酸（1+1）中和溶解灰分，移取溶解液，加硫脲 + 抗坏血酸溶液，另用硫酸溶液（1+9）洗涤坩埚合并洗涤液定容置 30 min 待测。采用氢化物发生原子荧光光谱法测定，与标准系列比较定量。"第三法 银盐法"该方法采用硝酸 - 高氯酸 - 硫酸法、硝酸 - 硫酸法消解，或灰化法处理样品。硝酸 - 高氯酸 - 硫酸法：以硝酸、高氯酸和硫酸进行消解，消解完全后赶酸，移取消解液，用水洗涤定氮瓶，合并洗涤液加水定容；硝酸 - 硫酸法：与硝酸 - 高氯酸 - 硫酸法相似，以硝酸代替硝酸 - 高氯酸进行操作；干灰化法：将固体试样置于坩埚中，以硝酸镁低温蒸干再加氧化镁炭化完全后移入马弗炉灰化，加盐酸（1+1）中和溶解灰分，移取溶解液，加硫脲 + 抗坏血酸溶液，另用盐酸溶液（1+1）洗涤坩埚合并洗涤液定容。采用银盐法测定，与标准系列比较定量。食品中无机砷的测定"第一法 液相色谱 - 原子荧光光谱法（LC-AFS）"该方法将试样置于塑料离心管后，采用热浸提取法提取，提取剂为硝酸。热浸、振摇后，冷却、离心，取上清液加正己烷振摇，离心后弃上层己烷，重复 1 次。取下清液过 0.45 μm 有机系膜及 C_{18} 小柱净化后，以原子荧光光谱仪测定，外标法定量。"第二法 液相色谱 - 电感耦合等离子质谱法"该方法将试样置于塑料离心管后，采用热浸提取法提取，提取剂为硝酸。热浸、振摇后，冷却、离心，取上清液加正己烷振摇、离心后弃上层正己烷，重复 1 次。取下清液过 0.45 μm 有机系膜及 C_{18} 小柱净化后，以液相色谱 - 电感耦合等离子质谱联用仪测定，外标法定量。"总砷 电感耦合"等离子体质谱法法检出限：0.003 mg/kg（样品 1 g，定容体积 25 ml）"氢化物发生原子荧光光谱法"检出限：0.010 mg/kg（样品 1 g，定容体积 25 ml）银盐法检出限：0.2 mg/kg（样品 1 g，定容体积 25 ml）"无机砷 液相色谱 - 原子子荧光光谱法"检出限：取样量 1 g，定容体积为 20 ml 时，稻米 0.02 mg/kg、水产动物 0.03 mg/kg、婴幼儿辅食 0.02 mg/kg。

2.2.2 国内文献报道分析方法

除了国内形态砷检测的标准分析方法外，文献中也有形态砷检测的相关报道。样品类型包括水、水产品、大米、土壤、中成药、植物、人尿等介质，检测所用仪器有液相色谱 - 原子荧光联用等。形态砷提取过程中常用的提取剂有盐酸、磷酸等；国内有关形态砷的分析测定方法的文献较少，且部分研究年限久远，参考意义不大，表 2-2-4 归纳的是部分有代表性的相关报道。

表2-2-4　国内文献报道形态砷检测的相关分析方法

序号	介质	目标物	提取溶剂	提取率	净化	仪器	色谱柱	流动相	检出限	参考文献
1	油菜籽	As（III）	甲醇水	89.3%	—	IC-HG-AFS	阴离子交换柱	流动相为 5 mmol/L 丙二酸水溶液，用氨水调 pH 至 5.6，或 15 mmol/L 磷酸氢二铵水溶液，用甲酸调 pH 至 6.0	—	测定油菜籽中 4 种形态砷的前处理方法研究；刘全吉
		As（V）		107.1%						
		MMA		99.4%						
		DMA		97.5%						
2	土壤和沉积物	As（III）	磷酸		—	IC-HG-AFS	阴离子交换柱	15 mmol/L 磷酸氢二铵水溶液，用甲酸调 pH 至 6.0	—	砷形态分析及其环境地球化学应用研究；张静；2008
		As（V）		50.68%						
		MMA								
		DMA								
3	土壤和沉积物	As（III）	磷酸 + 抗血酸环	71.27%	—	IC-HG-AFS	阴离子交换柱	15 mmol/L 磷酸氢二铵水溶液，用甲酸调 pH 至 6.0	—	砷形态分析及其环境地球化学应用研究；张静；2008
		As（V）		100.89%						
		MMA		91.88%						
		DMA		104.05%						
4	食品	As（III）	HNO₃；磷酸；甲醇水溶液（1：1）	—	—	HPLC,LC-20AT 和 AFS8130	阴离子交换柱	15 mmol/L 的 $(NH_4)_2HPO_4$，pH=6	0.5μg/L	三类基质中砷形态分析的前处理方法比较；车东异；2014
		As（V）							0.8μg/L	
		MMA							1.0μg/L	
		DMA							0.6μg/L	

序号	介质	目标物	提取溶剂	提取率	净化	仪器	色谱柱	流动相	检出限	参考文献
5	食品	As（Ⅲ）	HNO₃溶液	79%~120%	0.045 μm有机滤膜过滤及C₁₈小柱净化	AFS-9800双道原子荧光光度计；LC-20A型高效液相色谱泵	阴离子交换柱	1.79 g/L磷酸氢二钠和6.05 g/L磷酸二氢钾溶液	0.005~0.008 μg/ml	高效液相-原子荧光光谱法（HPLC-AFS）测定大米中不同形态砷方法的研究；林凯；2013
		As（Ⅴ）								
		MMA								
		DMA								
6	植物	As（Ⅲ）	甲醇水（1：1）	95.42%~96.63%	—	AF610D2高效液相色谱-原子荧光联用系统	阴离子交换柱	20mmol/L的K₂HPO₄，pH=6	1.47	高效液相色谱-氢化物发生-原子荧光光谱法分析桂皮中砷形态化合物的检测方法；田雨；2014
		As（Ⅴ）							6.31	
		MMA							2.24	
		DMA							5.49	
7	海藻	As（Ⅲ）	3%硝酸	106.1%	经C₁₈小柱净化	形态分析仪 北京吉天SA－10	阴离子交换柱	（A）1 mmol/L磷酸二氢铵溶液（pH 9.0），（B）20 mmol/L磷酸二氢铵溶液（pH 8.0）	—	HPLC-AFS法分析海藻类产品中的As（Ⅲ）和As（Ⅴ）；姜新；2013
		As（Ⅴ）		87.5%						
		MMA		—					1.2μg/kg	
		DMA		—					2.1μg/kg	

3 方法研究报告

3.1 方法研究的目标

本方法规定了对土壤和沉积物中形态砷的监测分析方法，包括适用范围、方法原理、干扰和消除、实验材料和试剂、仪器和设备、样品采集和保存、样品制备、定性定量方法、结果的表示、质量控制和质量保证等几个方面的内容，研究的主要目的在于建立既适应当前环境保护工作的需求，又满足当前实验室仪器设备要求的分析方法。

3.2 方法原理

采用合适的提取方法（磷酸提取）提取土壤和沉积物中的形态砷，对提取液水浴、离心、净化、定容后进行液相色谱 - 原子荧光仪分析。

通过阴离子色谱柱将目标化合物分离，根据目标物出峰保留时间定性，外标法定量。

3.3 试剂和材料

除非另有说明，分析时均使用符合国家标准的优级纯和分析纯试剂，试验用水为新制备的去离子水或蒸馏水，并进行空白试验，确认目标化合物浓度低于方法检出限。

①盐酸（HCl）：分析纯。

②磷酸（H_3PO_4）：分析纯。

③硝酸（HNO_3）：分析纯。

④氢氧化钾（KOH）：分析纯。

⑤硼氢化钾（KBH_4）：分析纯。

⑥磷酸二氢铵（$NH_4H_2PO_4$）：分析纯。

⑦氨水（$NH_3 \cdot H_2O$）：分析纯。

⑧乙腈（C_2H_3N）：色谱纯。

⑨甲醇（CH_3OH）：色谱纯。

⑩一甲基砷酸（MMA）标准溶液，ρ=50 mg/L，以 As 计。可直接购买包含相关目标物的有证标准溶液，或用纯标准物质配置。

⑪ 二甲基砷酸（DMA）标准溶液，ρ=50 mg/L，以 As 计。可直接购买包含相关目标物的有证标准溶液，或用纯标准物质配置。

⑫ 砷酸 [As（V）] 标准溶液，ρ=50 mg/L，以 As 计。可直接购买包含相关目标物的有证标准溶液，或用纯标准物质配置。

⑬ 亚砷酸 [As（III）] 标准溶液，ρ=50 mg/L，以 As 计。可直接购买包含相关目标物的有证标准溶液，或用纯标准物质配置。

⑭ 砷混合标准使用液：ρ=5 mg/L，以 As 计。

分别准确移液取一甲基砷酸（⑩）、二甲基砷酸（⑪）、砷酸盐（⑫）、亚砷酸盐（⑬）标准溶液各 10 ml，置于 100ml 容量瓶中，纯水稀释至刻度，得浓度为 5 mg/L 的形态砷混合标准使用液。

⑮ 石英砂（SiO_2）：分析纯。

⑯ 载气：氩气，纯度 ≥ 99.999%。

3.4 仪器和设备

①液相色谱 - 原子荧光联用仪。

②色谱柱：阴离子色谱柱（Hamilton PRP-X100 250 mm×4.1mm i.d. 10 μm）、保护柱（Hamilton PRP-X100）。

③提取装置：单列元智能水浴锅、台式低速离心机。

④固相净化小柱：C_{18} 柱（填料为 C_{18} 键合硅胶）、使用前先用不同极性的溶剂淋洗，最后用洗脱剂浸泡保存备用。

⑤分析天平：感量为 0.01 mg。

⑥ pH 计。

⑦数控超声清洗仪。

⑧一般实验室常用仪器和设备。

3.5 样品

3.5.1 采集与保存

按照 HJ/T 166 规定采集土壤样品；参照 GB 17378.3 采集沉积物样品。样品采集后保存在事先清洗洁净的广口棕色玻璃瓶中，应尽快进行试样制备。

3.5.2 水分的测定

土壤样品干物质含量的测定按照 HJ 613—2011 执行，沉积物样品含水率的测定按照 GB 17378.5—2007 执行。

3.5.3 试样的制备

3.5.3.1 提取

（1）提取液种类的选择

目前，分析土壤中砷形态所采取的提取剂种类很多，主要包括盐酸、磷酸、甲醇、硝酸和硫酸，根据已有文献报道，一般选取纯水、0.01% 磷酸、0.01% 硝酸和 0.01% 盐酸分别对土壤中形态砷进行提取。本实验对比了土壤中形态砷水提取和酸提取两种提取方法的效果。

①水提取：称取 0.200 0 g 样品置入盛有 10 ml 超纯水的容器中，然后聚焦超声一段时间之后，离心，取上清液测定。若只需测定样品中无机砷的含量，可以在离心之后，取 2 ml 上清液，然后加入同样体积的 20% H_2O_2（体积分数），同时在 60 ℃水浴振荡器中静止 20 min，最终直接上机测试，测定结果见表 2-2-5。

表 2-2-5　土壤中不同形态重金属形态的水提取回收率

重金属形态	未加标提取浓度 /（μg/L）	加标提浓度 /（μg/L）	加标回收率 /%
As（Ⅲ）	0.000 0	11.684 5	58.42
DMA	0.000 0	14.683 4	73.42
MMA	0.000 0	16.764 5	83.82
As（Ⅴ）	0.000 0	15.960 8	79.80

②酸提取：准确称取 0.200 0 g 土壤样品于 50 ml 离心管中，加入 10 ml 0.01% 磷酸溶液于 60 ℃水浴加热 1 h，提取液在 6 000 r/min 下离心分离 15 min，取上清液经 0.22 μm 水系滤膜过滤，并将其 pH 用氨水调至 pH 为 6.0 左右（5.98 ～ 6.05）。将 C_{18} 小柱固定在固相萃取装置上，用 5 ml 甲醇淋洗小柱，再用 5 ml 纯水平衡小柱，待柱充满后关闭流速控制阀浸润 30 min，缓慢打开控制阀，弃去流出液。在填料暴露于空气之前关闭控制阀，将过滤后的提取液移至活化后的小柱中，使其以 1 ～ 2 滴 /s 的速度滴落，弃去前 3 ml，收集之后流出的液体进行上机测定。

比较两种提取方法，虽然纯水对仪器和液相柱没有任何损害，但纯水提取土壤中形态砷提取效果较差。盐酸、硫酸、硝酸都属于强酸，即使浓度很低，其酸性依然很强，需要用大量的弱碱性溶液将其调为弱酸性，此过程中产生误差较大，在实验过程中可能会对液相色谱柱造成一定的损害，且提取效果并不理想。而磷酸属于弱酸，在实验过程中对液相柱的损害较小，且对土壤形态砷的提取效果较好。故选择磷酸作为土壤形态砷的提取液。不同提取溶剂体系下的提取回收率见图 2-2-1。

（2）提取液浓度的选择

比较不同质量分数（0.01%、0.05%、0.1%、0.5% 和 1.0%）的磷酸对土壤形态砷的提取效果，结果见图 2-2-2。实验发现，磷酸浓度对提取效果有很大影响，浓度过低，土壤中形态砷不能完全被提取出来，浓度过高，

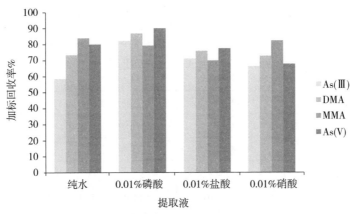

图 2-2-1　不同提取液对土壤形态砷的提取效果

可能会对土壤重金属的提取起到抑制作用。而用不同磷酸的浓度做提取液其提取量处于一个抛物线状态，在某一范围内，提取效果是随着提取液浓度的增大而增大，在另一范围内，提取效果是随着提取液浓度的增大而减小，其中间有一个提取液浓度，其提取效果最佳，即提取液为 0.1% 磷酸。

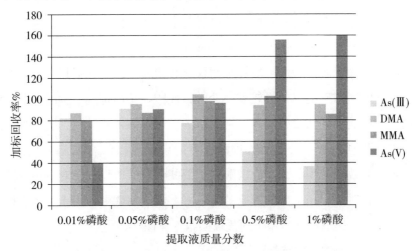

图 2-2-2　不同浓度磷酸对土壤中形态砷提取结果

（3）净化条件的影响

根据文献报道，土壤中形态砷提取液多采用 C_{18} 固相小柱进行净化，实

验比较了 C_{18} 固相小柱净化前后的效果，结果见图 2-2-3 和图 2-2-4。土壤中有很多的杂质，若不经过净化，一方面会对提取效果有影响，其中的一些杂质可能会阻碍提取液对土壤重金属的提取，会造成提取结果偏低。另一方面液相柱对进仪器的样品要求比较高，未经净化的液体进入液相色谱柱会对柱子造成损害，若土样采集地环境复杂，即土样中含有的杂质较多，则有可能一次就对柱子造成损害，液相柱成本相对较高。即使土样中杂质含量不高，一次实验未对柱子造成明显损害，但对多次重复实验亦会造成柱子堵塞。

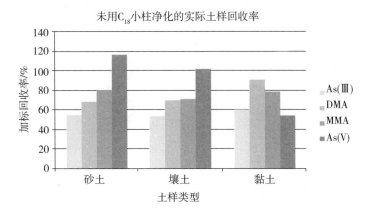

图 2-2-3　未用 C_{18} 小柱净化的实际土样回收率

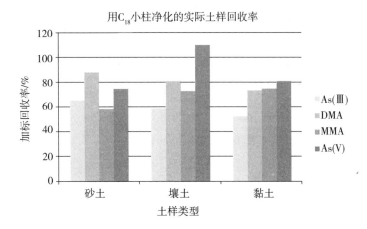

图 2-2-4　用 C_{18} 小柱净化的实际土样回收率

3.6 形态砷仪器条件优化

3.6.1 流动相 pH 对 4 种不同形态 As 的影响

应用离子交换色谱柱分离时，流动相 pH 对色谱柱分离效果有较大的影响。在磷酸二氢铵溶液浓度为 15 mmol/L 条件下用氨水调节流动相 pH，考察不同 pH（5.0、6.0、7.0、8.0）对 4 种形态砷分离的影响，结果如图 2-2-5 所示。当 pH 为 7.0 时，MMA 和 DMA 的出峰时间完全重合而不能分离（图 2-2-5 是以 MMA 和 DMA 的荧光值分别为其两者荧光值之和的一半绘制所得）；其他 pH 条件下，4 种形态砷都能较好分离，但流动相 pH 为 6.0 时，4 种形态砷的荧光响应值最高。

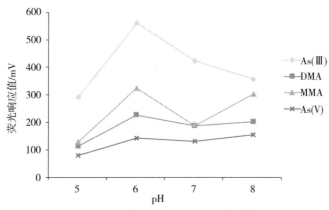

图 2-2-5　不同 pH 的流动相对形态砷响应值的影响

3.6.2 载流 HCl 的质量分数对 4 种不同形态 As 的影响

本实验比较不同质量分数（5.0%、7.0%、9.0%、10%）的载流 HCl 对 4 种形态砷荧光值的影响，结果如图 2-2-6 所示。当 HCl 质量分数为 5.0% 时，As（III）、MMA 和 DMA 出峰较好，荧光值较高，但 As（V）的出峰较差，荧光值较低。当 HCl 质量分数为 10%，As（III）、MMA 及 As（V）出峰较好，荧光值较高，但 DMA 的出峰较差，荧光值较低。当 HCl 质量分数为 7.0% 和 9.0% 时，4 种形态砷出峰均较好，但 HCl 质量分数为 9.0% 时 4 种形态砷的荧光响应值均低于浓度为 7.0% 时的荧光值，故 7.0% 的质量分数为最适载流浓度。

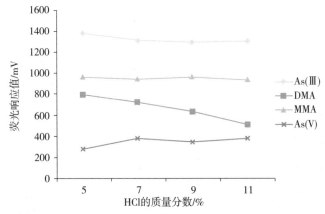

图 2-2-6　不同质量浓度的 HCl 对形态砷响应值的影响

3.6.3　还原剂 KOH 的质量分数对 4 种不同形态 As 的影响

比较不同质量分数（0.35%、0.5%、0.65%、0.8%）的 KOH 对 4 种形态砷荧光值的影响，结果如图 2-2-7 所示。可以看出，不同质量分数的 KOH 对形态砷荧光值的影响并不是很明显，但当 KOH 的质量分数为 0.5% 时，4 种形态砷的荧光响应值最高。

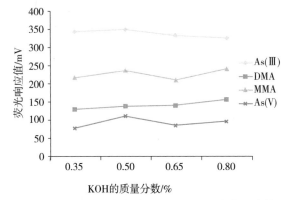

图 2-2-7　不同质量浓度的 KOH 对形态砷响应值的影响

3.6.4 还原剂 KBH₄ 的质量分数对 4 种不同形态 As 的影响

KBH_4 可以与砷化合物反应生成氢化物，又可以通过与 HCl 反应为 AFS 火焰提供适量的氢气。本实验考察了不同质量分数（1.0%、1.5%、2.0%、2.5%）的 KBH_4 对 4 种形态砷荧光值的影响，结果如图 2-2-8 所示。当 KBH_4 的质量分数为 1.0% 时，4 种形态砷均不出峰。随着 KBH_4 浓度不断增加，4 种形态砷的荧光响应值越来越高，试样溶液与还原剂的反应也越来越剧烈。当 KBH_4 质量分数小于 2% 时，4 种形态砷的荧光值较低，当 KBH_4 的质量分数大于 2% 时，反应释放更多的气体，干扰了样品的测定结果，且过分剧烈的反应会对仪器造成一定的损伤。综合来看，当 KBH_4 的质量分数为 2.0% 时最为合适。

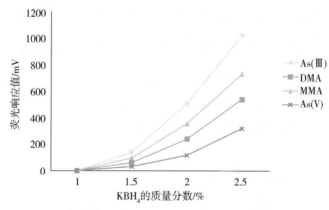

图 2-2-8　不同质量浓度的 KBH_4 对 4 种情况砷的荧光响应值的影响

3.7 标准曲线的配置

准确移取砷混合标准使用液 0.4 ml、0.8 ml、1.2 ml、1.6 ml、2.0 ml 于 5 个 100 ml 容量瓶中，加纯水至刻度，得浓度为 20 μg/L、40 μg/L、60 μg/L、80 μg/L、100 μg/L 的标准曲线系列。吸取校准系列溶液 100 μl 注入液相色谱 - 原子荧光光度计联用仪进行分析，将得到的色谱图以保留时间定性，以校准系列溶液中的目标化合物浓度为横坐标、色谱峰面积为纵坐标，绘制标准曲线。方法的线性范围、回归方程、相关系数见表 2-2-6。从表中可知，4 种形态砷在 0 ～ 100 μg/L 浓度范围内线性关系良好，相关系数均超过 0.999。

表 2-2-6　4 种形态砷的标准曲线和方法检出限

目标化合物	线性范围 /（μg/L）	回归方程	相关系数
As（III）	20 ～ 100	$y=4\,305.5x-6\,059.7$	0.999 3
DMA	20 ～ 100	$y=2\,413.8x+2\,859.4$	0.999 1
MMA	20 ～ 100	$y=3\,604.6x-3\,857.2$	0.999 4
As（V）	20 ～ 100	$y=2\,437.3x-1\,929.0$	0.999 8

4　仪器参考分析条件

4.1　形态砷仪器分析条件

4.1.1　液相色谱参考条件

色谱柱：阴离子色谱柱（Hamilton PRP-X100 250 mm×4.1 mm i.d. 10 μm），或等效柱。

流动相组成：15 mmol/L（NH$_4$）$_2$HPO$_4$ 溶液，pH =6.0。

流动相洗脱方式：等度洗脱。

流动相流速：1 ml/min。

进样体积：100 μl。

4.1.2　原子荧光参考条件

光电倍增管：负高压 285 V。

空心阴极灯：总电流 100 mA，辅阴极电流 50 mA。

气体流量：载气流量 400 ml/min，屏蔽气流量 600 ml/min。

阴离子色谱柱形态砷的出峰顺序和保留时间见表 2-2-7。形态砷的液相原子荧光色谱图如图 2-2-9 所示。

表 2-2-7　阴离子色谱柱形态砷的出峰顺序和保留时间

形态硒	亚砷酸盐	二甲基砷酸	一甲基砷酸	砷酸盐
保留时间 /min	2.87	4.28	6.28	14.87

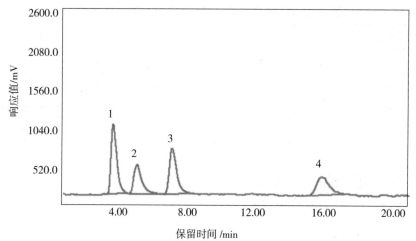

1—亚砷酸盐；2—二甲基砷酸；3——甲基砷酸；4—砷酸盐
图 2-2-9　形态砷的液相原子荧光色谱图

4.2　空白试验

按照与标准曲线测定相同的条件进行空白试样的测定。

4.3　样品测定

按照与空白试样测定相同的仪器条件进行试样的测定。

4.4　结果计算与表示

4.4.1　定性分析

目标化合物的定性方式以 4 种形态砷色谱图的保留时间定性。

4.4.2　结果计算

土壤样品中形态硒的含量按式（2-2-1）计算：

$$w_1 = \frac{C_i \times V_i \times f}{m \times w_{dm}} \qquad (2\text{-}2\text{-}1)$$

式中：w_1——样品中目标物的含量，mg/kg；

$\quad\quad C_i$——从标准曲线所得试样中目标物的质量浓度，μg/L；

$\quad\quad V_i$——提取液体积，ml；

$\quad\quad f$——稀释倍数；

$\quad\quad m$——样品量（湿重），g；

$\quad\quad w_{dm}$——样品的干物质含量，%。

沉积物样品中形态硒的含量按式（2-2-2）计算：

$$w_2 = \frac{C_i \times V_i \times f}{m \times \left(-w_{H_2O}\right)} \qquad (2\text{-}2\text{-}2)$$

式中：w_2——样品中目标物的含量，mg/kg；

$\quad\quad C_i$——从标准曲线所得试样中目标物的质量浓度，μg/L；

$\quad\quad V_i$——提取液体积，ml；

$\quad\quad f$——稀释倍数；

$\quad\quad m$——样品量（湿重），g；

$\quad\quad w_{H_2O}$——样品含水率，%。

4.4.3　结果表示

测定结果小数点后位数的保留与方法检出限一致，最多保留 3 位有效数字。

4.5　检出限和测定下限

HJ 168—2010 规定，按照样品分析的全部步骤，对预计含量为方法检出限 5 ～ 10 倍的样品进行不少于 7 次平行测定，根据以下公式计算标准偏差和方法检出限，以 4 倍方法检出限作为测定下限。

$$MDL = t_{(n-1,0.99)} \times S$$

式中：MDL——方法检出限；

      n——样品平行测定次数，本实验为 7 次；

      $t_{(n-1,0.99)}$——取 99% 置信区间时对应自由度下 t 值，本实验自

                由度为 6，t 值取 3.143；

      S——平行测定结的标准偏差。

本研究取石英砂作为空白基质，在确保空白基质中无 4 种形态砷检出的情况下做 7 个平行样品，目标物含量为 0.050 mg/kg，结果如表 2-2-8 所示，计算出的 4 种形态砷的方法检出限在 0.07～0.16 mg/kg。本实验室内 4 种形态砷的方法检出限和测定下限分别在 0.07～0.16 mg/kg 和 0.28～0.64 mg/kg。

表 2-2-8　方法检出限和定量限　　　　　单位：mg/kg

目标物	测定次数							平均值	标准偏差	方法检出限	方法检测下限
	1	2	3	4	5	6	7				
亚砷酸盐	0.34	0.34	0.37	0.35	0.34	0.33	0.32	0.34	0.02	0.07	0.28
二甲基砷酸	0.41	0.40	0.43	0.36	0.40	0.39	0.37	0.39	0.02	0.07	0.28
一甲基砷酸	0.38	0.38	0.38	0.37	0.33	0.32	0.28	0.35	0.04	0.13	0.52
砷酸盐	0.54	0.47	0.43	0.46	0.43	0.37	0.44	0.45	0.05	0.16	0.64

4.6　实验室内方法精密度和准确度

操作步骤：称取约 0.2 g（精确至 0.000 1 g）样品，分别加入相应绝对量的 4 种形态砷标准样品，分别平行测定 6 份样品。按照与样品分析相同的步骤进行提取（0.1% 磷酸提取）、净化（C_{18} 小柱净化）和测定。分别计算各个基质样品中 4 种形态砷含量和 6 个平行样结果的平均值、标准偏差和相对标准偏差。

　　本实验对 0.050 mg/kg、4.0 mg/kg 和 9.0 mg/kg 3 个加标含量的空白石英砂进行了精密度和准确度测试。各种类型的样品加标获得的精密度和准确度结果见表 2-2-9 ～表 2-2-11。测定结果表明：6 次重复测试结果的相对标准偏差为 3.3% ～ 12%，说明方法的精密度良好；6 次重复测试结果的平均回收率在 68% ～ 100%。

表 2-2-9　低浓度（0.50 mg/kg）空白石英砂加标精密度和准确度结果

目标物	测定次数 /（mg/kg）						平均值 /（mg / kg）	标准偏差 /（mg / kg）	相对标准偏差 / %	加标回收率 / %
	1	2	3	4	5	6				
亚砷酸盐	0.34	0.34	0.37	0.35	0.34	0.33	0.34	0.02	4.43	68.5
二甲基砷酸	0.41	0.40	0.43	0.36	0.40	0.39	0.40	0.02	5.51	79.5
一甲基砷酸	0.38	0.38	0.38	0.37	0.33	0.32	0.36	0.03	7.93	71.8
砷酸盐	0.53	0.47	0.43	0.46	0.43	0.37	0.45	0.06	12.5	89.4

表 2-2-10　中浓度（4.0 mg/kg）空白石英砂加标精密度和准确度结果

目标物	测定次数 /（mg/kg）						平均值 /（mg / kg）	标准偏差 /（mg / kg）	相对标准偏差 / %	加标回收率 / %
	1	2	3	4	5	6				
亚砷酸盐	4.10	4.22	3.82	3.92	3.63	3.69	3.90	0.23	5.91	97.4
二甲基砷酸	3.65	3.64	4.22	3.88	3.77	3.69	3.81	0.22	5.84	95.1
一甲基砷酸	3.75	4.13	4.32	3.95	3.81	3.71	3.94	0.24	6.08	98.6
砷酸盐	3.74	4.54	4.15	3.90	4.03	3.76	4.02	0.30	7.45	100.4

表 2-2-11　高浓度（9.0 mg/kg）空白石英砂加标精密度和准确度结果

目标物	测定次数 /（mg/kg）						平均值 /（mg / kg）	标准偏差 /（mg / kg）	相对标准偏差 / %	加标回收率 / %
	1	2	3	4	5	6				
亚砷酸盐	9.50	9.05	8.65	8.90	8.45	8.55	8.85	0.39	4.39	98.3
二甲基砷酸	9.20	8.75	8.95	8.50	8.35	8.45	8.70	0.33	3.78	96.7
一甲基砷酸	9.00	8.85	8.80	8.20	8.60	8.50	8.66	0.29	3.32	96.2
砷酸盐	9.35	8.50	8.60	8.80	8.45	8.95	8.78	0.34	3.86	97.6

4.7　质量控制和质量保证

4.7.1　空白实验

实验用器皿等使用前用 HNO_3（1+1）浸泡 24h 以上。在样品分析完成后各类器皿用清水洗涤 2 次后，再以洗涤剂、自来水和纯水洗涤后烘干。

每 20 个样品或每批次（少于 20 个样品）需做 2 个实验室空白，空白实验结果小于方法检出限，否则，应检查试剂空白，仪器系统及前处理过程。

4.7.2　标准曲线

标准曲线相关系数均应 ≥ 0.995，每一批次样品应分析一次标准曲线中间浓度点，目标化合物的测定值与标准值间的偏差应在 ±10% 以内，否则应查找原因，或重新建立标准曲线。

4.7.3　精密度

每 20 个样品或每批次（少于 20 个样品）需做一个平行样品，平行样品的测定结果相对偏差小于 30%。

4.7.4　准确度

每 20 个样品或每批次（少于 20 个样品）需做一个加标样品，加标样品的加标回收率范围为 50% ～ 130%。

参考文献

［1］Syu C, Huang C, Jiang P, *et al.*. Arsenic accumulation and speciation in rice grains influenced by arsenic phytotoxicity and rice genotypes grown in arsenic-elevated paddy soils ［J］. Journal of Hazardous Materials, 2015, 286: 179-186.

［2］辛晓东，胡芳，张承晓，等.高效液相色谱-电感耦合等离子体质谱法测水中不同形态砷［J］.中国环境监测，2014, 30（6）: 159-162.

［3］胥佳佳，冯鑫，汤静，等.超声辅助提取-高相液相色谱-电感耦合等离子体质谱法测定香菇中6种形态砷化合物［J］.食品科学，2016, 37（24）: 216-221.

［4］李莉，李伟青，申德省，等.高效液相色谱-电感耦合等离子体质谱法测定烟草中砷的形态［J］.分析测试学报, 2013, 32（8）: 941-946.

［5］林凯，姜杰，黎雪慧，等.高效液相-原子荧光光谱法（HPLC-AFS）测定大米中不同形态砷方法的研究［J］.实用预防医学，2013, 20（1）, 98-100.

［6］谭洪涛，周鸿，李娟.液相色谱-原子荧光光谱法测定大米中4种砷形态的含量［J］.理化检验-化学分册, 2016, 52（9）:1104-1107.

［7］陈邵鹏，仲雪.微波辅助萃取-HPLC-AFS联用技术检测土壤样品中砷的化学形态［J］.中国环境监测，2014, 30（4）: 159-162.

［8］姜新.HPLC-AFS法分析海藻类产品中的As（III）和As（V）［J］.分析测试技术与仪器，2013, 19（4）: 217-221.

［9］王素芬，陈芳，王鹏，等.HPLC-HG-AFS联用技术检测蜂花粉中砷形态［J］.食品科学，2013, 34（12）: 189-193.

［10］田雨，蔡璇，郑锡波，等.高效液相色谱-氢化物发生-原子荧光光谱法分析桂皮中砷形态化合物的检测方法［J］.化学工程师，2014, 2: 19-21.

［11］张雨，苑春刚，高尔乐，等.高效液相色谱-氢化物发生-原子荧光光谱在线联用系统分析中成药中砷化合物形态［J］.分析试验室，2006, 25（2）: 22-25.

［12］姚晶晶，袁友明，王明锐，等.高效液相色谱-氢化物发生-原子荧光法测定大米

中的 4 种砷形态 [J]. 分析仪器，2012, 4: 37-39.

[13] 潘巧裕，黄汉林，梁旭霞，等 . 高效液相色谱 - 氢化物发生 - 原子荧光光谱法测定尿中 4 种形态砷 [J]. 中国职业医学，2014,41（1）：102-106.

[14] 王亚，张春华，葛滢 . 高效液相色谱 - 氢化物发生 - 原子荧光光谱法检测紫菜中的砷形态 [J]. 分析实验室，2013, 32（5）：34-38.

[15] 宋冠仪，梅勇，商律，等 . 高效液相色谱 - 氢化物发生 - 原子荧光联用技术测定饮用水中四种形态砷 [J]. 环境与职业医学，2017, 34（4）：350-353.

[16] 杨艳，陈宏靖，林宏琳 . 高效液相色谱 - 氢化物发生原子荧光光谱联用测定市售海产品中砷形态学研究 [J]. 中国预防医学杂志，2017, 18（4）：258-262.

[17] 易路遥，章红，李杰，等 . 高效液相色谱 - 原子荧光光谱法分析水产品中砷的形态 [J]. 中国卫生检验杂志，2016, 26（21）：3045-3048.

[18] 李昌平，李月娥，陈邵鹏，等 . 高效液相色谱 - 原子荧光光谱联用测定水中形态砷 [J]. 环境监测管理与技术，2011, 23（6）:61-64.

[19] 顾海东，陈邵鹏，秦宏兵，等 . 高效液相色谱 - 原子荧光光谱联用分析土壤中形态砷 [J]. 环境监测管理与技术，2012, 24（1）:38-42.

[20] 曹军，于伯华，沈山江，等 . 高效液相色谱 - 原子荧光光谱联用技术测定水产品及产地底泥中 4 种砷的形态残留 [J]. 检验检疫学刊，2013, 23（5）:53-56.

[21] 祖文川，汪雨，刘聪，等 . 高效液相色谱 - 原子荧光光谱联用技术分析 6 种植物源性中药中砷的形态 [J]. 分析试验室，2016, 35（1）:82-85.

[22] 吴思霖，于建，王欣美，等 . 高效液相色谱 - 原子荧光联用技术测定水产品中无机砷 [J]. 食品安全质量检测学报，2016,7（7）:2658-2662.

[23] 张颖花，霍韬光，姜泓，等 . 高效液相色谱 - 氢化物发生 - 原子荧光光谱法检测牛黄解毒片中的砷 [J]. 化学研究，2012, 23（4）：60-63.

[24] Ming sheng Ma, X.ChrisLe, 胡斌，等 . 高效液相色谱 / 氢化物发生 / 原子荧光快速检测尿砷形态 [J]. 分析科学学报，2000, 16（2）：89-96.

[25] 黄亚涛，毛雪飞，杨慧，等 . 高效液相色谱原子荧光联用技术测定大米中无机砷，

2013, 12: 117-121.

[26] 刘博莹，姜泓，卢响响，等．人尿中形态砷的高效液相色谱 - 氢化物发生 - 原子荧
光光谱法联用分析［J］．分析仪器，2012, 1: 102-104.

[27] 刘佩佩，梅勇，宋冠仪，等．土壤中形态砷的高效液相色谱 - 氢化物发生 - 原子荧
光测定方法［J］．现代预防医学，2016, 43（24）：4500-4506.

[28] 张萌，张瑞雪，吴攀，等．液相色谱 - 氢化物发生 - 原子荧光光谱法检测高砷煤矿区
苔藓中的砷形态［J］．分析科学学报，2015, 31（4）：484-488.

[29] 李景阳．液相色谱 - 原子荧光光谱法测定紫菜中无机砷的分析［J］．工程技术，
2016, 14（042）：113-114.

[30] Lukasz J, Joanna K, Magdalena K, *et al*.. Studies on the uptake of different arsenic forms and
the influence of sample pretreatment on arsenic spec -iation in White mustard（Sinapis alba）［J］.
Microchemical Journal, 2010, 94: 125-129.

[31] Eun H J, Jinwoo I, Kyung Y, *et al*.. Changes in soil toxicity by phosphate-aided soil washing:
Effect of soil characteristics, chemical forms of arsenic, and cations in washing solutions［J］.
Chemosphere, 2015, 119: 1399-1405.

[32] Qingqing Liu, Xiufen Lu, Hanyong Peng, *et al*.. Speciation of arsenice A review of
phenylarsenicals and related arsenic metabolites［J］. Trends in Analytical Chemistry,
2018, 104: 171-182.

土壤和沉积物 形态砷的测定 液相色谱－原子荧光法

1 适用范围

本方法规定了土壤和沉积物中4种形态砷的测定 液相色谱-原子荧光法。

本方法适用于土壤和沉积物中砷酸盐、亚砷酸盐、一甲基砷酸、二甲基砷酸的测定。

当样品量为0.2 g时，定容至10 ml时，砷酸盐、亚砷酸盐、一甲基砷酸、二甲基砷酸的方法检出限为0.16 mg/kg、0.07 mg/kg、0.13 mg/kg、0.07 mg/kg，测定下限为0.64 mg/kg、0.28 mg/kg、0.52 mg/kg、0.28 mg/kg。

2 规范性引用文件

本方法内容引用了下列文件或其中的条款。凡是不注明日期的引用文件，其有效版本适用于本方法。

GB 17378.3 海洋监测规范 第3部分：样品采集、贮存与运输

GB 17378.5 海洋监测规范 第5部分：沉积物分析

HJ 613 土壤 干物质和水分的测定 重量法

HJ/T 166 土壤环境监测技术规范

3 方法原理

采用合适的提取方法提取土壤和沉积物中的形态砷，对提取液水浴、离心、净化、定容后进行液相色谱-原子荧光仪分析。通过阴离子色谱柱将目标化合物分离，根据目标物出峰保留时间定性，外标法定量。

4 试剂和材料

除非另有说明，分析时均使用符合国家标准的分析纯或优级纯试剂。实验用水为新制备的超纯水或蒸馏水。

警告：实验中所使用的溶剂、标准样品均为有毒有害化合物，其溶液配制应在通风柜中进行，操作时应按规定要求佩带防护器具，避免接触皮肤和衣物。

4.1 盐酸（HCl）：分析纯。

4.2 磷酸（H_3PO_4）：分析纯。

4.3 硝酸（HNO_3）：分析纯。

4.4 氢氧化钾（KOH）：分析纯。

4.5 硼氢化钾（KBH_4）：分析纯。

4.6 磷酸二氢铵（$NH_4H_2PO_4$）：分析纯。

4.7 氨水（$NH_3 \cdot H_2O$）：分析纯。

4.8 乙腈（C_2H_3N）：色谱纯。

4.9 甲醇（CH_3OH）：色谱纯。

4.10 一甲基砷酸（MMA），ρ=50 mg/L，以 As 计。可直接购买包含相关目标物的有证标准溶液，或用纯标准物质配置。

4.11 二甲基砷酸（DMA），ρ=50 mg/L，以 As 计。可直接购买包含相关目标物的有证标准溶液，或用纯标准物质配置。

4.12 砷酸盐 [As（V）]，ρ=50 mg/L，以 As 计。可直接购买包含相关目标物的有证标准溶液，或用纯标准物质配置。

4.13 亚砷酸盐 [As（III）]，ρ=50 mg/L，以 As 计。可直接购买包含相关目标物的有证标准溶液，或用纯标准物质配置。

4.14 砷混合标准使用液：ρ=5 mg/L，以 Se 计。

分别准确移液取一甲基砷酸（4.10）、二甲基砷酸（4.11）、砷酸盐（4.13）、亚砷酸盐（4.14）标准溶液各 10 ml，置于 100 ml 容量瓶中，纯水稀释至刻度，得浓度为 5 mg/L 的形态硒混合标准使用液。

4.15 石英砂：分析纯。

4.16 载气：氩气，纯度 ≥ 99.999%。

5 仪器和设备

5.1 液相色谱 - 原子荧光联用仪。

265

5.2 色谱柱：阴离子色谱柱（Hamilton PRP-X100 250 mm×4.1 mm i.d. 10 μm）、保护柱（Hamilton PRP-X100）。

5.3 提取装置：单列元智能水浴锅、台式低速离心机。

5.4 固相净化小柱：C_{18} 柱（填料为 C_{18} 键合硅胶）、使用前先用不同极性的溶剂淋洗，最后用洗脱剂浸泡保存备用。

5.5 分析天平：感量为 0.1 mg。

5.6 pH 计。

5.7 数控超声清洗仪。

5.8 一般实验室常用仪器和设备。

6 样品

6.1 样品采集和保存

按照 HJ/T 166 规定采集土壤样品；参照 GB 17378.3 采集沉积物样品。样品采集后保存在事先清洗洁净的广口棕色玻璃瓶中，应尽快进行试样制备。

6.2 样品的制备

将样品放在不锈钢盘或聚四氟乙烯盘上，摊成 2～3 cm 的薄层，除去混杂的砖瓦石块、石灰结核和动植物残体等，于阴凉处自然风干，风干后的样品进行粗磨，粗磨后的样品全部过 10 目筛，按照 HJ/T 166 的要求进行样品缩分，取缩分后的样品继续细磨过 100 目筛，分别制得 10 目和 100 目样品。

6.3 水分的测定

称取样品（过 10 目筛）10～15g，按照 HJ 613 测定土壤样品水分含量，按照 GB 17378.5 测定沉积物样品水分含量。

6.4　试样的制备

6.4.1　形态砷的提取

称取 0.2 g（过 100 目筛）样品于 50 ml 离心管中，加入 0.1% 磷酸（4.2）提取液 10 ml，于 60 ℃水浴加热提取 1 小时，再 6 000 r/min 离心 15 min 后，取上清液经 0.22 μm 水系滤膜过滤，并将其 pH 用氨水（4.7）调至 pH 为 6 左右。

6.4.2　形态砷的净化

将固相萃取小柱固定在固相萃取装置上，用 5 ml 甲醇（4.9）淋洗固相萃取小柱，再用 5 ml 纯水平衡固相萃取小柱，待柱充满后关闭流速控制阀浸润 30 min，缓慢打开控制阀，弃去流出液。在填料暴露于空气之前，关闭控制阀，将过滤后的提取液转移至小柱中，使其 1 ～ 2 滴 /s 的速度从小柱下方滴落，通过小柱滴落下来的液体前 3 ml 丢弃，收集之后流出的液体进行上机测定。

6.5　空白试样的制备

用石英砂代替样品，按照试样制备步骤（6.2）进行空白试样的制备，每批样品至少测制备 2 个实验室空白试样。

7　分析步骤

7.1　仪器参考条件

7.1.1　液相色谱参考条件

色谱柱：阴离子色谱柱（Hamilton PRP-X100 250 mm×4.1 mm i.d. 10 μm），或等效柱。

流动相组成：15 mmol/L（NH_4）$_2HPO_4$ 溶液，pH =6.0。

流动相洗脱方式：等度洗脱。

流动相流速：1 ml/min。

进样体积：100 μl。

7.1.2 原子荧光参考条件

光电倍增管：负高压 285 V。

空心阴极灯：总电流 100 mA，辅阴极电流 50 mA。

气体流量：载气流量 400 ml/min，屏蔽气流量 600 ml/min。

7.2 标准曲线的建立

准确移取砷混合标准使用液（4.14）0.4 ml、0.8 ml、1.2 ml、1.6 ml、2.0 ml 于 5 个 100 ml 容量瓶中，加纯水至刻度，得浓度为 20 μg/L、40 μg/L、60 μg/L、80 μg/L、100 μg/L 的标准曲线系列。吸取校准系列溶液 100 μl 注入液相色谱 - 原子荧光光度计联用仪进行分析，将得到的色谱图以保留时间定性，以校准系列溶液中的目标化合物浓度为横坐标，色谱峰面积为纵坐标，绘制标准曲线。

形态砷的标准物质在阴离子色谱柱上的出峰顺序为亚砷酸盐、二甲基砷酸、一甲基砷酸、砷酸盐，各组分出峰顺序和保留时间见图 1。

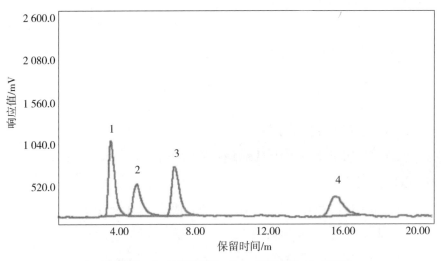

1—亚砷酸盐；2—二甲基砷酸；3——甲基砷酸；4—砷酸盐

图 1　形态砷的液相原子荧光色谱图（阴离子色谱柱 Hamilton PRP-X100）

7.3 测定

7.3.1 空白试样测定

按照与标准曲线测定相同的条件进行空白试样（6.4）的测定。

7.3.2 试样测定

按照与空白试样测定相同的仪器条件进行试样（6.3）的测定。

8 结果计算与表示

8.1 定性分析

目标化合物的定性方式以 4 种形态砷色谱图的保留时间定性。

8.2 结果计算

土壤样品中形态硒的含量按式（1）计算：

$$w_1 = \frac{C_i \times V_i \times f}{m \times w_{dm}} \tag{1}$$

式中：w_1——样品中目标物的含量，mg/kg；

C_i——从标准曲线所得试样中目标物的质量浓度，μg/L；

V_i——提取液体积，ml；

f——稀释倍数；

m——样品量（湿重），g；

w_{dm}——样品的干物质含量，%。

沉积物样品中形态硒的含量按式（2）计算：

$$w_2 = \frac{C_i \times V_i \times f}{m \times \left(1 - w_{H_2O}\right)} \tag{2}$$

式中：w_2——样品中目标物的含量，mg/kg；

C_i——从标准曲线所得试样中目标物的质量浓度，μg/L；

V_i——提取液体积，ml；

f——稀释倍数；

m——样品量（湿重），g；

w_{H_2O}——样品含水率，%。

8.3 结果表示

测定结果小数点后位数的保留与方法检出限一致，最多保留 3 位有效数字。

9 精密度和准确度

9.1 精密度

实验室内对 0.050 mg/kg、4.0 mg/kg 和 9.0 mg/kg 空白石英砂加标样品进行了 6 次重复测定。实验室内相对标准偏差分别为 3.5% ～ 13.4%，壤土为 4.1% ～ 22.4%，黏土为 4.7% ～ 28.7%。

9.2 准确度

实验室内对 0.050 mg/kg、4.0 mg/kg 和 9.0 mg/kg 空白石英砂加标样品进行了 6 次重复测定。实验室内相对标准偏差分别为 55% ～ 117%，壤土为 54% ～ 101%，黏土为 55% ～ 91%。

10 质量控制和质量保证

10.1 空白实验

实验用器皿等使用前用 HNO₃（1+1）浸泡 24 h 以上。在样品分析完成后各类器皿用清水洗涤 2 次后，再以洗涤剂、自来水和纯水洗涤后烘干。

每 20 个样品或每批次（少于 20 个样品）需做 2 个实验室空白，空白实验结果小于方法检出限，否则应检查试剂空白，仪器系统及前处理过程。

10.2 标准曲线

标准曲线相关系数均应大于 0.995，每一批次样品应分析 1 次标准曲线中间浓度点，目标化合物的测定值与标准值间的偏差应在 ±10% 以内，否则应查找原因，或重新建立标准曲线。

10.3 精密度

每 20 个样品或每批次（少于 20 个样品）需做 1 个平行样品，平行样品的测定结果相对偏差小于 30%。

10.4　准确度

每 20 个样品或每批次（少于 20 个样品）需做 1 个加标样品，加标样品的加标回收率范围为 50% ～ 120%。

11　废物处理

实验中产生的所有废液和废物（包括检测后的残液）应分类收集，置于密闭容器中集中保管，粘贴明显标识，委托具有资质的单位处置。

土壤和沉积物　4种形态硒的测定
液相色谱–原子荧光法

1　方法研究的必要性分析

1.1　形态硒的理化性质和环境危害

1.1.1　形态硒的基本理化性质

硒（Se），原子序数为 34，相对原子质量为 78.96，是一种非金属元素，CAS 号为 7782-49-2。硒的密度为 4.81 g/cm³，熔点 217℃，沸点 684.9℃。单质硒的物理形态为固态，外观带有灰色金属光泽，不溶于水和醇类，溶于酸碱。硒在自然界的存在方式分为无机硒和有机硒两种，主要存在价态有 0 价、+4 价、+6 价、–2 价，4 种形态硒的化学结构式见表 2-3-1。

亚硒酸（H_2SeO_3），相对分子质量为 128.97，是一种无机酸。亚硒酸的密度约为 8.01 g/cm³，熔点为 70℃，沸点 684.9℃。亚硒酸的物理状态为白色溶液，溶于水和乙醇，不溶于氨水。亚硒酸中的硒为 +4 价。

硒酸（H_2SeO_4），相对分子质量为 144.97，是一种无机酸。硒酸的密度约为 2.95 g/cm³，熔点为 58℃，沸点为 260℃。硒酸的物理状态为无色晶体，易潮解，溶于水和硫酸，不溶于氨水。硒酸中的硒为 +6 价。

硒代胱氨酸（$C_6H_{12}N_2O_4Se_2$），相对分子质量为 334.09，是一种含硒氨基酸。硒代胱氨酸的熔点为 212 ～ 215℃，沸点为 230°。硒代蛋氨酸为无色透明状晶体，溶于酸碱。硒代胱氨酸中的硒为 –2 价。

硒代蛋氨酸（$C_5H_{11}NO_2Se$），相对分子质量为196.11，是一种含硒氨基酸。硒代蛋氨酸的熔点为 267～269℃，沸点为 320.8℃。硒代蛋氨酸为无色透明状晶体，溶于水和甲醇。硒代蛋氨酸中的硒为 -2 价。

表 2-3-1　4 种形态硒的化学结构式一览表

中文名称	英文名称	CAS 号	分子式	结构式
亚硒酸	Selenious acid	7783-00-8	H_2SeO_3	
硒酸	Selenic acid	7783-08-6	H_2SeO_4	
硒代胱氨酸	Selenocystine	29621-88-3	$C_6H_{12}N_2O_4Se_2$	
硒代蛋氨酸	Selenomethionine	1464-42-2	$C_5H_{11}NO_2Se$	

1.1.2　形态硒的环境危害

硒广泛分布于自然环境中，是人体和动物必需的微量元素。硒缺乏可致 40 余种病症，如克山病、大骨节病与心血管症等。但是，硒摄入过量会引发中毒症状。急性中毒时出现一种被称作"蹒跚盲"的综合征。其特征是失明、腹痛、流涎，最后因肌肉麻痹而死于呼吸困难。慢性中毒时出现脱毛、脱蹄、角变形、长骨关节糜烂、四肢僵硬、跛行、心脏萎缩、肝硬化和贫血。硒含量过高所导致的硒中毒事件在全世界范围内也屡有发生，如美国的怀俄明州和科罗拉多州土壤含硒量高达 6 ～ 28 ppm，动物吃了该地区的牧草就会中毒和死亡。而在我国湖北恩施、鱼塘坝及陕西紫阳等地也存在多起硒中毒案例，其中恩施地区人体硒中毒已发现 477 例。

1.1.3　土壤中硒的含量及存在形态

硒是一种非金属元素，在地壳中含量很少且分布不均，土壤中硒的含量存在很大的区域差异。地球土壤自然含硒量在 0.01 ～ 2.0 mg/kg，一般约为 0.4 mg/kg。我国土壤硒元素背景值约为 0.13 mg/kg，一般农田土壤中硒含量变幅较大，大部分在 0.2 ～ 0.3 mg/kg，平均约为 0.25 mg/kg。从硒的营养角度出发，将土壤中含硒量进行划分，硒含量小于 0.125 mg/kg 为缺硒地区，硒含量在 0.125 ～ 0.175 mg/kg 为少硒地区，硒含量在 0.175 ～ 0.45 mg/kg 为足硒地区，硒含量在 0.45 ～ 2.0 mg/kg 为富硒地区，硒含量在 2.0 ～ 3.0 mg/kg 为高硒地区，硒含量大于 3.0 mg/kg 为硒中毒地区。

植物硒被认为是人体摄入硒的主要来源，植物吸收累积量不仅取决于土壤中的硒总量，更与硒赋存价态和形态有关。硒的存在形态在很大程度上决定了其在土壤中的有效性和迁移转化情况。已有研究提出了土壤中硒的赋存形态及其对植物吸收利用硒的影响，提出了形态硒分析的重要性。目前土壤中硒形态的划分方法很多，但总体来说，将土壤中形态硒按照浸提难易分为可溶态、可交换态、铁锰氧化物结合态、有机结合态和残渣态硒五类，可溶态、可交换态的硒含量一般较低，而主要以有机结合态和残渣态存在。大量文献资料报道硒在土壤环境中的化学形态，主要有元素态硒（0 价）、亚硒酸盐（+4 价）、硒酸盐（+6 价）、硒化物（−2 价）和有机态硒。植物吸收累积量不仅取决于土壤中总硒含量，更与硒赋存价态和形态有关。元素态硒（0 价）在土壤含量甚微，很不活泼，一般不能为植物利用，土壤中可以被植物吸收利用的硒价态有硒酸盐（+6 价）、亚硒酸盐（+4 价）和有机硒化合物硒代蛋氨酸和硒代胱氨酸（−2 价）。

1.2 相关环保标准和环保工作的需要

1.2.1 质量、排放及控制标准对形态硒的监测要求

美国国家环境保护局 1996 年颁布的旨在保护人体健康和生态受体安全的《通用土壤筛选导则》中，规定了硒及亚硒酸盐的基于地下水保护的土壤筛选限值均为 0.039 mg/kg，《生态土壤筛选值》中规定了植物和土壤无脊椎动物硒的标准限值为 0.52 mg/kg 和 4.1 mg/kg。日本环保局 1991 年颁布防治土壤污染的《土壤环境质量标准》，从保护土壤、净化水质和涵养地下水功能角度规定了土壤溶出标准限值为 0.01 mg/L。加拿大 2007 年颁布的基于保护人体健康和环境的《土壤环境质量指导值》规定，农田土壤硒及其化合物的限值为 1.0 mg/kg。

另外，美国国家环境保护局 2004 年制定的《饮用水水质标准》中规定饮用水中硒含量应低于 0.05 mg/L。日本 2015 年最新颁布的《饮用水水质基准》规定饮用水中硒的浓度限值为 0.01 mg/L。欧盟制定的《欧盟饮用水水质指令》规定饮用水中硒的浓度限值为 0.01 mg/L。世界卫生组织（World Health Organization，WHO）制定的《饮用水水质标准》中规定饮用水中硒浓度应低于 0.01 mg/L。我国 2007 年 7 月 1 日开始实施的《生活饮用水卫生标准》（GB 5749—2006）已将硒列入水质常规指标中的毒理指标，限值为 0.01 mg/L。国际食品法典委员会标准《食品中污染物最高限量标准》将硒列入营养素指标。目前，我国对食品中硒含量颁布了《食品安全国家标准 食品中污染物限量》（GB 2762—2005）规定了粮食、豆类及制品、蔬菜、水果、畜禽肉类、鱼类，蛋类、鲜乳、乳粉等食品中硒的含量限值；《食品安全国家标准 食品营养强化剂 亚硒酸钠》（GB 1903.9—2015）规定了食品营养强化剂中亚硒酸钠的含量限值；饲料级亚硒酸钠（NY 47—87）规定了饲料中亚硒酸钠的含量限值。对农产品中硒含量也出台了相关标准，如富硒稻谷（GB/T 22499—2008）、富硒茶（NY/T 600—

2002)、富硒茶（GH/T 1090—2014）等。湖北、陕西、广西、重庆等地也分别制定并实施了《湖北省食品安全地方标准 富有机食品硒含量要求》（DBS42 002—2014）、《富硒食品硒含量分类标准》（DB 6124.01—2010）、《富硒农产品硒含量分类要求》（DB45/T 1061—2014）、《富硒农产品》（DB50/T 705—2016）等地方标准。

我国尚无形态硒的土壤环境质量标准和配套的国家或行业标准监测分析方法。全世界范围内的富硒地区发现的动物硒中毒的案例研究表明，人体内硒生物活性不仅取决于摄入的总硒量，还与硒的化学形态密切相关。目前，我国食品中的砷、汞已建立了相关标准分析方法，如《食品安全国家标准 食品中总砷及无机砷的测定》（GB 5009.11—2014），《食品安全国家标准 食品中总汞及有机汞的测定》（GB 5009.17—2014）。关于农产品、水产品、保健品等介质中硒形态也已建立了行业标准监测分析方法，但尚未建立土壤和沉积物中硒形态相关的国家或者行业标准，形态硒的检测方法的建立显的十分迫切和必要。因此，建立土壤和沉积物中形态硒的分析方法十分必要，此方法可作为储备方法。

表 2-3-2　硒及形态硒相关质量标准、排放标准汇总

序号	标准名称	目标物	限值要求	备注
1	《通用土壤筛选导则》（EPA，1996 年）	硒和亚硒酸盐	硒：0.039 mg/kg 亚硒酸盐：0.039 mg/kg	基于地下水保护的土壤筛选限值
2	《生态土壤筛选值》（EPA，1996 年）	硒	硒（植物）：0.52 mg/kg 硒（土壤无脊椎动物）：4.1 mg/kg	基于生态受体安全的土壤筛选限值
3	《土壤环境质量标准》（日本环保局，1991 年）	硒及其化合物	硒（土壤溶出）：0.01 mg/L	从保护土壤净化水质和涵养地下水功能角度

序号	标准名称	目标物	限值要求	备注
4	《土壤环境质量指导值》（加拿大，2007）	硒及其化合物	硒：1.0 mg/kg	农田土壤
5	《饮用水水质标准》（EPA，2004 年）	硒	硒：0.05 mg/L	饮用水限值
6	《饮用水水质基准》（日本，2015 年）	硒	硒：0.01 mg/L	饮用水限值
7	《欧盟饮用水水质指令》（欧盟，2015 年）	硒	硒：0.05 mg/L	饮用水限值
8	《饮用水水质标准》（世界卫生组织，2009 年）	硒	硒：0.05 mg/L	饮用水限值
9	《生活饮用水卫生标准》（GB 5749—2006）	硒	硒：0.01 mg/L	饮用水限值
10	《食品安全国家标准 食品中污染物限量》（GB 2762—2005）	硒	粮食 0.3 mg/kg、豆类及制品 0.3 mg/kg、蔬菜 0.1 mg/kg、水果 0.05 mg/kg、畜禽肉类 0.5 mg/kg、鱼类 1.0 mg/kg、蛋类 0.5 mg/kg、鲜乳 0.03 mg/kg、乳粉 0.15 mg/kg	食品限值
11	《富硒稻谷》（GB/T 22499—2008）	硒	0.04 ～ 0.3 mg/kg	稻谷限值
12	《富硒茶》（NY/T 600—2002）	硒	0.25 ～ 4.00 mg/kg	茶叶限值
13	《富硒茶》（GH/T 1090—2014）	硒	0.2 ～ 4.0 mg/kg	茶叶限值

1.2.2 环境保护重点工作涉及的形态硒监测要求

我国环境质量标准中只有《地表水环境质量标准》（GB 3838—2002）规定了硒的含量限值，没有规定形态硒含量限值，《空气环境质量标准》

（GB 3095—2012）和《土壤环境质量　农用地土壤污染风险管控标准（试行）》（GB 15618—2018）和《土壤污染风险管控标准　建设用地土壤污染风险管控标准（试行）》（GB 36600—2018）中均没有对硒及形态硒的管控要求。土壤中硒及其化合物的含量对植物对硒的吸收状况造成影响，不同形态的硒经由食物链进入生命体，最终会影响人和动物的生长、发育与繁殖。沉积物中硒的迁移性和生物有效性受到其在沉积物中存在形态的影响，它是去除可溶态痕量元素的主要场所，同时又是痕量元素重新迁入周围水环境的巨大来源。因此，监测土壤中形态硒含量也是十分必要的。

　　我国地表水水质中硒的标准分析方法有《水质　汞、砷、硒、铋和锑的测定　原子荧光法》（HJ 694—2014），《水质 32 种元素测定 电感耦合等离子体发射光谱法》（HJ 776—2015），《水质 65 种元素的测定 电感耦合等离子体质谱法》（HJ 700—2014）等。大气中硒的标准分析方法有《空气和废气颗粒物中铅等金属元素的测定 电感耦合等离子体质谱法》（HJ 657—2013）。土壤中硒的标准分析方法有《土壤和沉积物 砷、汞、硒、锑、铋的测定原子荧光法》（HJ 680—2013），《土壤中全硒的测定》（NY/T 1104—2006），《全国土壤污染状况调查土壤样品分析测试方法技术规定》和《土壤元素的近代分析方法》等。目前，我国已经颁布的水质、大气、土壤监测标准中与硒相关的分析方法标准都是检测硒的总量，缺乏完整、系统的形态硒检测的标准分析方法，也缺乏成熟可靠的土壤和沉积物中形态硒的标准分析方法，国内对土壤和沉积物中形态硒含量分析研究的报道为数不多。

2　国内外相关分析方法研究

2.1　主要国家、地区及国际组织相关分析方法研究

2.1.1　国外相关标准分析方法

通过查阅国外硒及其化合物的标准分析方法，大多数国家和地区颁布

的关于硒的标准分析方法都主要集中于不同介质中总硒的测定，不同介质中形态硒的部分标准检测方法概括如下。

2.1.1.1 美国药典 USP XⅫ检测方法

原美国药典 USP XⅫ中规定的形态硒的检测方法主要有直接碘量法检测亚硒酸钠含量，该方法操作比较复杂，溶液的配制与标定比较麻烦。直接碘量方法的原理是在酸性环境中，亚硒酸钠与碘化钾反应生成单质碘，加入过量的硫代硫酸钠与单质碘反应，后用碘标准滴定溶液滴定剩余的硫代硫酸钠，以淀粉为指示剂，根据颜色判定终点。

2.1.1.2 美国分析化学协会检测方法（AOAC）

试样用硫酸 - 盐酸混合酸消化，使硒化合物氧化为无机硒 Se^{4+}，在酸性条件下 Se^{4+} 与 2,3- 二氨基萘反应生成 4,5- 苯并苯硒脑，然后用环己烷萃取。在激发光波长为 376 nm，发射光波长为 520 nm 条件下测定荧光强度，从而计算出试样中硒的含量。

2.1.1.3 国际标准化组织检测方法（ISO）

ISO 9965:1993，水样经硝酸 - 高氯酸混合酸消化，将 +4 价以下的无机硒和有机硒氧化成 +6 价硒，当消化液体积剩余约 1 ml 时取下，用盐酸提取，经盐酸消化将 +6 价硒还原成 +4 价硒，定容待测，荧光分光光度计外标法定量确定试样中被测元素的浓度。

2.1.1.4 法国标准化协会标准检测方法

"NF T30-220—1990 涂料和清漆'可溶'硒含量测定 原子吸收分光光度法"，样品经酸消化后，在盐酸介质中，将样品中的 +6 价硒还原成 +4 价硒，用硼氢化物做还原剂将 +4 价硒在盐酸介质中还原成硒的氢化物，由载气带入原子化器，根据硒的特征吸收，外标法定量确定试样中被测元素的浓度。

2.1.1.5 德国标准协会标准检测方法

"DIN 53770-14-1979 颜料的检验 第 14 部分：盐酸可溶物质硒含

量的测定",用盐酸溶液与试样混合,搅拌处理,用盐酸调节酸度至 pH 1.0～1.5,滤膜过滤后 24 h 完成分析。

2.1.1.6　其他国家或组织标准检测方法

国际标准化组织检测方法 ISO 20280—2007 土壤 用电热或氢化法原子吸收光谱法测定王水土壤萃取物中的砷、锑和硒。英国标准学会 BS ISO 20280—2008 用电热或氢化法原子吸收光谱法测定王水萃取物中的砷、锑和硒。EPA 方法 "SW-846 Test Method 7741A 固体废物中硒的测定 原子吸收 气态氢化物" "SW-846 Test Method 7742 固体废物中硒的测定 原子吸收 硼氢化物还原"。韩国标准 "KS I ISO 20280—2013" 用电热式或氢化物产生式原子吸收光谱法测定土壤的王水萃取物中的砷、锑和硒。法国标准 "NF X31-437-2007" 用电热或氢化物发生原子吸收光谱法测定王水土壤萃取物中砷、锑和硒。德国标准 "DIN ISO 20280—2010" 用电热或氢化法原子吸收光谱法测定王水土壤萃取物中的砷、锑和硒(ISO 20280—2007)。加拿大通用标准委员会标准检测方法 "CGSB 1.500-75 METH 5-CAN2—1973 防护涂层中有毒痕量元素的试验方法 低浓度可提取硒(Se)的测定"。澳大利亚标准协会标准检测方法 "AS 1678.6.0.016—1998 应急处置指南 运输 铍化合物 硒酸盐或亚硒酸盐"。日本工业标准检测方法 "JIS K8035—1996 亚硒酸" "JIS K8036—1994 亚硒酸钠"。台湾地方标准协会标准检测方法 "CNS 8027—1985 化学试药(亚硒酸钠)" "CNS 1925—1970 化学试药(亚硒酸)。"

表 2-3-3　硒及形态硒相关的国外标准分析方法

序号	标准名称	介质	目标物	提取 / 消解	检测仪器	方法检出限、精密度、准确度
1	EPA Method 7741A	固废	硒	硝酸 - 硫酸 / 硝酸 - 盐酸	原子吸收	检出限：0.002 mg/L

序号	标准名称	介质	目标物	提取 / 消解	检测仪器	方法检出限、精密度、准确度
2	EPA Method 7742	固体废物	硒	硝酸 - 硫酸 / 硝酸 - 过氧化氢	原子吸收	检出限：0.003 mg/L
3	美国药典 USP ⅩⅫ	饲料	亚硒酸钠	碳酸钠 - 盐酸	—	—
4	美国分析化学协会 AOAC Official Method	食品、添加剂	硒	硫酸 - 盐酸	荧光分光光度计	检出限：0.2 μg/g 加标回收：87.6% ～ 97.5%
5	美国材料与试验协会 ASTM D3859- 08	水质	硒	硝酸	a. 石墨炉原子吸收法 b. 氢化物发生 - 原子吸收法	a. 测量范围：2 ～ 100 μg/L b. 测量范围：1 ～ 20 μg/L
6	国际标准化组织 ISO 9965:1993	水质	硒	硝酸 - 高氯酸 / 盐酸	氢化物发生 - 原子吸收	测量范围：1 ～ 10 μg/L
7	国际标准化组织 ISO/ TS 17379-1:2013	水质	硒	硝酸 - 高氯酸 / 盐酸	a. 氢化物发生原子荧光光度计 b. 氢化物发生 - 原子吸收	a. 测量范围：0.02 ～ 100 μg/L b. 测量范围：0.5 ～ 20 μg/L

2.1.2 国外文献报道分析方法

国外有部分对硒的总量或形态的研究方法，一般都是用于研究某个地区的水质，土壤或是植物的含硒量。其中，较为常见的归纳于表 2-3-4 中。

2018 年，Fei Zhou（周飞）等在 *Food Chemistry* 上发表了题为 *Effects of selenium application on Se content and speciation in Lentinula edodes* 的文章，介绍了从香菇中测定硒总量的方法：通过消化，水浴振荡后用原子荧光光谱法测定硒的总量。检出限为 0.051 mg/kg±0.003 mg/kg。

2018 年，Paramee Kumkrong 的团队在 *Selenium analysis in waters. Part 1: Regulations and standard methods* 文章中使用了荧光法测定水中的总硒。他们使用了荧光络合，然后用盐酸消解最后用荧光仪测定，检出限为 1 μg/L。

2016 年，Mervi Söderlund 团队发表的文章 *Sorption and speciation of selenium in boreal forest soil* 中，主要测定土壤中的硒酸盐和亚硒酸盐，他们使用强酸处理了土壤样本，再通过振荡离心取上清液后，使用 HPLC-ICP-MS，再运用公式计算两种盐的含量。

2015 年，Supriatin 团队发表的文章 *Selenium speciation and extractability in Dutch agricultural soils* 中，对于土壤中不同形态硒的测定，先用次氯酸钠对土壤氧化，再用王水消化，最后再用草酸铵萃取后，使用 HPLC-ICP-MS 进行测量。

2016 年，MalgorzataBodnar 等在 *Evaluation of candidate reference material obtained from selenium-enriched sprouts for the purpose of selenium speciation analysis* 一文中，分别采用两种方法测定了豆芽中的总硒与形态硒。总硒直接用硝酸消解，然后即可用 GF-AAS 法测出总硒的量。形态硒要经过消解、离心、过滤后，通过 PrP-X100 阴离子交换柱，最后测定。

表 2-3-4　国外文献报道形态硒检测的相关分析方法

序号	介质	目标物	提取方式	提取溶剂	仪器	检出限	参考文献
1	植物粉末	硒及形态硒	水浴震荡，过滤等	消化液 +HCl（1+1）	AFS-9780	0.051 mg/kg	*Effects of selenium application on Se content and speciation in Lentinula edodes*
2	水	硒	荧光络合（DAN）	HCl	荧光仪	1 μg/L	*Selenium analysis in waters. Part 1: Regulations and standard methods*

序号	介质	目标物	提取方式	提取溶剂	仪器	检出限	参考文献
3	土壤	硒酸盐亚硒酸盐	震荡，离心	强酸溶液	HPLC-ICP-MS	—	*Sorptionand speciation of selenium in boreal forest soil*
4	土壤	形态硒	消化，萃取	草酸铵 - 草酸	HPLC-ICP-MS	—	*Selenium speciation and extractability in Dutch agricultural soils*
5	土壤	硒	消化过滤，微波	5 ml 浓 HF 溶液，200 μl 浓 HNO₃ 溶液	HG-AFS	—	*Selenium content in soils from Murcia Region（SE, Spain）*
6	土壤	硒（Ⅳ）	吸附 / 解吸	硒酸钠溶液	GFAAS	—	*Adsorption-desorption reactions of selenium（Ⅵ） in tropical cultivated and uncultivated soils under Cerrado biome*
7	豆芽	总硒	消解	硝酸	GF-AAS	—	*Evaluation of candidate reference material obtained from selenium-enriched sprouts for the purpose of selenium speciation analysis*
8	豆芽	形态硒	消解，离心，过滤	蛋白酶，脂肪酶，Tris-HCl	PrP-X100 阴离子交换柱	—	*Evaluation of candidate reference material obtained from selenium-enriched sprouts for the purpose of selenium speciation analysis*

2.2 国内相关分析方法研究

2.2.1 国内相关标准分析方法

我国水产品和农作物形态硒已有部分行业标准和地方标准，如《出口水产品中有机硒和无机硒的测定　氢化物发生原子荧光光谱法》（SN/T 4526—2016），《出口保健品中硒酸和亚硒酸含量的测定》（SN/T 4060—2014），《稻米中有机硒和无机硒含量的测定　原子荧光光谱法》（DB 3301/T 117—2007）。

2.2.1.1 《出口水产品中有机硒和无机硒的测定　氢化物发生原子荧光光谱法》（SN/T 4526—2016）

总硒的测定，称取试样 0.5 ～ 3.0 g 或准确移取液体试样 1.00 ～ 5.00 ml，置于锥形瓶中，加 10 ml 硝酸 - 高氯酸混合酸（9+1）及几粒玻璃珠，盖上表面皿冷消化过夜，次日于电热板上加热，并及时补加硝酸。当溶液变为清亮无色并伴有白烟产生时，再继续加热至剩余体积为 2 ml 左右切不可蒸干，冷却，再加 5 ml 盐酸溶液（6 mol/L），继续加热至溶液变为清亮、无色并伴有白烟出现。冷却后转移至 10 ml 容量瓶中，加入 2.5 ml 铁氰化钾溶液（100 g/L），用水定容，混匀待测。使用原子荧光光度计检测，外标法定量。

无机硒的测定，称取 2.5 g 试样，置于 25 ml 具塞试管中，加入盐酸（1+1）定容至 25 ml，混匀，置于 60℃恒温水浴中 200 r/min 振荡提取 18 h，取出冷却至室温，再经脱脂棉过滤。将滤液倒入分液漏斗中，加入 5 ml 环己烷萃取，手机水相于烧杯中。准确吸取 4.00 ml 水相于 10 ml 具塞刻度管中，置于沸水中水浴 20 min，取出冷却至室温，分别加入 1.0 ml（100 mg/L）铁氰化钾、3 滴正辛醇，用水定容至 10 ml，摇匀待测。使用原子荧光光度计检测，外标法定量。

2.2.1.2 《出口保健品中硒酸和亚硒酸含量的测定　液相色谱 - 电感耦合等离子体质谱仪联用法》（SN/T 4060—2014）

胶囊、片状、液体状保健品亚硒酸盐的测定，准确称取 1 g 样品于 25 ml 的比色管中，用 0.1 mol/L 氢氧化钠定容至 25 ml，放入水浴振荡器中，转速为 200 r/min，振摇 10 min 后，以 800 r/min 离心 10 min，分离出上清液，过 0.45μm 滤膜，胶囊和片状样品清液应用流动相稀释后测定。使用液相色谱 - 电感耦合等离子体质谱仪检测，外标法定量。

鱼油保健品亚硒酸盐的测定，准确称取 1 ml 样品于 25 ml 的比色管中，用 0.1 mol/L 氢氧化钠定容至 25 ml，再加入 15 ml 正己烷旋涡 10 min，放入水浴振荡器中，转速为 200 r/min，振摇 10 min 后，以 800 r/min 离心 10 min，分离出上清液，过 0.45μm 滤膜，胶囊和片状样品清液应用流动相稀释后测定。使用液相色谱 - 电感耦合等离子体质谱仪检测，外标法定量。

2.2.1.3 《稻米中有机硒和无机硒含量的测定　原子荧光光谱法》（DB 3301/T 117—2007）

总硒的测定，称取试样 0.5 ～ 3.0 g 或准确移取液体试样 1.00 ～ 5.00 ml，置于锥形瓶中，加 10 ml 硝酸 - 高氯酸混合酸（9+1）及几粒玻璃珠，盖上表面皿冷消化过夜，次日于电热板上加热，并及时补加硝酸。当溶液变为清亮无色并伴有白烟产生时，再继续加热至剩余体积为 2 ml 左右切不可蒸干，冷却，再加 5 ml 盐酸溶液（6 mol/L），继续加热至溶液变为清亮、无色并伴有白烟出现。冷却后转移至 10 ml 容量瓶中，加入 2.5 ml 铁氰化钾溶液（100 g/L），用水定容，混匀待测。使用原子荧光光度计检测，外标法定量。

无机硒的测定，称取 2.5 g 试样于 50 ml 具塞刻度试管中，加 6 mol/L 盐酸溶液 20 ml，混匀后置于 70℃恒温水浴，振荡浸提 2 h，冷却至室温，用 6 mol/L 盐酸溶液定容至 25 ml，再经脱脂棉过滤。取滤液 12.5 ml 于 25 ml 具塞刻度试管中，并置于沸水浴中 20 min，冷却至室温，分别加入 2.5 ml 铁氰化钾溶液、正辛醇 3 滴，加水定容，混匀待测。使用原子荧光光度计检测，外标法定量。

2.2.2 国内文献报道分析方法

国内除了硒及其化合物检测的标准分析方法外，文献中也有形态硒检测的相关报道，主要涉及海产品、水产品、食品、大米、茶叶、保健品等中亚硒酸、硒酸、硒代胱氨酸、硒代蛋氨酸等的形态硒的检测。检测所用仪器有高压液相色谱 - 原子荧光光谱仪、高压液相色谱 - 氢化物发生 - 原子荧光光谱仪、高效液相色谱 - 电感耦合等离子体质谱联用仪。提取溶剂有去离子水、盐酸（0.1 mol/L）、强氧化钠（0.1 mol/L）、去离子水加蛋白酶 XIV 或链霉蛋白酶 E 等。提取方式有超声、水浴震荡、恒温混旋等。净化方式有过 0.45 μm 水系滤膜和 0.22 μm 过滤头。国内关于亚硒酸、硒酸、硒代胱氨酸、硒代蛋氨酸等的形态硒的检测的文献统计见表 2-3-5。

2.3 国内相关分析方法与本方法的关系

本方法在土壤和沉积物前处理方法上参考了国内外相关分析方法并进行了优化，提取溶剂主要涉及去离子水，氯化钙、盐酸、氢氧化钠、磷酸二氢钾等，以连续提取法为基准，并选取相关方法中应用较为普遍的恒温超声、恒温水浴振荡、恒温翻转振荡进行提取条件的优化；样品的净化部分采用过 0.45 μm 或 0.22 μm 微孔水系滤膜，选取相关方法中涉及的不同流动相进行分离条件的优化；仪器分析部分主要选取了相关方法中涉及的 Merck C_8 整体柱和 Hamilton PRP-X100 阴离子色谱柱进行了仪器分析条件的优化。

表 2-3-5　国内文献报道形态硒检测的相关分析方法

序号	介质	提取剂	目标物	提取率	净化	仪器	色谱柱	流动相	检出限	参考文献
1	茶叶	HCl (1+1)	Se (IV)	91.1%	—	HPLC-HG-AFS	阴离子交换柱（Dionex IonPac AS10）	15 mmol/L $(NH_4)_2HPO_4$, pH=4.5	Se (IV)：0.8 μg/L SeMet：3.0 μg/L SeCys：0.7 μg/L	高效液相色谱—氢化物发生—原子荧光法测定茶叶中的 3 种硒形态；姚晶晶等
			SeMet	117.7%						
			SeCys	104.3%						
2	水产品	去离子水	SeCys	大于 86.6%	—	HPLC-HG-AFS	阴离子交换柱	40 mmol/L $(NH_4)_2HPO_4$, pH =6.0	SeCys：1.2 μg/L Se (IV)：1.4 μg/L SeMet：0.8 μg/L Se (VI)：2.1μg/L	高压液相色谱 - 氢物发生 - 原子荧光谱联用技术检测水产品中硒的赋存形态；尚德荣等
			Se (IV)							
			SeMet							
			Se (VI)							
3	富硒保健品	去离子水	SeCys	—	—	LC-AFS	Merck 的 C_8 整体柱	1% 甲醇（HPLC 级），5mM 磷酸氢二铵，0.5mM 的四丁基溴化（TBAB），用 10% HCOOH 调节 pH=5.5	SeCys：0.57 μg/L SeMet：0.59 μg/L Se (IV)：0.53 μg/L Se (VI)：0.62 μg/L	适用于现场检测的小型形态分析系统及富硒保健品测定；曹小丹等
			SeMet	—						
			Se (IV)	—						
			Se (VI)	102.0%						

序号	介质	提取剂	目标物	提取率	净化	仪器	色谱柱	流动相	检出限	参考文献
4	富硒酵母	0.1 mol/L Tris缓冲液 (pH=10.0)	Se (VI) Se (IV) SeMet SeMeCys	82.5% ~ 101.2%	—	HPLC-HG-AFS	PRP-X100 阴离子交换色谱柱	20 mmol/L $(NH_4)_2HPO_4$, pH=6.0	0.5 ~ 5.0 µg/L	液相色谱-氢化物发生原子荧光光谱法测定富硒酵母中硒的形态;肖志明等
5	富硒花菇	30 mmol/L Tris-HCl溶液 (pH=7.5)	SeMeCys Se (VI) SeMet	103.5% 101.8% 99.6%	—	LC-AFS	Agela MP-C18 (250mm×4.6mm, id5µm)	30mM $(NH_4)_2HPO_4$+0.5mM 四丁基溴化铵(TBAB) +2%CH_3OH, HCOOH 调节 pH=6	SeMeCys: 1.2 µg/L Se (VI): 1.4 µg/L SeMet: 2.3 µg/L	富硒花菇中硒元素的形态分析;兰天康等
6	富硒苦荞	30 mmol/L Tris-HCl溶液, pH=7.5	SeMet Se (IV) SeCys Se (VI)	—	—	高效液相色谱-紫外光还原-氢化物发生原子荧光联用仪	Hamilton 10 µm PRP-X100 阴离子交换色谱柱 (4.1×250 mm)	60 mmol/L $NH_4H_2PO_4$溶液, pH=6.0	SeMet: 10.8 µg/L Se (IV): 1.6 µg/L SeCys: 19.5 µg/L Se (VI): 21.6 µg/L	富硒苦荞植株中硒的形态分析;李瑶佳
7	尿液、硒酵母片	超纯水	SeCys SeMet Se (IV)	—	—	HPLC-AFS	PRP-X100阴离子色谱柱 (250 mm×4.0mm)及保护柱 (25 mm×4.0mm)	10 mmol/L $NH_4H_2PO_4$溶液, pH =5.6 添加 2.5% 的甲醇	SeCys: 4µg/L SeMet: 18µg/L Se (IV): 3µg/L	液相色谱-双通道原子荧光检测联用法同时测定砷和硒的形态;王振华等

序号	介质	提取剂	目标物	提取率	净化	仪器	色谱柱	流动相	检出限	参考文献
	富硒胶囊、富硒碎米荠	超纯水	SeCys SeMet Se（IV） Se（VI）	82.5%～116.5%	—	液相-高灵敏度原子荧光光谱系统	Chromolith RP-8 色谱柱	含 1% 甲醇、0.5 mmol/L 四丁基溴化铵以及 5.0 mmol/L NH₄H₂PO₄ 溶液，pH=5.7	SeCys：0.35 μg/L；SeMet：0.7 4μg/L；Se（IV）：0.12 μg/L；Se（VI）：0.38 μg/L	高灵敏度原子荧光光谱系统应用于砷、硒形态分析的研究；张硕等
9	饲料、富硒酵母	去离子水及 0.01 mol/L 乙酸水溶液	Se（IV） Se（VI） SeCys SeMet	—	—	HPLC-HG-AFS	RP-C₁₈柱（Wondasil, 5 μm, 4.6 mm×150 mm）	以 0.1% 乙酸溶液和甲醇作为流动相	—	液相色谱-原子荧光光谱联用（HPLC-HG-AFS）技术对饲料及富硒酵母中硒形态的分析；王金荣等
10	补硒片	水	Se（IV） Se（VI）	92.3% 94.6%	Oasis HLB 预柱	HPLC-ICP-MS	Dionex IonPacAS 11 阴离子色谱分离柱	10 mmol/L NaOH 溶液	Se（IV）：0.39 ng/ml；Se（VI）：1.28 ng/ml	液相色谱技术与原子荧光光谱联用在汞、砷和硒形态分析中的应用；刘庆阳等
11	食品	超纯水	MeSeCys SeMet SeEt Se（IV） SeCys2 Se（VI）	91.1%～117.7%	—	HPLC-ICP-MS	Dionex IonPac AS11 色谱柱（250 mm×4.0mm）	7.5 mmol/L 磷酸氢二铵溶液，pH=11.0	MeSeCys：0.25 g/L；SeMet：0.20g/L；SeEt：0.35 g/L；Se（IV）：0.15g/L；SeCys2：0.30 g/L；Se（VI）：0.15 g/L	HPLC-ICP-MS 在线联用分析食品中无机硒和硒氨基酸的形态；熊珺等

序号	介质	提取剂	目标物	提取率	净化	仪器	色谱柱	流动相	检出限	参考文献
12	烟草	0.10 mol/L HCl	SeCys Se（IV） SeMeCys Se（VI） SeUr SeMet	—	—	HPLC-ICP-MS	Hamilton PRPX-100 阴离子交换柱	20 mmol/L 柠檬酸水溶液为流动相，pH=7.0	SeCys：1.20 ng/ml Se（IV）：0.34 ng/ml SeMeCys：1.65 ng/ml Se（VI）：0.13 ng/ml SeUr：3.25 ng/ml SeMet：0.65 ng/ml	高效液相色谱—电感耦合等离子体质谱分析烟草中硒形态；李登科等
13	小米	30mmol/L 10 mL 稀盐酸溶液	SeMet Se（IV） SeCys Se（VI）	88.3%~96.1%	—	HPLC-ICP-MS	阴离子交换柱：AS11（250×4.0 mm ID）	10 mmol/L 碳酸氢铵，pH=10.4	SeMet：0.77 ng/ml Se（IV）：0.94 ng/ml SeCys：1.16 ng/ml Se（VI）：1.10 ng/ml	液相色谱结合电感耦合等离子体质谱分析小米中硒元素形态；贾鹏禹等

3 方法研究报告

3.1 方法研究的目标

本方法规定了对土壤和沉积物中形态硒的监测分析方法，包括适用范围、方法原理、干扰和消除、实验材料和试剂、仪器和设备、样品采集和保存、样品制备、定性定量方法、结果的表示、质量控制和质量保证等几个方面的内容，研究的主要目的在于建立既适应当前环境保护工作的需求，又满足当前实验室仪器设备要求的分析方法。

3.2 方法适用范围

本方法规定了测定土壤和沉积物中 4 种形态硒的测定 - 液相色谱 - 原子荧光法。

本方法适用于土壤和沉积物中硒酸盐、亚硒酸盐、硒代胱氨酸、硒代蛋氨酸的测定。

当样品量为 1.0 g 时，定容至 10.0 ml 时，本方法测定亚硒酸盐、硒酸盐、硒代胱氨酸、硒代蛋氨酸的方法检出限分别为 0.02 mg/kg、0.01 mg/kg、0.03 mg/kg、0.1 mg/kg，测定下限分别为 0.08 mg/kg、0.04 mg/kg、0.12 mg/kg、0.4 mg/kg。

3.3 方法原理

采用合适的提取方法提取土壤和沉积物中的形态硒，对提取液水浴、离心、净化、定容后进行液相色谱 - 原子荧光仪分析。通过阴离子柱子将目标化合物分离，根据目标物出峰保留时间定性，外标法定量。

3.4 试剂和材料

除非另有说明，分析时均使用符合国家标准的优级纯和分析纯试剂，试验用水为新制备的去离子水或蒸馏水，并进行空白试验，确认目标化合物浓度低于方法检出限。

①盐酸（HCl）：分析纯。

②氢氧化钾（KOH）：分析纯。

③碘化钾（KI）：分析纯。

④硼氢化钾（KBH_4）：分析纯。

⑤磷酸氢二铵（$(NH_4)_2HPO_4$）：分析纯。

⑥甲酸（CH_2O_2）：分析纯。

⑦氨水（$NH_3 \cdot H_2O$）：分析纯。

⑧亚硒酸钠（Na_2SeO_3）：优级纯。

⑨硒酸钠（Na_2SeO_4）：优级纯。

⑩甲酸酸溶液（1+4）。

准确量取甲酸（⑥）20.0 ml，加入 80 ml 纯水，混匀。

⑪ 氨水溶液（1+4）。

准确量取氨水（⑦）20.0 ml，加入 80 mL 纯水，混匀。

⑫ 还原剂溶液（2.0% KBH_4+0.5% KOH）。

称取 5.0 g 氢氧化钾于 1 L 纯水中，完全溶解后称取 20.0 g 硼氢化钾（④）溶于上述溶液。

⑬ 氧化剂溶液（0.1% KI+0.5% KOH）。

称取 5.0 g 氢氧化钾（②）1 L 纯水中，完全溶解后称取 1.0 g 碘化钾（③）溶于上述溶液。

⑭ 载流溶液（7.0% HCl）。

准确量取盐酸（①）70.0 ml，加入 930.0 ml 纯水，混匀。

⑮ 磷酸氢二铵溶液：ρ=40 mmol/L。

称取 5.28g 磷酸氢二铵溶于 1L 纯水中，用甲酸溶液（⑩）调节 pH 在 5.98 ～ 6.02。

⑯ 亚硒酸盐 [Se（Ⅳ）] 标准储备溶液：ρ=50 mg/L，以 Se 计。可直接购买包含相关目标物的有证标准溶液，或用纯标准物质配置。

⑰ 硒酸盐 [Se（Ⅵ）] 标准储备溶液：ρ=50 mg/L，以 Se 计。可直接购买包含相关目标物的有证标准溶液，或用纯标准物质配置。

⑱ 硒代胱氨酸（SeCys）标准储备溶液：ρ=50 mg/L，以 Se 计。可直接购买包含相关目标物的有证标准溶液，或用纯标准物质配置。

⑲ 硒代蛋氨酸（SeMet）标准储备溶液：ρ=50 mg/L，以 Se 计。可直接购买包含相关目标物的有证标准溶液，或用纯标准物质配置。

⑳ 硒混合标准使用液：ρ=5 mg/L，以 Se 计。

分别准确移液取亚硒酸盐（⑯）、硒酸盐（⑰）、硒代胱氨酸（⑱）、硒代蛋氨酸（⑲）标准溶液各 10 ml，置于 100 ml 容量瓶中，纯水稀释至刻度，得浓度为 5 mg/L 的形态硒混合标准使用液。

㉑ 载气：氩气，纯度 ≥ 99.999%。

3.5　仪器和设备

①液相色谱 - 原子荧光联用仪。

②色谱柱：阴离子色谱柱（Hamilton PRP-X100 250 mm×4.1 mm i.d. 10 μm），或等效柱。

③提取装置：恒温水浴超声仪。

④抽滤装置，配 0.22 μm 或 0.45 μm 水系滤膜或过滤头。

⑤分析天平：感量为 0.01 mg。

⑥ pH 计。

⑦数控超声清洗仪。

⑧一般实验室常用仪器和设备。

3.6　样品

3.6.1　采集与保存

按照《土壤环境监测技术规范》（HJ/T 166）规定采集土壤样品；参照《海洋监测规范 第 3 部分：样品采集、贮存与运输》（GB 17378.3）采集沉积物样品。样品采集后保存在事先清洗洁净的广口棕色玻璃瓶中，应尽快进行试样制备。

3.6.2 试样的制备

土壤样品含水率的测定按照 HJ 613—2011 执行，沉积物样品含水率的测定按照 GB 17378.5—2007 执行。

3.7 分析步骤

3.7.1 试样的预处理

3.7.1.1 不同提取剂中形态硒的稳定性

目前，已报道土壤中形态硒的前处理方法有：纯水提取、磷酸二氢钾、盐酸、氢氧化钠提取。本方法采用纯水、磷酸盐、盐酸、氢氧化钠为提取溶剂做形态硒在提取体系中稳定性试验。

表 2-3-6　形态硒在 4 种不同提取剂中稳定性结果

提取液	形态硒	加标前浓度 / (μg/L)	加标量 / (μg/L)	加标后浓度 / (μg/L)	加标回收率 / %
纯水	SeCys	0.000	50.0	42.660	85.3
	Se（IV）	0.000	50.0	62.100	124.2
	SeMet	0.000	50.0	25.740	51.5
	Se（VI）	0.000	50.0	37.940	75.9
0.1mol/L 氢氧化钠	SeCys	0.000	50.0	0.000	0.0
	Se（IV）	0.000	50.0	59.135	98.4
	SeMet	0.000	50.0	34.235	68.5
	Se（VI）	0.000	50.0	5.320	10.6
1% 磷酸二氢钾	SeCys	0.000	50.0	46.475	93.0
	Se（IV）	0.000	50.0	53.900	107.8
	SeMet	0.000	50.0	0.000	0.0
	Se（VI）	0.000	50.0	7.320	14.6
0.1mol/L 盐酸	SeCys	0.000	50.0	45.400	90.8
	Se（IV）	0.000	50.0	54.450	108.1
	SeMet	0.000	50.0	29.910	59.8
	Se（VI）	0.000	50.0	42.340	84.7

注：硒代胱氨酸在氢氧化钠溶液中不能被提取出，硒代蛋氨酸在磷酸溶液中不能被提取出，说明氢氧化钠溶液和磷酸盐溶液不宜作为硒形态的提取溶剂。

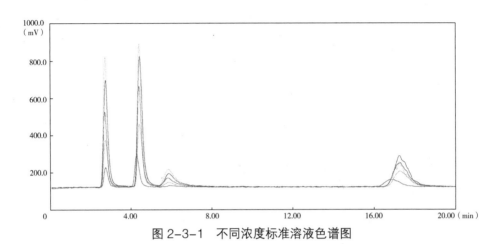

图 2-3-1　不同浓度标准溶液色谱图

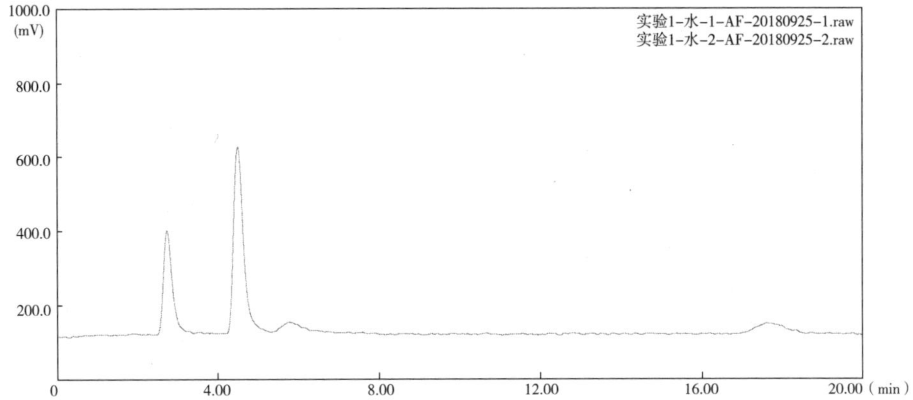

图 2-3-2　纯水提取体系中标准溶液色谱图

3.7.1.2　提取剂的选择

根据形态硒在不同提取剂中的稳定性试验结果，形态硒在纯水和盐酸溶液能够较为稳定的存在，分别以纯水和 0.1 mol/L 盐酸为提取剂，对砂土加标样品进行提取，盐酸溶液提取的加标回收率结果优于纯水提取的加标回收率，见表 2-3-7。

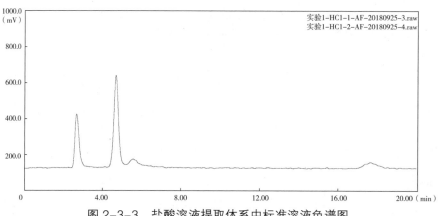

图 2-3-3　盐酸溶液提取体系中标准溶液色谱图

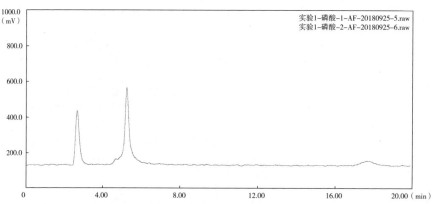

图 2-3-4　磷酸盐溶液提取体系中标准溶液色谱图

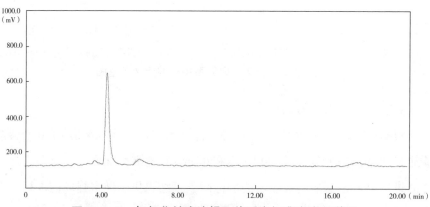

图 2-3-5　氢氧化钠溶液提取体系中标准溶液色谱图

表 2-3-7　超声提取前后形态硒提取效率结果

提取液	形态硒	加标前浓度 / （μg/L）	加标量 / （μg/L）	加标后浓度 / （μg/L）	加标回收率 / %
纯水	SeCys	0.000	50.0	45.400	90.8
	Se（Ⅳ）	0.000	50.0	54.045	108.1
	SeMet	0.000	150.0	89.730	59.8
	Se（Ⅵ）	0.000	50.0	42.340	84.6
0.1 mol/L 盐酸	SeCys	0.000	50.0	43.180	86.4
	Se（Ⅳ）	0.000	50.0	52.410	104.8
	SeMet	0.000	150.0	84.780	56.5
	Se（Ⅵ）	0.000	50.0	45.060	90.1

3.7.1.3　提取剂对形态硒之间转化影响

配制硒形态混合标准溶液分别进行加入纯水和酸溶液提取体系中，不做任何处理，验证酸溶液对硒形态之间的转化影响，各形态硒在酸溶液中的加标回收浓度较纯水中的加标回收浓度变化范围为 –7.650 ～ 5.170 μg/L，变化率范围为 –12.3% ～ 16.2%，见表 2-3-8。

表 2-3-8　提取剂对硒形态之间转化影响

提取液	形态硒	加标前浓度 / （μg/L）	加标量 / （μg/L）	加标后浓度 / （μg/L）	变化率 /%
纯水	SeCys	0.000	50.0	42.660	—
	Se（Ⅳ）	0.000	50.0	62.100	—
	SeMet	0.000	50.0	25.740	—
	Se（Ⅵ）	0.000	50.0	37.940	—
0.1 mol/L 盐酸	SeCys	0.000	50.0	45.400	6.4
	Se（Ⅳ）	0.000	50.0	54.450	−12.3
	SeMet	0.000	50.0	29.910	16.2
	Se（Ⅵ）	0.000	50.0	42.340	11.6

3.7.1.4 提取方式的选择

目前，已报道的土壤中形态硒的提取方式主要是超声提取，本方法采用超声提取、水平振荡提取、翻转振荡提取，得出不同提取方式的提取回收率。超声提取的提取效率优于水平振荡提取和翻转振荡提取的提取回收率，见表2-3-9。

表 2-3-9 不同提取方式提取前后形态硒提取效率结果

提取液	形态硒	加标前浓度 /（μg/L）	加标量 /（μg/L）	加标后浓度 /（μg/L）	加标回收率 /%
超声提取	SeCys	0.000	50.0	44.713	89.4
	Se（IV）	0.000	50.0	26.027	52.1
	SeMet	0.000	150.0	89.518	59.7
	Se（VI）	0.000	50.0	47.750	95.5
水平振荡	SeCys	0.000	50.0	40.232	80.5
	Se（IV）	0.000	50.0	22.382	43.4
	SeMet	0.000	150.0	44.892	29.9
	Se（VI）	0.000	50.0	39.831	79.7
翻转振荡	SeCys	0.000	50.0	38.979	78.0
	Se（IV）	0.000	50.0	24.283	48.6
	SeMet	0.000	150.0	50.847	33.9
	Se（VI）	0.000	50.0	41.777	83.6

3.7.1.5 提取方式对硒形态之间转化影响

配制形态硒混合标准溶液加入 0.1 mol/L 盐酸体系中，分别进行超声 30 min 和不超声处理，验证超声提取方式对形态硒之间的转化影响，结果显示各形态硒加标回收率变化较小，超声提取方式对形态硒之间的转化基本无影响。

表 2-3-10 超声提取前后形态硒提取效率结果

提取液	形态硒	加标前浓度 / (μg/L)	加标量 / (μg/L)	加标后浓度 / (μg/L)	加标回收率 /%
0.1mol/L 盐酸	SeCys	0.000	50.0	45.400	90.8
	Se（IV）	0.000	50.0	54.045	108.1
	SeMet	0.000	150.0	89.730	59.8
	Se（VI）	0.000	50.0	42.340	84.6
0.1mol/L 盐酸（超声提取）	SeCys	0.000	50.0	43.180	86.4
	Se（IV）	0.000	50.0	52.410	104.8
	SeMet	0.000	150.0	84.780	56.5
	Se（VI）	0.000	50.0	45.060	90.1

3.7.2 形态砷分析条件优化

3.7.2.1 流动相的 pH 对 4 种不同形态硒的影响

配制 pH 为 5、6、7、8 的流动相，采用 100 ppb 的 Se 混标进样，比较不同 pH 的流动相对 4 种不同形态硒的荧光响应值的影响，pH=5 时，4种形态硒出峰时间滞后，峰较宽；六价硒峰宽且冲顶。pH=6 时，4 种形态硒出峰时间正常，峰形对称无拖尾，可以完全分开。pH=7 时，2 种无机硒出峰时间提前，SeCys 和四价硒、SeMet 和六价硒相互分不开。pH=8 时，SeCys 和四价硒出峰时间重合。综上所所述，pH 影响不同形态硒的出峰时间和出峰形状，对无机硒的影响尤为明显。pH=6 时，四种硒形态的荧光响应不是最高，但是 4 种硒形态的色谱峰的保留时间和分离效果与标准物质的色谱峰最吻合。

3.7.2.2 载流 HCl 的质量分数 4 种不同形态硒的影响

配制质量分数为 5%、7%、9%、10%、12% 的盐酸溶液，采用 100 ppb 的 Se 混标进样，比较不同质量分数的盐酸对四种不同形态硒的荧光响应值的影响，实验结果如图 2-3-7 所示，HCl 体积浓度为 5%、7%、9%

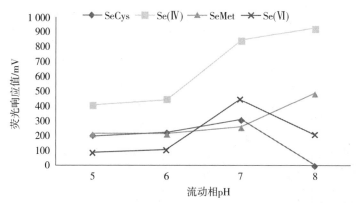

图 2-3-6　不同的 pH 对形态硒的响应值的影响

时 SeCys、Se（Ⅳ）、SeMet 和 Se（Ⅵ）响应值变化相对较大，Se（Ⅳ）响应值先小幅度增大后减小，SeMet 和 Se（Ⅵ）响应值持续减小，SeCys响应值则增大；HCl 体积浓度为 9%、10%、12% 时，SeCys、Se（Ⅳ）、SeMet 和 Se（Ⅵ）的荧光响应值变化减缓且趋于稳定。体积分数为 7% 时4 种硒形态的荧光响应比较灵敏。

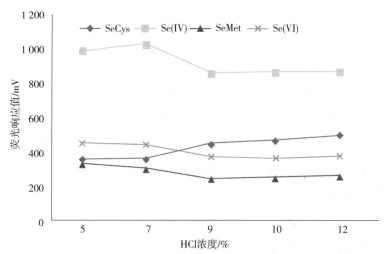

图 2-3-7　不同质量浓度的 HCl 对形态硒响应值的影响

3.7.2.3 还原剂 KOH 的质量分数 4 种不同形态硒的影响

配制质量分数为 0.30%、0.35%、0.50%、0.65% 的氢氧化钾溶液,采用 100 ppb 的 Se 混标进样,比较不同质量分数的氢氧化钾对 4 种不同形态硒的荧光响应值的影响,实验结果如图 2-3-8 所示,由出峰时间,出峰形状以及荧光响应值综合分析得出,氢氧化钾的质量分数对 4 种不同形态硒的影响不大,出于对仪器的保护等综合原因考虑,选用 0.35% 氢氧化钾较合适。

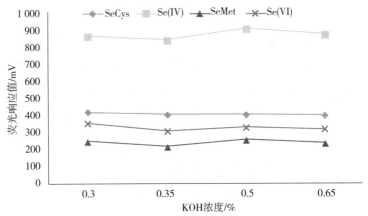

图 2-3-8 不同质量浓度的 KOH 对形态硒的响应值的影响

3.7.2.4 还原剂 KBH_4 的质量分数 4 种不同形态硒的影响

配制质量分数为 1.0%、1.5%、2.0%、2.5% 的 KBH_4 溶液,采用 100 ppb 的 Se 混标进样,比较不同质量分数的 KBH_4 对 4 种不同形态硒的荧光响应值的影响。不同质量浓度的 KBH_4 对 4 种形态硒荧光响应值大小与出峰时间及峰形存在影响。当 KBH_4 的质量分数为 2% 时,4 种硒形态的荧光响应值在 4 种浓度中最高,出峰时间相较稳定,峰形较平滑且基线稳定,综合效果最好。

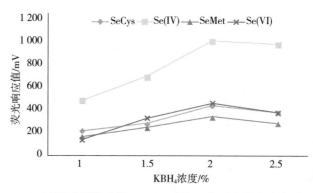

图 2-3-9　不同质量浓度的 KBH4 对硒 4 种形态荧光响应值的影响

3.7.2.5　氧化剂 KI 的质量分数 4 种不同形态硒的影响

配制质量分数为 0.05%、0.10%、0.15% 的碘化钾溶液，采用 100 ppb 的 Se 混标进样，比较不同质量分数的碘化钾对 4 种不同形态硒的荧光响应值的影响，实验结果如图 2-3-10 所示，由出峰时间，出峰形状以及荧光响应值综合分析得出，碘化钾的质量分数对 4 种不同形态硒的影响不大，考虑对柱子的保护，选用 0.05% 碘化钾最合适。

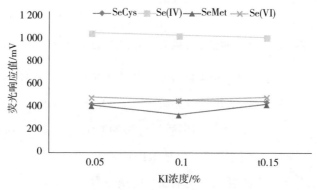

图 2-3-10　不同质量浓度的 KI 对形态硒的响应值的影响

3.7.3　形态硒仪器条件优化

仪器分析条件氢化物发生条件：还原剂为 2.0% KBH_4+0.35% KOH+0.05% KI，载流为 7% HCl，流量 1.0 ml/min。

原子荧光参考条件：光电倍增管负高压 270 V，空心阴极灯总电流 90 mA，辅阴极电流 45 mA，载气流量 400 ml/min，屏蔽气流量 600 ml/min。

液相色谱参考条件：流动相 40 mmol/L（NH$_4$）$_2$HPO$_4$，pH =6.0，等度洗脱，流动相流速：1 ml/min，进样体积：100 μl。

3.7.3.1　形态硒在 Merck 的 C$_8$ 整体柱分离。

形态硒的标准物质在 Merck 的 C$_8$ 整体柱上的出峰顺序为硒代胱氨酸、硒代蛋氨酸、亚硒酸盐、硒酸盐，随着测量时间的延长，硒酸的洗脱时间也随之延长，容易导致硒酸出峰的保留时间不固定。

表 2-3-11　形态硒在整体柱（Merck C$_{18}$）出峰顺序和相应的保留时间

形态硒	硒代胱氨酸	硒代蛋氨酸	亚硒酸盐	硒酸盐
保留时间 /min	3.73	5.00	7.19	10.45

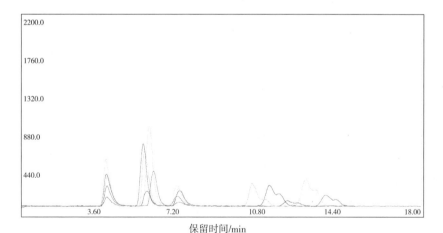

图 2-3-11　形态硒的液相原子荧光色谱图（Merck C$_{18}$ 整体柱）

3.7.3.2　形态硒在阴离子色谱柱（Hamilton PRP-X100）分离

形态硒的标准物质在阴离子色谱柱上的出峰顺序为硒代胱氨酸、亚硒酸盐、硒代蛋氨酸、硒酸盐，各组分出峰的保留时间比较固定。综合考虑两种柱子的分离效果，选用阴离子色谱柱较为合适。

表 2-3-12　形态硒在阴离子色谱柱（Hamilton PRP-X100）出峰顺序和
相应的保留时间

形态硒	硒代胱氨酸	亚硒酸盐	硒代蛋氨酸	硒酸盐
保留时间 /min	2.71	4.32	5.77	16.24

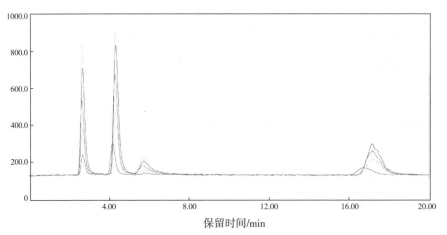

图 2-3-12　形态硒的液相原子荧光色谱图（阴离子色谱柱 Hamilton PRP-X100）

3.7.4　标准曲线的建立

准确移取硒混合标准使用液 0.4 ml、0.8 ml、1.2 ml、1.6 ml、2.0 ml 于 5 个 100 ml 容量瓶中，加纯水至刻度，得浓度为 20 μg/L、40 μg/L、60 μg/L、80 μg/L、100 μg/L 的标准曲线系列。吸取校准系列溶液 100 μl 注入液相色谱 - 原子荧光光度计联用仪进行分析，将得到的色谱图以保留时间定性，以校准系列溶液中的目标化合物浓度为横坐标，色谱峰面积为纵坐标，绘制标准曲线。

表 2-3-13　4 种形态硒标准曲线及相关系数

形态硒	线性范围 /（μg/L）	标准曲线方程	相关系数
SeCys	0～300	$y=5.27\times10^3x-8.45\times10^3$	0.999 3
Se（Ⅳ）	0～300	$y=7.09\times10^3x-6.19\times10^3$	1.000 0

形态硒	线性范围 / （μg/L）	标准曲线方程	相关系数
SeMet	0 ～ 1000	$y=9.28×10^2x-9.62×10^2$	0.999 3
Se（VI）	0 ～ 300	$y=4.00×10^3x-4.49×10^3$	0.999 6

3.7.5　空白试验

称取 1.0 g 过 0.149 mm 筛的石英砂样品置入 100 ml 具塞离心管中，空白试样按照与绘制标准曲线相同的分析步骤进行测定，空白样品目标物含量应低于检出限。

3.8　结果计算与表示

3.8.1　结果计算

根据样品中目标化合物的保留时间定性。

样品中目标化合物的保留时间与标准溶液保留时间的相对偏差应控制在 ±10% 以内。

土壤样品中形态硒的含量按式（2-3-1）计算：

$$w_1 = \frac{C_i × V_i × f}{m × w_{dm}}$$ （2-3-1）

式中：w_1——样品中目标物的含量，mg/kg；

　　　C_i——从标准曲线所得试样中目标物的质量浓度，μg/L；

　　　V_i——提取液体积，ml；

　　　f——稀释倍数；

　　　m——样品量（湿重），g；

　　　w_{dm}——样品的干物质含量，%。

沉积物样品中形态硒的含量按式（2-3-2）计算：

$$w_2 = \frac{C_i × V_i × f}{m × \left(1-W_{H_2O}\right)}$$ （2-3-2）

式中：w_2——样品中目标物的含量，mg/kg；

C_i——从标准曲线所得试样中目标物的质量浓度，μg/L；

V_i——提取液体积，ml；

f——稀释倍数；

m——样品量（湿重），g；

w_{H_2O}——样品含水率，%。

3.8.2　结果表示

测定结果小数点后位数的保留与方法检出限一致，最多保留 3 位有效数字。

3.9　检出限和测定下限

HJ 168—2010 规定，按照样品分析的全部步骤，对预计含量为方法检出限 5 ～ 10 倍的样品进行不少于 7 次平行测定，根据以下公式计算标准偏差和方法检出限，以 4 倍方法检出限作为测定下限。

$$MDL=t_{(n-1,0.99)} \times S$$

式中：MDL——方法检出限；

n——样品平行测定次数，本实验为 7 次；

$t_{(n-1,0.99)}$ 取 99% 置信区间时对应自由度下 t 值，本实验自由度为 6，t 值取 3.143；

S——平行测定结的标准偏差。

操作步骤：称取约 1.0 g（精确至 0.000 1 g）7 份平行样品，分别加入相应绝对量的形态硒标准物质。按照与样品分析相同的步骤进行提取和测定。分别计算各个基质样品中形态硒含量的标准偏差，按照 HJ 168 规定计算方法检出限与检出下限。当土壤和沉积物的样品量为 1.0 g，提取定容体积为 10.0 ml 时，本方法测定 4 种形态硒的方法检出限为 0.01 ～ 0.1 mg/kg，测定下限为 0.04 ～ 0.4 mg/kg。

表 2-3-14　4 种形态硒检出限及检测下限

化合物名称	1	2	3	4	5	6	7	检出限 / (mg/kg)	测定下限 / (mg/kg)
硒代胱氨酸	0.070	0.075	0.079	0.079	0.092	0.090	0.093	0.03	0.12
亚硒酸盐	0.100	0.099	0.086	0.090	0.098	0.105	0.103	0.02	0.08
硒代蛋氨酸	0.628	0.565	0.590	0.627	0.551	0.618	0.559	0.10	0.40
硒酸盐	0.072	0.075	0.074	0.069	0.069	0.071	0.077	0.01	0.04

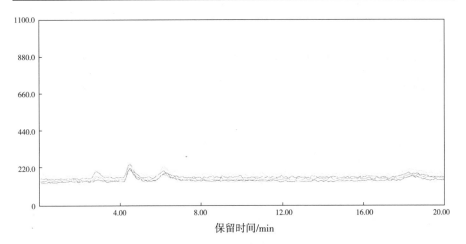

图 2-3-13　4 种形态硒的检出限液相原子荧光色谱图（阴离子色谱柱 Hamilton PRP-X100）

3.10　方法精密度和准确度

3.10.1　方法精密度

操作步骤：称取约 1.0 g（精确至 0.000 1 g）6 份平行样品，分别加入相应绝对量的形态硒标准物质。按照与样品分析相同的步骤进行提取和测定。分别计算各个基质样品中形态硒含量和 6 个平行样的平均值、标准偏差和相对标准偏差。通过平行样品的相对标准偏差，确定各种类型的样品的精密度。

实验室对含量为 0.10 mg/kg 的亚硒酸盐、硒酸盐、硒代胱氨酸和 1.0 mg/kg 的硒代蛋氨酸的空白石英砂加标样品进行了 6 次重复测定。实验室内相对标准偏差分别为 4.4% ～ 12.3%。

表 2-3-15　石英砂中 4 种形态硒加标精密度

化合物名称	1	2	3	4	5	6	标准偏差 /（mg/kg）	平均值 /（mg/kg）	精密度 / %
硒代胱氨酸	0.070	0.075	0.079	0.092	0.090	0.093	0.010	0.083	12.3
亚硒酸	0.100	0.099	0.086	0.098	0.105	0.103	0.007	0.099	7.0
硒代蛋氨酸	0.628	0.565	0.590	0.551	0.618	0.559	0.034	0.585	5.7
硒酸	0.072	0.075	0.074	0.069	0.071	0.077	0.003	0.073	4.4

实验室对含量为 0.50 mg/kg 亚硒酸盐、硒酸盐、硒代胱氨酸和 3.0 mg/kg 硒代蛋氨酸的砂土加标样品进行了 6 次重复测定。实验室内相对标准偏差分别为 3.9% ～ 6.9%。

表 2-3-16　砂土中 4 种形态硒加标精密度

化合物名称	1	2	3	4	5	6	标准偏差 /（mg/kg）	平均值 /（mg/kg）	精密度 / %
硒代胱氨酸	0.577	0.541	0.560	0.569	0.608	0.532	0.027	0.564	4.8
亚硒酸	0.295	0.312	0.274	0.262	0.293	0.313	0.020	0.292	6.9
硒代蛋氨酸	2.214	2.464	2.498	2.220	2.278	2.346	0.122	2.337	5.2
硒酸	0.385	0.410	0.417	0.420	0.407	0.433	0.016	0.412	3.9

3.10.2　方法准确度

操作步骤：称取约 1.0 g（精确至 0.000 1 g）6 份平行样品，分别加入相应绝对量的形态硒标准物质。按照与样品分析相同的步骤进行提取和测定。分别计算各个基质样品中形态硒含量和 6 个平行样的平均值、标准偏差和相对标准偏差。通过加标样品的加标回收率，确定各种类型的样品的准确度。

实验室对含量为 0.10 mg/kg 的亚硒酸盐、硒酸盐、硒代胱氨酸和 1.0 mg/kg

的硒代蛋氨酸的空白石英砂加标样品进行了 6 次重复测定。实验室内加标回收率平均值分别为 58.5% ～ 98.6%。

表 2-3-17　石英砂中 4 种形态硒加标准确度

化合物名称	1	2	3	4	5	6	标准偏差 /（mg/kg）	平均值 /（mg/kg）	加标回收率 /%
硒代胱氨酸	0.070	0.075	0.079	0.092	0.090	0.093	0.010	0.083	83.2
亚硒酸盐	0.100	0.099	0.086	0.098	0.105	0.103	0.007	0.099	98.6
硒代蛋氨酸	0.628	0.565	0.590	0.551	0.618	0.559	0.032	0.585	58.5
硒酸盐	0.072	0.075	0.074	0.069	0.071	0.077	0.003	0.073	72.9

实验室对含量为 0.50 mg/kg 的亚硒酸盐、硒酸盐、硒代胱氨酸和 3.0 mg/kg 的硒代蛋氨酸的砂土加标样品进行了 6 次重复测定。实验室内加标回收率平均值分别为 58.3% ～ 113%。

表 2-3-18　砂土中 4 种形态硒加标准确度

化合物名称	1	2	3	4	5	6	标准偏差 /（mg/kg）	平均值 /（mg/kg）	加标回收率 /%
硒代胱氨酸	0.577	0.541	0.560	0.569	0.608	0.532	0.027	0.564	113
亚硒酸盐	0.295	0.312	0.274	0.262	0.293	0.313	0.020	0.292	58.3
硒代蛋氨酸	2.214	2.464	2.498	2.220	2.278	2.346	0.122	2.337	77.9
硒酸盐	0.385	0.410	0.417	0.420	0.407	0.433	0.016	0.412	82.4

3.11　质量控制和质量保证

3.11.1　空白实验

实验用器皿等使用前用 HNO_3（1+1）浸泡 24 h 以上。在样品分析完成后各类器皿用清水洗涤 2 次后，再以洗涤剂、自来水和纯水洗涤后烘干。

　　每20个样品或每批次（少于20个样品）需做2个实验室空白，空白实验结果小于方法检出限，否则，应检查试剂空白，仪器系统及前处理过程。

3.11.2　标准曲线

　　标准曲线相关系数均应≥ 0.995，每一批次样品应分析一次标准曲线中间浓度点，目标化合物的测定值与标准值间的偏差应在 ±10% 以内，否则应查找原因，或重新建立标准曲线。

3.11.3　精密度

　　每20个样品或每批次（少于20个样品）需做一个平行样品，平行样品的测定结果相对偏差小于20%。

3.11.4　准确度

　　每20个样品或每批次（少于20个样品）需做一个加标样品，加标样品的加标回收率范围为50% ～ 130%。

参考文献

[1] 谭建安 . 人民共和围地方病与环境图集 ［M］. 北京：北京科学出版社，1989.

[2] 瞿建国，徐伯兴，龚书椿 . 连续浸提技术测定土壤和沉积物中硒的形态 ［J］. 环境化学，1997, 16（3）：277-283.

[3] 董广辉，武志杰，陈利军，等 . 土壤——植物生态系统中砸的循环和调节 ［J］. 农业系统科学与综合研究，2002, 01: 65-68.

[4] 食品安全国家标准 食品中污染物限量 ［S］. GB 2762—2005.

[5] 食品安全国家标准 食品营养强化剂 亚硒酸钠 ［S］. GB 1903.9—2015.

[6] 食品营养强化剂中亚硒酸钠的含量限值，饲料级亚硒酸钠 ［S］. NY 47—1987.

[7] 富硒稻谷 ［S］. GB/T 22499—2008.

[8] 富硒茶 ［S］. NY/T 600—2002.

[9] 富硒茶 ［S］. GH/T 1090—2014.

［10］湖北省食品安全地方标准 富有机食品硒含量要求［S］. DBS42 002—2014.

［11］富硒食品硒含量分类标准［S］. DB6124.01—2010.

［12］富硒农产品硒含量分类要求［S］. DB45/T1061—2014.

［13］富硒农产品［S］. DB50/T 705—2016.

［14］食品安全国家标准 食品中总砷及无机砷的测定［S］. GB 5009.11—2014.

［15］食品安全国家标准 食品中总汞及有机汞的测定［S］. GB 5009.17—2014.

［16］AOAC Official Method 996.16 Selenium in Feeds and Premixes.

［17］ISO 9965:1993 Water quality-Part 2: Physical, chemical and biochemical methods-Section 2.45 Determination of selenium by atomic absorption spectrometry.

［18］NF T30-220—1990: Paints and varnisches. Determination of "Soluble" selenium. Atomic absorption spectrometric method, hydride generation and electrothermal atomization.

［19］DIN 53770-14—1979: Testing of pigments; determination of the hydrochloric acid soluble matter, selenium content.

［20］ISO 20280—2007: Soil quality - Determination of arsenic, antimony and selenium in aqua regia soil extracts with electrothermal or hydride-generation atomic absorption spectrometry.

［21］BS ISO 20280—2007: Soil quality. Determination of arsenic, antimony and selenium in aqua regia soil extracts with electrothermal or hydride-generation atomic absorption spectrometry.

［22］Method 7741A: Selenium（Atomic Absorption, Gaseous Hydride）, part of Test Methods for Evaluating Solid Waste, Physical/Chemical Methods.

［23］Method 7742: Selenium（Atomic Absorption, Borohydride Reduction）, part of Test Methods for Evaluating Solid Waste, Physical/Chemical Methods.

［24］KS I ISO 20280—2013: Soil quality-Determination of arsenic, antimony and selenium in aqua regia soil extracts with electrothermal or hydride-generation atomic absorption spectrometry.

［25］NF X31-437—2007: Soil quality - Determination of arsenic, antimony and selenium in aqua regia soil extracts with electrothermal or hydride-generation atomic absorption spectrometry.

［26］DIN ISO 20280—2010: Soil quality - Determination of arsenic, antimony and selenium in aqua regia soil extracts with electrothermal or hydride-generation atomic absorption spectrometry（ISO 20280:2007）.

［27］CGSB 1.500-75 METH 5-CAN2-1973: Methodes D' Essai Des Elements Toxiques A L' Etat De Trace Dans Les Revetements Protecteurs Dosage Du Selenium Extractible （Se）En Faible Concentration.

［28］Fei Zhoua，Wen xiao Yanga，Meng ke Wang，et al..Effects of selenium application on Se content and speciation in Lentinula edodes ［J］. Food Chemistry, 2018, 265: 182-188.

［29］Paramee Kumkrong, Kelly L LeBlanc, Patrick H J，et al.. Selenium analysis in waters. Part 1: Regulations and standard methods ［J］. Science of The Total Environment, 2018, 640-641: 1611-1634.

［30］Mervi Söderlund, Juhani Virkanen, Stellan Holgersson，et al.. Sorption and speciation of selenium in boreal forest soil ［J］. Journal of Environmental Radioactivity, 2016, 164: 220-231.

［31］Supriatin Supriatin, Liping Weng, Rob N.J. Comans. Selenium speciation and extractability in Dutch agricultural soils ［J］. Science of The Total Environment, 2015, 532: 368-382.

［32］C. Pérez-Sirvent, M.J. Martínez-Sánchez, M.L. García-Lorenzo，et al.. Selenium content in soils from Murcia Region（SE, Spain）［J］. Journal of Geochemical

Exploration, 2010, 107: 100-109.

[33] J.H.L. Lessa, A.M. Araujo, G.N.T. Silva, *et al.*. Adsorption-desorption reactions of selenium（Ⅵ）in tropical cultivated and uncultivated soils under Cerrado biome [J]. Chemosphere, 2016, 164: 271-277.

[34] Malgorzata Bodnar, Piotr Konieczka. Evaluation of candidate reference material obtained from selenium-enriched sprouts for the purpose of selenium speciation analysis [J]. LWT - Food Science and Technology, 2016, 70: 286-295.

[35] 出口水产品中有机硒和无机硒的测定 氢化物发生原子荧光光谱法 [S]. SN/T 4526—2016.

[36] 出口保健品中硒酸和亚硒酸含量的测定 [S]. SN/T 4060—2014.

[37] 稻米中有机硒和无机硒含量的测定 原子荧光光谱法 [S]. DB3301/T 117—2007.

[38] 姚晶晶，袁友明，王明锐，等. 高效液相色谱 - 氢化物发生 - 原子荧光法测定茶叶中的 3 种硒形态 [J]. 现代农业科技，2015, 27: 297-298.

[39] 尚德荣，秦德元，赵艳芳，等. 高压液相色谱 - 氢化物发生 - 原子荧光光谱（HPLC-HG-AFS）联用技术检测水产品中硒的赋存形态 [J]. 食品安全质量检测学报，2013, 4（6）: 1847-1852.

[40] 曹小丹，秦德元，郑逢喜，等. 适用于现场检测的小型形态分析系统及富硒保健品测定 [J]. 现代科学仪器，2014, 2: 99-102.

[41] 肖志明，宋荣，贾铮，等. 液相色谱 - 氢化物发生原子荧光光谱法测定富硒酵母中硒的形态 [J]. 分析化学研究报告，2014, 42: 1314-1319.

[42] 兰天康，顾浩峰，张程. 富硒花菇中硒元素的形态分析 [J]. 陕西农业科学，2017, 16（3）: 50-53.

[43] 李瑶佳. 富硒苦荞植株中硒的形态分析 [D]. 硕士论文，2016.

[44] 王振华，何滨，史建波，等. 液相色谱 - 双通道原子荧光检测联用法同时测定砷和硒的形态 [J]. 色谱，2009, 27（5）: 711-716.

［45］张硕，弓振斌．高灵敏度原子荧光光谱系统应用于砷、硒形态分析的研究［J］.分析测试学报，2014, 33（9）：979-985.

［46］王金荣，付佐龙，邢志，等．液相色谱 - 原子荧光光谱联用（HPLC-HG-AFS）技术对饲料及富硒酵母中硒形态的分析［J］.饲料工业，2013, 34（1）：47-50.

［47］刘庆阳．液相色谱与原子光谱联用技术在汞、砷和硒形态分析中的应用［D］.硕士论文，2009.

［48］熊珺，覃毅磊，龚亮，等．HPLC-ICP-MS 在线联用分析食品中无机硒和硒氨基酸的形态［J］.食品工业科技，2017, 4: 67-72.

［49］李登科，范国晖，叶鸿宇，等．高效液相色谱－电感耦合等离子质谱分析烟草中硒形态［J］.分析科学学报，2016, 32（4）：836-840.

［50］贾鹏禹，孙蕊，寇芳，等．液相色谱结合电感耦合等离子体质谱分析小米中硒元素形态［J］.黑龙江科技信息，2017, 15: 129.

土壤和沉积物 4 种形态硒的测定 液相色谱－原子荧光法

1 适用范围

本方法规定了测定土壤和沉积物中 4 种形态硒的测定 液相色谱－原子荧光法。

本方法适用于土壤和沉积物中硒酸盐、亚硒酸盐、硒代胱氨酸、硒代蛋氨酸的测定。

当样品量为 1.0 g 时，定容至 10.0 ml 时，本方法测定亚硒酸盐、硒酸盐、硒代胱氨酸、硒代蛋氨酸的方法检出限分别为 0.02 mg/kg、0.01 mg/kg、0.03 mg/kg、0.1 mg/kg，测定下限分别为 0.08 mg/kg、0.04 mg/kg、0.12 mg/kg、0.4 mg/kg。

2 规范性引用文件

本方法引用了下列文件或其中的条款。凡是不注日期的引用文件，其有效版本适用于本方法。

GB 17378.3　海洋监测规范　第 3 部分　样品采集、贮存与运输

GB 17378.5　海洋监测规范　第 5 部分　沉积物分析

HJ 613　土壤　干物质和水分的测定　重量法

HJ/T 166　土壤环境监测技术规范

3 方法原理

采用合适的提取方法提取土壤和沉积物中的形态硒，对提取液离心、净化、定容后进行液相色谱 - 原子荧光仪分析。通过阴离子柱子将目标化合物分离，根据目标物出峰保留时间定性，外标法定量。

警告：实验中所用的有机溶剂及标准物质均为有毒物质，配制、样品前处理过程应在通风橱中进行操作；应按规定佩戴防护器具，避免接触皮肤和衣物。

4 试剂和材料

除非另有说明，分析时均使用符合国家标准的分析纯试剂。实验用水为不含目标化合物的纯水。

4.1 盐酸（HCl）：分析纯。

4.2 氢氧化钾（KOH）：分析纯。

4.3 碘化钾（KI）：分析纯。

4.4 硼氢化钾（KBH_4）：分析纯。

4.5 磷酸氢二铵 [$(NH_4)_2HPO_4$]：分析纯。

4.6 甲酸（CH_2O_2）：分析纯。

4.7 氨水（$NH_3 \cdot H_2O$）：分析纯。

4.8 亚硒酸钠（Na_2SeO_3）：优级纯。

4.9 硒酸钠（Na_2SeO_4）：优级纯。

4.10 甲酸酸溶液（1+4）。

准确量取甲酸（4.6）20.0 ml，加入 80 ml 纯水，混匀。

4.11 氨水溶液（1+4）。

准确量取氨水（4.7）20.0ml，加入 80ml 纯水，混匀。

4.12 还原剂溶液（2.0% KBH_4+0.5% KOH）。

称取 5.0 g 氢氧化钾（4.2）于 1 L 纯水中，完全溶解后称取 20.0 g 硼氢化钾（4.4）溶于上述溶液。

4.13 氧化剂溶液（0.1% KI+0.5% KOH）。

称取 5.0 g 氢氧化钾（4.2）于 1L 纯水中，完全溶解后称取 1.0 g 碘化钾（4.3）溶于上述溶液。

4.14 载流溶液（7.0% HCl）。

准确量取盐酸（4.1）70.0 ml，加入 930.0 ml 纯水，混匀。

4.15 磷酸氢二铵溶液：ρ=40 mmol/L。

称取 5.28 g 磷酸氢二铵（4.5）溶于 1 L 纯水中，用甲酸溶液（4.10）调节 pH 在 5.98 ～ 6.02。

4.16　亚硒酸盐 [Se（Ⅳ）] 标准储备溶液：ρ=50 mg/L，以 Se 计。可直接购买包含相关目标物的有证标准溶液，或用纯标准物质配置。

4.17　硒酸盐 [Se（Ⅵ）] 标准储备溶液：ρ=50 mg/L，以 Se 计。可直接购买包含相关目标物的有证标准溶液，或用纯标准物质配置。

4.18　硒代胱氨酸（SeCys）标准储备溶液：ρ=50 mg/L，以 Se 计。可直接购买包含相关目标物的有证标准溶液，或用纯标准物质配置。

4.19　硒代蛋氨酸（SeMet）标准储备溶液：ρ=50 mg/L，以 Se 计。可直接购买包含相关目标物的有证标准溶液，或用纯标准物质配置。

4.20　硒混合标准使用液：ρ=5 mg/L，以 Se 计。

分别准确移液取亚硒酸盐（4.16）、硒酸盐（4.17）、硒代胱氨酸（4.18）、硒代蛋氨酸（4.19）标准溶液各 10 ml，置于 100 ml 容量瓶中，纯水稀释至刻度，得浓度为 5 mg/L 的形态硒混合标准使用液。

4.21　载气：氩气，纯度 ≥ 99.999%。

5　仪器和设备

5.1　液相色谱 - 原子荧光联用仪。

5.2　色谱柱：阴离子色谱柱（Hamilton PRP-X100 250 mm×4.1 mm i.d. 10 μm），或等效柱。

5.3　提取装置：恒温水浴超声仪。

5.4　抽滤装置，配 0.22 μm 或 0.45 μm 水系滤膜或过滤头。

5.5　一般实验室常用仪器和设备。

6　样品

6.1　样品采集和保存

按照 HJ/T 166 规定采集土壤样品；参照 GB 17378.3 采集沉积物样品。样品采集后保存在事先清洗洁净的广口棕色玻璃瓶中，应尽快进行试样制备。

6.2 样品的制备

将样品放在不锈钢盘或聚四氟乙烯盘上，摊成 2 ~ 3 cm 的薄层，除去混杂的砖瓦石块、石灰结核和动植物残体等，于阴凉处自然风干，风干后的样品进行粗磨，粗磨后的样品全部过 10 目筛，按照 HJ/T 166 的要求进行样品缩分，取缩分后的样品继续细磨过 100 目筛，分别制得 10 目和 100 目样品。

6.3 水分的测定

称取样品（过 10 目筛）10 ~ 15 g，按照 HJ 613 测定土壤样品干物质含量，按照 GB 17378.5 测定沉积物样品水分含量。

6.4 试样的制备

称取样品（6.2.1 中过 100 目筛样品）1.0 g（精确至 0.000 1 g），于 50 ml 离心管中，加入 0.1 mol/L 盐酸提取液 10.0 ml，于 25℃恒温水域超声提取 30 min，取出静置，再以转速为 6 000 r/min 离心 15 min，取出静置，采用氨水溶液（4.11）调节提取液 pH 至 6.00±0.02。取上清液经 0.45μm 水系滤膜过滤，定容至 10.0 ml，待测。

6.5 空白试样的制备

用石英砂代替样品，按照试样制备步骤（6.3）进行空白试样的制备，每批样品至少测制备 2 个实验室空白试样。

7 分析步骤

7.1 仪器参考条件

7.1.1 液相色谱参考条件

色谱柱：阴离子色谱柱（Hamilton PRP-X100 250 mm×4.1 mm i.d. 10 μm），或等效柱。

流动相组成：40 mmol/L（NH_4）$_2HPO_4$ 溶液，pH =6.0。

流动相洗脱方式：等度洗脱。

流动相流速：1 ml/min。

进样体积：100 μl。

7.1.2　原子荧光参考条件

光电倍增管：负高压 270 V。

空心阴极灯：总电流 90 mA，辅阴极电流 45 mA。

气体流量：载气流量 400 ml/min，屏蔽气流量 600 ml/min。

7.2　标准曲线的建立

准确移取硒混合标准使用液（4.20）0.4 ml、0.8 ml、1.2 ml、1.6 ml、2.0 ml 于 5 个 100 ml 容量瓶中，加纯水至刻度，得浓度为 20 μg/L、40 μg/L、60 μg/L、80 μg/L、100 μg/L 的标准曲线系列。吸取校准系列溶液 100 μl 注入液相色谱 - 原子荧光光度计联用仪进行分析，将得到的色谱图以保留时间定性，以校准系列溶液中的目标化合物浓度为横坐标，色谱峰面积为纵坐标，绘制标准曲线。

形态硒的标准物质在阴离子色谱柱上的出峰顺序为硒代胱氨酸、亚硒酸盐、硒代蛋氨酸、硒酸盐，各组分出峰顺序和保留时间见图 1。

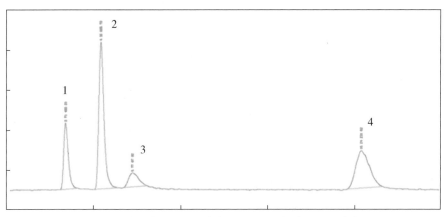

1—硒代胱氨酸；2—亚硒酸盐；3—硒代蛋氨酸；4—硒酸盐

图 1　形态硒的液相原子荧光色谱图（阴离子色谱柱 Hamilton PRP-X100）

319

7.3 测定

7.3.1 空白试样测定

按照与标准曲线测定相同的条件进行空白试样（6.5）的测定。

7.3.2 试样测定

按照与空白试样测定相同的仪器条件进行试样（6.4）的测定。

8 结果计算与表示

8.1 定性分析

目标化合物的定性方式以 4 种形态硒色谱图的保留时间定性。

8.2 结果计算

土壤样品中形态硒的含量按式（1）计算：

$$w_1 = \frac{C_i \times V_i \times f}{m \times w_{dm}} \tag{1}$$

式中：w_1——样品中目标物的含量，mg/kg；

$\quad\quad C_i$——从标准曲线所得试样中目标物的质量浓度，μg/L；

$\quad\quad V_i$——提取液体积，ml；

$\quad\quad f$——稀释倍数；

$\quad\quad m$——样品量（湿重），g；

$\quad\quad w_{dm}$——样品的干物质含量，%。

沉积物样品中形态硒的含量按式（2）计算：

$$w_2 = \frac{C_i \times V_i \times f}{m \times \left(1 - w_{H_2O}\right)} \tag{2}$$

式中：w_2——样品中目标物的含量，mg/kg；

$\quad\quad C_i$——从标准曲线所得试样中目标物的质量浓度，μg/L；

$\quad\quad V_i$——提取液体积，ml；

$\quad\quad f$——稀释倍数；

$\quad\quad m$——样品量（湿重），g；

w_{H_2O}——样品含水率，%。

8.3 结果表示

测定结果小数点后位数的保留与方法检出限一致，最多保留 3 位有效数字。

9 精密度和准确度

9.1 精密度

实验室对含量为 0.10 mg/kg 亚硒酸盐、硒酸盐、硒代胱氨酸和 1.0 mg/kg 硒代蛋氨酸的空白石英砂加标样品进行了 6 次重复测定。实验室内相对标准偏差分别为 4.4% ～ 12.3%。

实验室对含量为 0.50 mg/kg 亚硒酸盐、硒酸盐、硒代胱氨酸和 3.0 mg/kg 硒代蛋氨酸的砂土加标样品进行了 6 次重复测定。实验室内相对标准偏差分别为 3.9% ～ 6.9%。

9.2 准确度

实验室对含量为 0.10 mg/kg 亚硒酸盐、硒酸盐、硒代胱氨酸和 1.0 mg/kg 硒代蛋氨酸的空白石英砂加标样品进行了 6 次重复测定。实验室内加标回收率平均值为 58.5% ～ 98.6%。

实验室对含量为 0.50 mg/kg 亚硒酸盐、硒酸盐、硒代胱氨酸和 3.0 mg/kg 硒代蛋氨酸的砂土加标样品进行了 6 次重复测定。实验室内加标回收率平均值为 58.3% ～ 113%。

10 质量保证和质量控制

10.1 空白实验

实验用器皿等使用前用 HNO_3（1+1）浸泡 24 h 以上。在样品分析完成后各类器皿用清水洗涤 2 次后，再以洗涤剂、自来水和纯水洗涤后烘干。

每 20 个样品或每批次（少于 20 个样品）需做 2 个实验室空白，空白实验结果小于方法检出限，否则，应检查试剂空白，仪器系统及前处理过程。

10.2 标准曲线

标准曲线相关系数均应大于 0.995，每一批次样品应分析一次标准曲线中间浓度点，目标化合物的测定值与标准值间的偏差应在 ±10% 以内，否则应查找原因，或重新建立标准曲线。

10.3 精密度

每 20 个样品或每批次（少于 20 个样品）需做 1 个平行样品，平行样品的测定结果相对偏差小于 20%。

10.4 准确度

每 20 个样品或每批次（少于 20 个样品）需做 1 个加标样品，加标样品的加标回收率范围为 50% ～ 130%。

11 废物处理

实验中产生的所有废液和废物（包括检测后的残液）应分类收集，置于密闭容器中集中保管，粘贴明显标识，委托具有资质的单位处置。

土壤　锰的测定
火焰原子吸收分光光度法

1　方法研究的必要性分析

1.1　锰的环境危害

锰，化学符号 Mn，原子序数 25，是一种银白色过渡金属，质坚而脆。密度为 7.44 g/cm^3，熔点为 1244 ℃，沸点为 1962 ℃。化合价为 +2、+3、+4、+6 和 +7。其中以 +2（Mn^{2+} 的化合物）、+4（二氧化锰，为天然矿物）和 +7（高锰酸盐，如 KMnO$_4$）、+6（锰酸盐，如 K$_2$MnO$_3$）为稳定的氧化态。在固态状态时它以 4 种同素异形体存在：α 锰（体心立方）、β 锰（立方体）、γ 锰（面心立方）、δ 锰（体心立方）。电离能为 7.435 eV，在空气中易氧化，生成褐色的氧化物覆盖层。锰也易在升温时氧化，形成层状氧化锈皮，最靠近金属的氧化层是 MnO，而外层是 Mn$_3$O$_4$。在高于 800 ℃ 的温度下氧化时，MnO 的厚度逐渐增加，而 Mn$_3$O$_4$ 层的厚度减少。在 800 ℃ 以下出现第三种氧化层 Mn$_2$O$_2$。在 450 ℃ 以下最外面的第四层氧化物 MnO$_2$ 是稳定的。锰能分解水，易溶于稀酸，并有氢气放出，生成二价锰离子。

锰也是人类必需的微量元素，地球上一切生命的生物学功能都与锰元素紧密相关。它是构成正常骨骼时所必要的物质，有多方面的作用。它可以激活必要的酶，使维生素 H、B、C 能顺利被人体利用；在制造甲状腺素时也不可或缺。但人体吸收过量锰会引起锰中毒，重度的可出现暴躁、幻觉等症状，引发锰狂症。

1.2　相关环保标准和环保工作的需要

1.2.1　锰的环境质量标准与排放标准

锰的环境质量标准与排放标准见表 2-4-1。

表 2-4-1　锰的环境质量标准与排放标准

序号	标准代号	标准名称	排放限值
1	GB 3838—2002	地表水环境质量标准	0.1 mg/L
2	GB 8978—1996	污水综合排放标准	一级 2.0 mg/L，二级、三级 5.0 mg/L
3	GB 18918—2002	城镇污水处理厂污染物排放标准	日均值 2.0 mg/L

1.2.2　环保工作的需要

最新颁布的《土壤环境质量　农用地土壤污染风险管控标准（试行）》（GB 15618—2018）、《土壤环境质量　建设用地土壤污染风险管控标准（试行）》（GB 36600—2018）尚未对锰的含量做出明确的规定。但鉴于锰及其化合物的毒特性，亟待建立相关的环境保护监测分析标准，对该类物质实现科学的监测分析，为广大人民群众土壤安全保障工程提供可靠的技术支持。

2　国内外相关分析方法研究

目前国内环保行业暂未制订土壤中锰测定的标准，国内其他行业涉及的测定土壤中锰的标准方法有封闭酸溶 /ICP-MS 法、过氧化钠熔样 /ICP-MS 法和高碘酸钾比色法 / 原子吸收分光光度法；国外标准中测定土壤锰的方法比较多，主要以 EPA 标准为主。ISO 标准中测定土壤锰的标准有采用王水萃取土壤中锰，应用火焰和电热原子吸收光谱法测定；英国等国主要引进 ISO 标准方法制定本国的相关土壤锰标准。法国采用化学方法对土壤中锰进行了相关研究；EPA 标准中涉及土壤锰的方法很多，主要有火焰原子吸收分光光度法、石墨炉原子吸收分光光度法、电感耦合等离子体光谱法、电感耦合等离子体质谱法等，土壤消解方式涉及酸消解、微波消解等，具体见表 2-4-2。

表 2-4-2　土壤中锰测定的国内外标准汇总

序号	仪器方法	消解方式	酸体系	来源	标准号	备注
1	分光光度或 AAS	电热板	硝酸 - 盐酸 - 硫酸 / 硝酸 - 盐酸 - 高氯酸	国内林业行业标准	LY/T 1256—1999	
2	ICP-MS	烘箱（185 ℃ ± 5 ℃）	氢氟酸 - 硝酸	国内岩矿行业	GB/T 14506.30—2010	
3	ICP-MS	干法消解（马弗炉 700 ℃）	碱熔：过氧化钠	国内岩矿行业	GB/T 14506.29—2010	
4	FLAA、GFAA、ICP-AES、ICP-MS	微波（170 ～ 180 ℃）	硝酸	EPA	EPA Method 3051/3051A	对应仪器方法 EPA method 6010B/C；6020A/6020；7000A；7000B；7010
5	FLAA、GFAA、ICP-AES、ICP-MS	微波（180 ℃ ± 5 ℃）	硝酸+氢氟酸（消解含硅基体）+双氧水（消解有机物)+盐酸(Ag, Ba,Sb 及高浓度的 Fe 和 Al)	EPA	EPA Method 3052	对应仪器方法 EPA method 6010B/C；6020A/6020；7000A；7000B；7010
6	GFAA 或 ICP-MS	蒸汽浴	硝酸（1：1）+ 水 +30% 双氧水	EPA	EPA Method 3050	对应仪器方法 EPA method 6020A/6020；7000A；7010

序号	仪器方法	消解方式	酸体系	来源	标准号	备注
7	FLAA 或 ICP-AES	蒸汽浴	硝酸（1∶1）+ 水 +30% 双氧水 + 盐酸	EPA	EPA Method 3050	对应仪器方法 EPA method 6010B/C；7000A；7000B；
8	FLAA、GFAA	萃取	王水	BS	BS 7755-3.13-1998	
9	FLAA、GFAA	萃取	王水	ISO	ISO 11047-1998	

3 主要研究内容

3.1 试剂和材料

参照 HJ 168—2010 的相关规定，本方法所用试剂除非另有说明，分析时均适用符合国家标准的分析纯化学试剂，实验用水为新制备的去离子水或同等纯度的水。实验所用的玻璃器皿需先用洗涤剂洗净，再用 1+1 硝酸溶液浸泡 24 h，使用前再依次用自来水、去离子水洗净。

①盐酸：ρ（HCl）=1.19 g/ml，优级纯。

②硝酸：ρ（HNO_3）=1.42 g/ml，优级纯。

③氢氟酸：ρ（HF）=1.49 g/ml，优级纯。

④高氯酸：ρ（$HClO_4$）=1.68 g/ml，优级纯。

⑤双氧水：含量 30%，优级纯。

⑥锰标准贮备液：ρ（Mn）=1 000 mg/L。

使用市售的标准溶液；或称取 1.000 0 g 预先经稀硫酸（5+95）处理，再用水洗，后用无水乙醇洗净表面的氧化物的金属锰（99.99％）溶解于少量盐酸（3.1.1）中，在水浴上蒸干后，加入 5 ml 盐酸，再蒸干。加数滴盐酸和水溶解后，移入 1 000 ml 容量瓶中，加水稀释至标线，摇匀。此溶液含锰 1 000 mg/L。

⑦锰标准中间液：ρ（Mn）=100.0 mg/L

准确吸取 10.00 ml 锰标准贮备液（⑥）于 100 ml 容量瓶中，加入 1 ml 硝酸（②）用超纯水定容至标线，摇匀。

3.2 仪器和设备

①原子吸收分光光度计。

②乙炔：纯度 >99.999%。

③微波消解装置。

④电热板：具有温控功能。

⑤一般实验室常用仪器和设备。

3.3 样品

3.3.1 样品采集与保存

按照《土壤环境监测技术规范》（HJ/T 166—2004）规定采集及保存土壤样品。采集后的样品保存于洁净的玻璃或聚乙烯容器中，4 ℃以下保存，可以保存 180 d。

3.3.2 试样的制备

3.3.2.1 制备方法

试样制备参照《土壤环境监测技术规范》（HJ/T 166—2004）进行风干、粗磨、细磨至过孔径 0.15 mm（100 目）尼龙筛。

3.3.2.2 消解体系的优化

准确测定土壤中重金属含量，前处理是一个重要的环节。目前国内外报道的土壤中总锰的消解加热方法主要包括电热板消解、微波消解等，涉及的消解体系也很多。为了系统的比较各种消解加热方式及酸体系对测定土壤中锰的影响，本方法重点考察了 3 种常见加热方式：电热板消解、微波消解及水浴，8 种消解体系：硝酸 - 氢氟酸、硝酸、硝酸 - 氢氟酸 - 双氧水、王水、硝酸 - 氢氟酸 - 盐酸、硝酸 - 氢氟酸 - 高氯酸、硝酸 - 盐酸 - 高氯酸、硝酸 - 氢氟酸 - 盐酸 - 高氯酸（表 2-4-3）。实验过程中选用了 4 种土壤标准样品和 4 种实际土壤样品。

表 2-4-3　前处理方式

序号	酸体系	加热方式	序号	酸体系	加热方式
Ea	硝酸 + 氢氟酸	电热板	Ma	硝酸 + 氢氟酸	微波
Eb	硝酸	电热板	Mb	硝酸	微波
Ec	硝酸 + 氢氟酸 + 双氧水	电热板	Mc	硝酸 + 氢氟酸 + 双氧水	微波
W	王水	水浴			
Ef	硝酸 - 氢氟酸 - 盐酸	电热板	Mf	硝酸 - 氢氟酸 - 盐酸	微波
Eg	硝酸 - 氢氟酸 - 高氯酸	电热板	Mg	硝酸 - 氢氟酸 - 高氯酸	微波
Eh	硝酸 - 盐酸 - 高氯酸	电热板	Mh	硝酸 - 盐酸 - 高氯酸	微波
Ei	硝酸 - 氢氟酸 - 盐酸 - 高氯酸	电热板	Mi	硝酸 - 氢氟酸 - 盐酸 - 高氯酸	微波

（1）电热板消解

①硝酸 - 氢氟酸体系（Ea 体系）：称取 100 目土壤样品干重 0.5 g（精确至 0.000 1 g）。置于聚四氟乙烯坩埚内，加 2～3 滴水湿润试样。加 10 ml 浓硝酸、3.0 ml 氢氟酸，160 ℃加盖消煮约 1 h，揭盖赶酸，温度仍控制在 180 ℃，蒸至溶液呈粘稠状（注意防止烧干）。取下烧杯稍冷，加入 0.5 ml 浓硝酸，温热溶解可溶性残渣，转移至 50.0 ml 比色管中，冷却后用超纯水定容至标线，摇匀。静置过夜，取上清液经适当稀释后再进行测试。

②硝酸体系（Eb 体系）：称取 100 目土壤样品干重 0.5 g（精确至 0.000 1 g）。置于聚四氟乙烯坩埚内，加 2～3 滴水湿润试样。只加 15 ml 浓硝酸，160 ℃加盖消煮约 1 h，揭盖赶酸，温度控制在 180 ℃，蒸至溶液呈粘稠状（注意防止烧干）。取下烧杯稍冷，加入 0.5 ml 浓硝酸，温热溶解可溶性残渣，

转移至 50.0 ml 比色管中，冷却后用超纯水定容至标线，摇匀。静置过夜，取上清液经适当稀释后再进行测试。

③硝酸 - 氢氟酸 - 双氧水体系（Ec 体系）：称取 100 目土壤样品干重 0.5 g（精确至 0.0001 g）。置于聚四氟乙烯坩埚内，加 2～3 滴水湿润试样。加 10 ml 浓硝酸、3 ml 氢氟酸和 2 ml 双氧水，160 ℃加盖消煮约 1 h，揭盖赶酸，温度控制在 180 ℃，蒸至溶液呈黏稠状（注意防止烧干）。取下烧杯稍冷，加入 0.5 ml 浓硝酸，温热溶解可溶性残渣，转移至 50.0 ml 比色管中，冷却后用超纯水定容至标线，摇匀。静置过夜，取上清液经适当稀释后再进行测试。

④硝酸 - 氢氟酸 - 盐酸（Ef 体系）：称取 100 目土壤样品干重 0.5 g（精确至 0.000 1 g）。置于聚四氟乙烯坩埚内，加 2～3 滴水湿润试样。加 10 ml 浓硝酸、3 ml 氢氟酸和 2 ml 盐酸，160 ℃加盖消煮约 1 h，揭盖赶酸，温度控制在 180 ℃，蒸至溶液呈粘稠状（注意防止烧干）。取下烧杯稍冷，加入 0.5 ml 浓硝酸，温热溶解可溶性残渣，转移至 50.0 ml 比色管中，冷却后用超纯水定容至标线，摇匀。静置过夜，取上清液经适当稀释后再进行测试。

⑤硝酸 - 氢氟酸 - 高氯酸（Eg 体系）：称取 100 目土壤样品干重 0.5 g（精确至 0.000 1 g）。置于聚四氟乙烯坩埚内，加 2～3 滴水湿润试样。加 10 ml 浓硝酸、3 ml 氢氟酸和 2 ml 高氯酸，180 ℃加盖消煮约 1 h，揭盖飞硅、赶酸，温度控制在 210 ℃，蒸至溶液呈黏稠状（注意防止烧干）。取下烧杯稍冷，加入 0.5 ml 浓硝酸，温热溶解可溶性残渣，转移至 50.0 ml 比色管中，冷却后用超纯水定容至标线，摇匀。静置过夜，取上清液经适当稀释后再进行测试。

⑥硝酸 - 盐酸 - 高氯酸（Eh 体系）：称取 100 目土壤样品干重 0.5 g（精确至 0.000 1 g）。置于聚四氟乙烯坩埚内，加 2～3 滴水湿润试样。加 10 ml

浓硝酸、3 ml 盐酸和 2 ml 高氯酸，180 ℃加盖消煮约 1 h，揭盖飞硅、赶酸，温度控制在 210 ℃，蒸至溶液呈粘稠状（注意防止烧干）。取下烧杯稍冷，加入 0.5 ml 浓硝酸，温热溶解可溶性残渣，转移至 50.0 ml 比色管中，冷却后用超纯水定容至标线，摇匀。静置过夜，取上清液经适当稀释后再进行测试。

⑦硝酸 - 氢氟酸 - 盐酸 - 高氯酸（Ei 体系）：称取 100 目土壤样品干重 0.5 g（精确至 0.000 1 g）。置于聚四氟乙烯坩埚内，加 2 ～ 3 滴水湿润试样。加 10 ml 浓硝酸、2 ml 氢氟酸、2 ml 盐酸和 1 ml 高氯酸，180 ℃加盖消煮约 1 h，揭盖飞硅、赶酸，温度控制在 210 ℃，蒸至溶液呈粘稠状（注意防止烧干）。取下烧杯稍冷，加入 0.5 ml 浓硝酸，温热溶解可溶性残渣，转移至 50.0 ml 比色管中，冷却后用超纯水定容至标线，摇匀。静置过夜，取上清液经适当稀释后再进行测试。

（2）水浴消解

称取 100 目土壤样品干重 0.5 g（精确至 0.000 1 g），置于 50 ml 比色管中，加入 10 ml 王水（1+1），加塞于水浴锅中煮沸 2 h，期间摇动 3 ～ 4 次。取下冷却，用蒸馏水定容至刻度，摇匀静置，取上清液经适当稀释后再进行测试。

（3）微波消解

①硝酸 - 氢氟酸体系（Ma 体系）：称取 100 目土壤样品干重 0.5 g（精确至 0.000 1 g）。置于微波消解罐内，加 5 ml 浓硝酸、3 ml 氢氟酸，按照一定消解条件（表 4）进行消解，消解完后冷却至室温，将消解液转移至 50 ml 聚四氟乙烯烧杯中电热板加热赶酸，温度控制在 180 ℃，蒸至溶液呈黏稠状（注意防止烧干）。取下烧杯稍冷，加入 0.5 ml 浓硝酸，温热溶解可溶性残渣，转移至 50.0 ml 比色管中，冷却至室温后用超纯水定容至标线，摇匀。静置过夜，取上清液稀释适当倍数再上机测试。

②硝酸体系（Mb 体系）：称取 100 目土壤样品干重 0.5 g（精确至 0.000 1 g）。置于微波消解罐内，只加 8 ml 浓硝酸，按照一定消解条件（见表 2-4-4）进行消解，消解完后冷却至室温，将消解液转移至 50 ml 聚四氟乙烯烧杯中电热板加热赶酸，温度控制在 180 ℃，蒸至溶液呈粘稠状（注意防止烧干）。取下烧杯稍冷，加入 0.5 ml 浓硝酸，温热溶解可溶性残渣，转移至 50.0 ml 比色管中，冷却至室温后用超纯水定容至标线，摇匀。静置过夜，取上清液稀释适当倍数再上机测试。

表 2-4-4　微波升温程序 1

序号	温度 /℃	升温时间 /min	保持时间 /min
1	室温～ 150	7	3
2	150 ～ 180	5	20

③硝酸 - 氢氟酸 - 双氧水体系（Mc 体系）：称取 100 目土壤样品干重 0.5 g（精确至 0.000 1 g）。置于微波消解罐内，加 5 ml 浓硝酸、2 ml 氢氟酸和 2 ml 双氧水，按照一定消解条件（见表 2-4-4）进行消解，消解完后冷却至室温，将消解液转移至 50 ml 聚四氟乙烯烧杯中电热板加热赶酸，温度控制在 180 ℃，蒸至溶液呈黏稠状（注意防止烧干）。取下烧杯稍冷，加入 0.5 ml 浓硝酸，温热溶解可溶性残渣，转移至 50.0 ml 比色管中，冷却至室温后用超纯水定容至标线，摇匀。静置过夜，取上清液稀释适当倍数再上机测试。

④硝酸 - 氢氟酸 - 盐酸（Mf 体系）：称取 100 目土壤样品干重 0.500 0 g（精确至 0.0001 g）。置于微波消解罐内，加 5 ml 浓硝酸、2 ml 氢氟酸和 2 ml 盐酸，按照一定消解条件（见表 2-4-4）进行消解，消解完后冷却至室温，将消解液转移至 50 ml 聚四氟乙烯烧杯中电热板加热赶酸，温度控制在 180 ℃，蒸至溶液呈黏稠状（注意防止烧干）。取下烧杯稍冷，加入 0.5 ml

浓硝酸，温热溶解可溶性残渣，转移至 50.0 ml 比色管中，冷却至室温后用超纯水定容至标线，摇匀。静置过夜，取上清液稀释适当倍数再上机测试。

⑤硝酸 - 氢氟酸 - 高氯酸（Mg 体系）：称取 100 目土壤样品干重 0.5 g（精确至 0.000 1 g）。置于微波消解罐内，加 2 ～ 3 滴水湿润试样。加 5 ml 浓硝酸、2 ml 氢氟酸和 1 ml 高氯酸，按照一定消解条件（见表 2-4-5）进行消解，消解完后冷却至室温，将消解液转移至 50 ml 聚四氟乙烯烧杯中电热板加热赶酸，温度控制在 180 ℃，蒸至溶液呈黏稠状（注意防止烧干）。取下烧杯稍冷，加入 0.5 ml 浓硝酸，温热溶解可溶性残渣，转移至 50.0 ml 比色管中，冷却至室温后用超纯水定容至标线，摇匀。静置过夜，取上清液稀释适当倍数再上机测试。

表 2-4-5　微波升温程序 2

序号	温度 /℃	升温时间 /min	保持时间 /min
1	室温～ 150	7	3
2	150 ～ 210	5	20

⑥硝酸 - 盐酸 - 高氯酸（Mh 体系）：称取 100 目土壤样品干重 0.5 g（精确至 0.000 1 g）。置于微波消解罐内，加 2 ～ 3 滴水湿润试样。加 5 ml 浓硝酸、2 ml 盐酸和 1 ml 高氯酸，按照一定消解条件（见表 2-4-5）进行消解，消解完后冷却至室温，将消解液转移至 50 ml 聚四氟乙烯烧杯中电热板加热赶酸，温度控制在 180 ℃，蒸至溶液呈黏稠状（注意防止烧干）。取下烧杯稍冷，加入 0.5 ml 浓硝酸，温热溶解可溶性残渣，转移至 50.0 ml 比色管中，冷却至室温后用超纯水定容至标线，摇匀。静置过夜，取上清液稀释适当倍数再上机测试。

⑦硝酸 - 氢氟酸 - 盐酸 - 高氯酸（Mi 体系）：称取 100 目土壤样品干重 0.5 g（精确至 0.000 1 g）。置于聚四氟乙烯坩埚内，加 2 ～ 3 滴水湿润

试样。加 5 ml 浓硝酸、2 ml 氢氟酸、1 ml 盐酸和 1 ml 高氯酸，按照一定消解条件（见表 2-4-5）进行消解，消解完后冷却至室温，将消解液转移至 50 ml 聚四氟乙烯烧杯中电热板加热赶酸，温度控制在 180 ℃，蒸至溶液呈黏稠状（注意防止烧干）。取下烧杯稍冷，加入 0.5 ml 浓硝酸，温热溶解可溶性残渣，转移至 50.0 ml 比色管中，冷却至室温后用超纯水定容至标线，摇匀。静置过夜，取上清液稀释适当倍数再上机测试。

现通过评价土壤标准样品及土壤实际样品的精密度和准确性来考察表 2-4-3 中所列的 15 种前处理方式对测定土壤金属的影响，结果见表 2-4-6 和表 2-4-7。

从表 2-4-6 和表 2-4-7 可以看出，对于 AAS 测定土壤中锰，体系 Mc 微波 / 硝酸 - 氢氟酸 - 双氧水、体系 Ei 电热板 / 硝酸 - 氢氟酸 - 盐酸 - 高氯酸最适宜。

3.3.3　干扰与消除

3.3.3.1　空气乙炔流量选择

锰在空气 - 乙炔贫燃火焰中原子化，在灵敏线 279.5 nm 附近存在非灵敏线，有光谱干扰，应选择吸光度大且尽可能稳定的空气流量、乙炔流量。具体实验过程如下。

（1）空气流量的选择

在固定乙炔流量的条件下，改变空气流量，测定 2 mg/L 锰标准溶液在不同流量时的吸光度，绘制吸光度与空气流量关系曲线，吸光度大且又比较稳定时的空气流量就是最佳的，关系曲线见图 2-4-1。

（2）乙炔流量的选择

在固定空气流量的条件下，改变乙炔流量，测定 2 mg/L 锰标准溶液在不同流量时的吸光度，绘制吸光度与乙炔流量关系曲线，吸光度大且又比较稳定时的乙炔流量就是最佳的。关系曲线见图 2-4-2。

表2-4-6　土壤中锰准确度测定结果汇总（不同消解体系，n=6）

Mn		体系 Ea	体系 Ma	体系 Eb	体系 Mb	体系 Ec	体系 Mc	体系 W	体系 Ei	体系 Mi	体系 Ef	体系 Mf	体系 Eg	体系 Mg	体系 Eh	体系 Mh
GSS-9（520mg/kg ±24 mg/kg）	测定值/（mg/kg）	493	487	434	441	479	486	413	493	471	447	467	367	310	314	419
	相对误差/%	-5.1	-6.4	-16.5	-15.2	-8.0	-6.5	-20.6	-10.9	-9.5	-14.1	-10.2	-29.5	-40.3	-39.6	-19.4
GSS-16（436mg/kg ±15 mg/kg）	测定值/（mg/kg）	373	311	299	285	362	395	308	376	346	326	343	249	244	219	17
	相对误差/%	-14.5	-28.7	-31.5	-34.7	-16.9	-9.4	-29.3	-13.7	-20.6	-25.2	-21.4	-42.8	-43.9	-49.8	-96.1
GSS-4（1 420mg/kg ±75 mg/kg）	测定值/（mg/kg）	1 182	1 209	1 282	1 277	1 113	1 338	1 223	1 255	1 179	1 097	1 226	1 505	5 475	1 113	1 009
	相对误差/%	-16.8	-14.8	-9.7	-10.0	-21.6	-1.8	-13.8	-11.6	-17.0	-22.7	-13.8	5.97	285.6	-21.6	-29.0
GSS-5（1 360mg/kg ±71 mg/kg）	测定值/（mg/kg）	981	1 149	1 185	1 224	1 101	1 316	1 150	1 147	1 156	1 075	1 244	1 335	1 000	999	896
	相对误差/%	-27.9	-15.5	-12.8	-10.0	-19.0	-3.2	-15.4	-15.7	-15.0	-20.9	-8.52	-1.87	-26.5	-26.5	-34.1

表2-4-7 土壤中锰精密度测定结果汇总（不同消解体系，n=6）

Mn		体系Ea	体系Ma	体系Eb	体系Mb	体系Ec	体系Mc	体系W	体系Ei	体系Mi	体系Ef	体系Mf	体系Eg	体系Mg	体系Eh	体系Mh
GSS-9	测定值/（mg/kg）	493	487	434	441	479	486	413	493	471	447	467	367	310	314	419
	相对标准偏差/%	2.0	2.0	0.9	0.5	1.6	6.4	2.5	3.2	2.2	1.5	0.7	1.3	42.4	1.4	3.2
GSS-16	测定值/（mg/kg）	373	311	299	285	362	395	308	376	346	326	343	249	244	219	17
	相对标准偏差/%	1.2	5.1	1.4	0.6	4.3	6.4	3.1	0.9	18.3	1.5	1.3	2.5	1.6	1.3	19.4
GSS-4	测定值/（mg/kg）	1 182	1 209	1 282	1 277	1 113	1 338	1 223	1 255	1 179	1 097	1 426	1 505	5 475	1 113	1 009
	相对标准偏差/%	4.7	5.5	1.8	2.4	4.2	4.9	2.0	8.5	15.1	8.9	2.6	8.6	63.8	1.0	22.9
GSS-5	测定值/（mg/kg）	981	1 149	1 185	1 224	1 101	1 316	1 150	1 147	1 156	1 075	1 244	1 335	1 000	999	896
	相对标准偏差/%	8.6	7.4	0.9	3.6	3.8	12.9	1.7	1.6	8.5	10.3	6.3	1.9	3.9	2.5	18.3
样1	测定值/（mg/kg）	5 814	5 908	5 949	6 042	5 952	5 943	5 300	6 354	7 396	6 059	7 465	6 705	6 402	6 238	6 467
	相对标准偏差/%	2.7	5.2	1.2	2.6	1.7	3.3	9.6	2.0	2.3	4.7	9.9	2.4	3.0	2.3	3.6
样2	测定值/（mg/kg）	7 567	7 341	7 419	7 299	7 276	8 182	6 964	7 726	9 251	7 877	8 839	8 352	3 158	8 171	8 238
	相对标准偏差/%	1.7	3.0	2.0	7.9	1.7	4.3	9.1	2.9	3.0	2.2	1.9	1.2	111.3	2.9	2.4
样3	测定值/（mg/kg）	6 465	7 463	7 367	6 978	7 180	7 691	6 438	7 585	9 006	8 178	8 617	8 010	7 725	4 750	7 488
	相对标准偏差/%	3.1	1.7	1.1	10.5	0.9	3.6	11.9	9.7	5.0	11.1	1.5	4.0	8.0	2.2	14.7
样4	测定值/（mg/kg）	618	638	663	690	592	643	596	671	770	604	656	586	557	534	551
	相对标准偏差/%	8.9	3.6	3.1	5.4	7.4	10.0	6.0	5.3	2.2	8.7	3.1	10.1	5.6	10.5	4.2

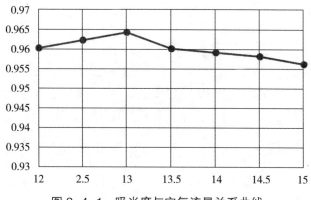

图 2-4-1　吸光度与空气流量关系曲线

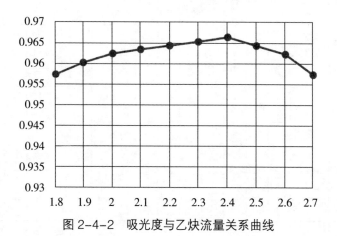

图 2-4-2　吸光度与乙炔流量关系曲线

通过对火焰原子化条件的选择，确定测定锰时乙炔与空气的燃助比为 0.184，该火焰为贫燃型火焰。

3.3.3.2　酸度干扰

将 2.0 mg/L 锰标准溶液分别加入一定量的 HNO_3、HCl、H_2SO_4、$HClO_4$ 和 H_3PO_4，测定实际浓度，其中选取的酸度干扰浓度（V/V）为 0.5%、1%、2%、5%、7% 和 10%，以相对误差为 ±5% 作为干扰判断的依据，结果见表 2-4-8。

由表 2-4-8 得出结论，10% 以下的 HNO_3、HCl、$HClO_4$ 和 H_2SO_4、5% 以下的 H_3PO_4 对锰的测定无干扰。5% 以上的 H_3PO_4 对锰的测定有负干扰，可将水样稀释后测定，以消除干扰。

表 2-4-8　酸度干扰试验结果

酸的种类	酸加入量（V/V）	水中锰含量 /（mg/L）	加入干扰离子后测定结果 /（mg/L）	相对误差 /%	干扰情况
磷酸	5%	2	1.807	-9.63	无干扰
	7%		1.802	-9.92	无干扰
	10%		1.724	-13.79	负干扰
盐酸	10%	2	1.997	-0.15	无干扰
硫酸	7%	2	1.912	-4.41	无干扰
	10%		1.861	-6.97	无干扰
高氯酸	10%	2	1.942	-2.89	无干扰
硝酸	10%	2	1.951	-2.47	无干扰

3.3.3.3　共存离子干扰

考虑实际水样中重金属含量情况，考察 Na、K、Mg、Ca、Ti、Ba、Zn、Mn 和 Ni 对锰测定的干扰。将 2.0 mg/L 的锰标准溶液加入一定浓度的金属标液，测定实际浓度，计算相对误差，以相对误差为 ±5% 作为干扰判断的依据，结果见表 2-4-9、表 2-4-10。

表 2-4-9　金属离子干扰情况

干扰金属离子	Ba	Zn	Pb	Ni	Ca	Al	Mg	K	Ti
浓度 /（mg/L）	20	10	20	10	2 000	800	400	500	300
干扰情况	低于上述浓度的金属离子均不干扰锰的测定								

表 2-4-10　金属离子干扰试验结果

干扰金属离子	干扰离子加入量 /（mg/L）	加入干扰离子后测定结果 /（mg/L）	相对误差 /%	干扰情况
Ba	20	2.003	0.17	无干扰
Zn	10	2.012	0.58	无干扰
Pb	20	1.991	−0.46	无干扰
Ni	10	1.973	−1.37	无干扰
Ca	800	1.944	−2.79	无干扰
	2 000	1.894	−5.32	无干扰
	5 000	1.847	−7.65	无干扰
K	100	1.964	−1.79	无干扰
	200	1.963	−1.87	无干扰
	500	1.946	−2.70	无干扰
Ti	300	1.947	−2.65	无干扰
	500	1.904	−4.80	无干扰
	900	1.848	−7.60	无干扰
Al	800	1.901	−4.95	无干扰
	1 500	1.766	−11.7	负干扰
	3 000	1.714	−14.3	负干扰
Mg	100	1.958	−2.08	无干扰
	200	1.996	−0.21	无干扰
	400	2.030	1.50	无干扰

由表 2-4-9、表 2-4-10 得出结论：10 mg/L 的 Zn 和 Ni、20 mg/L 的 Ba 和 Pb、400 mg/L 的 Mg、500 mg/L 的 K 和 Ti、800 mg/L 的 Ca、Al 对锰的测定无干扰，1 500 mg/L 的 Al 对锰的测定有正干扰。2.0 mg/L 的锰标准溶液加入 1 500 mg/L 的 Al 溶液之后，加入 $MgCl_2$、$CaCl_2$、$La(NO_3)_3$ 3 种释放剂 0.5 ml、1 ml、2 ml，得到表 2-4-11 的锰离子浓度数据。说明干扰离子浓度超过以上浓度范围时，可加入 1 ml 的 10% $MgCl_2$、$CaCl_2$、$La(NO_3)_3$ 溶液后测定，以消除干扰。

表 2-4-11　1 500 mg/L 的 Al 干扰离子加入释放剂实验结果

种类	0.5 ml	1 ml	2 ml
MgCl₂	1.795	1.959	2.013
CaCl₂	1.734	2.034	2.071
La（NO₃）₃	1.741	1.921	2.073

3.3.4　试样的保存

消解后试样保存于聚乙烯瓶中，保证试样 pH<2。

3.3.5　试剂空白的制备

用去离子水代替试样，采用和试样制备相同的步骤和试剂，制备全程序试剂空白。

3.4　分析步骤

3.4.1　仪器工作条件

各实验室仪器型号不尽相同，最佳测定条件也会有所不同，可根据仪器使用说明书调至最佳工作状态。本标准推荐的仪器工作参数如表 2-4-12 所示。

表 2-4-12　仪器工作参数

名称	参数
测定波长 /nm	279.5
通带宽度 / nm	1.0
火焰类型	贫燃
灯电流 /mA	7.0

3.4.2　标准曲线

3.4.2.1　锰的标准曲线的配制

准确移取锰标准使用液 0.00 ml、0.50 ml、1.00 ml、2.00 ml、3.00 ml、

5.00 ml 于 100 ml 容量瓶中，用 1% 硝酸定容至标线，摇匀，其锰的质量浓度分别为 0.50 mg/L、1.00 mg/L、2.00 mg/L、3.00 mg/L、5.00 mg/L。此质量浓度范围应包括试液中锰的质量浓度。

3.4.2.2　标准曲线的绘制

按照仪器参考测量条件由低到高顺次测定标准溶液系列的吸光度。以锰浓度为横坐标，吸光度为纵坐标，绘制标准曲线。每次分析样品时使用新标准使用液绘制标准曲线。

3.4.2.3　测定

按所选工作条件，测定试剂空白和试样的吸光度。由吸光度值在标准曲线上查得被含量。如试样在测定前进行了稀释，应将测定结果乘以相应的稀释倍数。

3.4.2.4　方法检出限

按照样品分析的步骤，重复 7 次空白试验，计算 7 次测定结果的标准偏差，按照式（2-4-1）计算方法检出限。前处理中优化得到的两种适宜前处理方式测试的检出限结果见表 2-4-13 和表 2-4-14。

$$MDL = t_{(n-1,0.95)} \times S \qquad (2\text{-}4\text{-}1)$$

式中：MDL——方法检出限；

　　　　n——样品的平行测定次数；

　　　　t——自由度为 n-1，置信度为 95% 时 t 分布，t 值取 3.143；

　　　　S——n 次平行测定的标准偏差。

表 2-4-13　微波消解法方法检出限、测定下限测试数据表

项目	测定结果						
称样量 /g	0.5	0.5	0.5	0.5	0.5	0.5	0.5
测定结果 /（mg/L）	0.046	0.049	0.043	0.049	0.042	0.045	0.05
计算结果 /（mg/kg）	4.6	4.9	4.3	4.9	4.2	4.5	5

项目	测定结果
平均值 / （mg/kg）	4.63
标准偏差 S_i	0.31
t 值	3.143
检出限 / （mg/kg）	1
测定下限 / （mg/kg）	4

表 2-4-14　电热板消解法方法检出限、测定下限测试数据表

项目	测定结果						
称样量 /g	0.5	0.5	0.5	0.5	0.5	0.5	0.5
测定结果 / （mg/L）	0.04	0.042	0.048	0.049	0.045	0.043	0.047
计算结果 / （mg/kg）	4	4.2	4.8	4.9	4.5	4.3	4.7
平均值 / （mg/kg）	4.49						
标准偏差 S_i	0.33						
t 值	3.14						
检出限 / （mg/kg）	1						
测定下限 / （mg/kg）	4						

从表 2-4-13 和表 2-4-14 可以得出，当样品称样量为 0.500 0 g，定容体积为 50.0 ml 时，体系 Mc（微波，硝酸 - 氢氟酸 - 双氧水）消解法的方法检出限 1 mg/kg，测定下限为 4 mg/kg。体系 Ei（电热板，硝酸 - 氢氟酸 - 盐酸 - 高氯酸）消解法的方法检出限为 1mg/kg，测定下限为 4 mg/kg；

3.5　结果计算与表示

3.5.1　结果计算

土壤样品中锰元素的含量 w（mg/kg），按照式（2-4-2）进行计算。

$$w = \frac{(\rho - \rho_0) \times V \times f}{m \times w_{dm}} \qquad (2\text{-}4\text{-}2)$$

式中：w——土壤样品中锰的含量，mg/kg；

ρ——由标准曲线计算所得试样中锰的质量浓度，mg/L；

ρ_0——实验室空白试样中对应锰的质量浓度，mg/L；

V——消解后试样的定容体积，ml；

f——试样的稀释倍数；

m——称取过筛后样品的质量，g；

w_{dm}——土壤样品干物质的含量，%。

3.5.2 结果表示

小数位数的保留与方法检出限一致，结果最多保留 3 位有效数字。

3.6 精密度和准确度

3.6.1 准确度

采用前处理优化中推荐的两种消解方法对 4 种土壤有证标准样品（GSS-9、GSS-16，GSS-4，GSS-5）进行消解，其准确度测定结果见表 2-4-15 和表 2-4-16。

表 2-4-15　微波法测定土壤中锰的准确度数据

Mc	GSS-9	GSS-16	GSS-4	GSS-5
1	440	433	1 338	1 540
2	476	382	1 441	1 444
3	493	408	1 463	1 257
4	499	376	1 426	1 213
5	524	374	1 308	1 128
平均值 /（mg/kg）	486	395	1 395	1 316
真值范围	520±24	436±15	1 420±75	1 360±71
标准值	520	436	1 420	1 360
相对误差 /%	-6.45	-9.45	-1.75	-3.20

表 2-4-16　电热板法测定土壤中锰的准确度数据

Ei	GSS-9	GSS-16	GSS-4	GSS-5
1	501	384	1 256	1 140
2	497	382	1 274	1 128
3	507	366	1 238	1 168
4	508	386	1 260	1 139
5	476	378	1 267	1 134
6	471	362	1 239	1 172
平均值 /（mg/kg）	493	376	1 255	1 147
真值范围	520±24	436±15	1 420±75	1 360±71
标准值	520	436	1 420	1 360.0
相对误差 /%	−5.19	−13.7	−11.6	−15.7

从表 2-4-15 和表 2-4-16 可以看出，采用体系 Mc（微波 硝酸 - 氢氟酸 - 双氧水）测定土壤和沉积物中锰相对误差范围为 −9.45% ～ −1.75%；采用体系 Ei 电热板，硝酸 - 氢氟酸 - 盐酸 - 高氯酸）测定土壤和沉积物中锰的相对误差范围为 −15.7% ～ −5.19%。

3.6.2　精密度

实验室内采用所述的两种前处理方法分别 4 种土壤进行了测定（平行 6 次），其测定结果见表 2-4-17 和表 2-4-18。

实验结果表明，采用体系 Mc（硝酸 - 氢氟酸 - 双氧水 / 微波消解）测定土壤中锰相对标准偏差范围为 4.3% ～ 1.6%；采用体系 Ei（电热板，硝酸 - 氢氟酸 - 盐酸 - 高氯酸）测定土壤中锰的相对标准偏差范围为 9.7% ～ 2.6%。

表 2-4-17　微波法测定土壤中锰的精密度数据

Mc	样 1	样 2	样 3	样 4
1	5 925	7 760	7 910	631
2	5 900	7 815	7 915	634
3	5 745	8 175	7 340	652
4	5 730	8 185	7 330	657
5	6 180	8 565	7 830	642
6	6 175	8 590	7 820	643
平均值 /（mg/kg）	5 943	8 182	7 691	643
标准偏差	198.4	353.8	278.4	10.0
相对标准偏差 /%	3.3	4.3	3.6	1.6

表 2-4-18　电热板法测定土壤中锰的精密度数据

Ei	样 1	样 2	样 3	样 4
1	6 260	7 490	8 180	628
2	6 515	7 705	7 905	683
3	6 265	8 005	6 650	707
4	6 295	7 485	8 200	626
5	6 525	7 700	7 930	679
6	6 265	7 970	6 645	703
平均值 /（mg/kg）	6 354	7 726	7 585	671
标准偏差	129.1	224.6	736.4	35.8
相对标准偏差 /%	2.0	2.9	9.7	5.3

3.6.3　加标回收率

分别采用上述两种消解体系：体系 Ei（电热板，硝酸 - 氢氟酸 - 盐酸 - 高氯酸）和体系 Mc（微波，硝酸 - 氢氟酸 - 双氧水）对实际样品按 1 ～ 2 倍量添加对应的水样进行加标回收测定。测试结果见表 2-4-19 和表 2-4-20。

从表中可以看出，采用 Mc 体系微波消解法用于实际土壤和沉积物中锰的测定加标回收率平均在 96.5% ～ 113%，有较好的准确度。采用 Ei 体系电热板消解法用于实际土壤和沉积物中锰的测定加标回收率平均在 96.0% ～ 116%。

表 2-4-19 微波消解法测定土壤中锰的加标回收率测定数据 单位：mg/kg

Mc	样 1		样 2		样 4	
	x_1	y_1	x_2	y_2	x_3	y_3
1	5 925	11 495	7 760	12 735	631	834
2	5 900	11 500	7 815	12 815	634	828
3	5 745	11 375	8 175	13 415	652	868
4	5 730	11 445	8 185	13 415	657	863
5	6 180	11 835	8 565	13 275	642	811
6	6 175	11 800	8 590	13 205	643	813
$\overline{r,v}$	5 943	11 575	8 182	13 143	643	836
加标量 /（mg/kg）	5 000		5 000		200	
加标回收率 /%	113		99.2		96.5	

表 2-4-20 电热板消解法测定土壤中锰的加标回收率测定数据 单位：mg/kg

Ei	样 1		样 2		样 4	
	x_1	y_1	x_2	y_2	x_3	y_3
1	6 260	10 945	7 490	13 810	628	828
2	6 515	11 340	7 705	13 180	683	904
3	6 265	11 575	8 005	13 600	707	869
4	6 295	10 950	7 485	13 800	626	815
5	6 525	11 300	7 700	13 180	679	897
6	6 265	11 590	7 970	13 525	703	869

Ei	样 1		样 2		样 4	
	x_1	y_1	x_2	y_2	x_3	y_3
γ,V	6 354	11 283	7 726	13 516	671	864
加标量 /（mg/kg）	5 000		5 000		200	
加标回收率 /%	98.6		116		96.0	

3.7 质量保证和质量控制

3.7.1 空白实验

每批样品至少要加 2 个全程序空白。空白值应符合下列的情况之一才能被认为是可接受的：①空白值应低于方法检出限；②低于标准限值的 10%；③低于每一批样品最低测定值的 10%。

3.7.2 标准曲线

由于仪器状态、环境温度、湿度、试剂纯度和贮存时间等因素的不稳定性，每次测定应绘制标准曲线，其线性相关系数应大于 0.999。

3.7.3 平行样品

每 20 个样品或每批次（少于 20 个样品）应分析 1 个平行样，平行样测定结果相对偏差应小于 10%。

3.7.4 标准样品和加标回收率

每 20 个样品或每批次（少于 20 个样品）应分析 1 个土壤标准样品或者进行加标回收率测定，样品数量少于 20 时，应至少测定 1 个标准样品或者加标回收率，以控制样品测定的准确性。测定结果与标准样品标准值的相对误差绝对值应小于 20%。加标回收率范围为 90% ～ 120%。

土壤 锰的测定 火焰原子吸收分光光度法

1 适用范围

本方法规定了测定土壤中锰的原子吸收分光光度法。

本方法适用于土壤中锰的测定。当称取 0.5 g（精确至 0.1 mg）试样消解，定容至 50 ml，方法检出限为 1 mg/kg，测定下限为 4 mg/kg。

2 方法原理

土壤样品采用混合酸全分解的方法，彻底破坏土壤的矿物晶格，使试样中的锰元素全部进入试液。然后，将土壤消解液喷入空气 - 乙炔火焰中。在火焰的高温下，锰化合物离解为基态原子，该基态原子蒸气对锰空心阴极灯发射的特征谱线 279.5 nm 产生选择性吸收。在选择的最佳测定条件下，测定锰的吸光度。通过测量吸光度来测定样品中锰元素的浓度。

3 规范性引用文件

本方法内容引用了下列文件或其中的条款。凡是不注明日期的引用文件，其有效版本适用于本标准。

HJ/T 166　　土壤环境监测技术规范

HJ 168　　　环境监测　分析方法方法研究技术导则

HJ 613　　　土壤 干物质和水分的测定　重量法

4 试剂和材料

本方法所用试剂除非另有说明，分析时均适用符合国家标准的分析纯化学试剂，实验用水为新制备的去离子水或蒸馏水。实验所用的玻璃器皿需先用洗涤剂洗净，再用 1+1 硝酸溶液浸泡 24 h，使用前再依次用自来水、去离子水洗净。

警告：试验中所使用的高氯酸、硝酸具有腐蚀性和强氧化性，盐酸、氢氟酸具有强挥发性和腐蚀性，操作时应按规定要求佩戴防护手套等防护器。微波 / 电热板酸消解的操作过程以及溶液配制需在通风橱内进行。

4.1 盐酸：ρ（HCl）=1.19 g/ml，优级纯。

4.2 硝酸：ρ（HNO_3）=1.42 g/ml，优级纯。

4.3 氢氟酸：ρ（HF）=1.49 g/ml，优级纯。

4.4 高氯酸：ρ（$HClO_4$）=1.68 g/ml，优级纯。

4.5 双氧水：含量30%，优级纯。

4.6 锰标准贮备液：ρ（Mn）=1 000 mg/L

使用市售的标准溶液；或称取 1.000 0 g 预先经稀硫酸（5+95）处理，再用水洗，后用无水乙醇洗净表面的氧化物的金属锰（99.99%）溶解于少量盐酸（优级纯）中，在水浴上蒸干后，加入 5 ml 盐酸，再蒸干。加数滴盐酸和水溶解后，移入 1 000 ml 容量瓶中，加水稀释至标线，摇匀。此溶液含锰 1 000 mg/L。

4.7 锰标准中间液：ρ（Mn）=100.0 mg/L

准确吸取 10.00 ml 锰标准贮备液（4.6）于 100 ml 容量瓶中，加入 1 ml 硝酸（4.2）用超纯水定容至标线，摇匀。

5 仪器和设备

5.1 原子吸收分光光度计。

5.2 乙炔：纯度 >99.999%。

5.3 微波消解装置。

5.4 电热板或石墨消解器：具有温控功能。

5.5 一般实验室常用仪器和设备。

6 样品

6.1 样品采集与保存

按照 HJ/T 166 规定采集及保存土壤样品。采集后的样品保存于洁净的玻璃或聚乙烯容器中，4 ℃以下保存，可以保存 180 d。

6.2 试样的制备

6.2.1 前处理

微波消解：硝酸 - 氢氟酸 - 双氧水体系（Mc 体系）

称取 100 目土壤样品干重 0.1 ～ 0.5 g（精确至 0.000 1 g）。置于微波消解罐内，加 5 ml 浓硝酸、2 ml 氢氟酸和 2 ml 双氧水，按照一定消解条件（表 1）进行消解，消解完后冷却至室温，将消解液转移至 50 ml 聚四氟乙烯烧杯中电热板加热赶酸，温度控制在 180 ℃，蒸至溶液呈黏稠状（注意防止烧干）。取下烧杯稍冷，加入 0.5 ml 浓硝酸，温热溶解可溶性残渣，转移至 50.0 ml 比色管中，冷却至室温后用超纯水定容至标线，摇匀。静置过夜，取上清液稀释适当倍数再上机测试。

电热板或石墨消解：硝酸 - 氢氟酸 - 盐酸 - 高氯酸（Ei 体系）

称取 100 目土壤样品干重 0.1 ～ 0.5 g（精确至 0.000 1 g）。置于聚四氟乙烯坩埚内，加 2 ～ 3 滴水湿润试样。加 10 ml 浓硝酸、2 ml 氢氟酸、2 ml 盐酸和 1 ml 高氯酸，180 ℃加盖消煮约 1 h，揭盖飞硅、赶酸，温度控制在 210 ℃，蒸至溶液呈黏稠状（注意防止烧干）。取下烧杯稍冷，加入 0.5 ml 浓硝酸，温热溶解可溶性残渣，转移至 50.0 ml 比色管中，冷却后用超纯水定容至标线，摇匀。静置过夜，取上清液经适当稀释后再进行测试。

表 1 微波升温程序

	温度 /℃	升温时间 /min	保持时间 /min
1	室温～ 150	7	3
2	150 ～ 180	5	20

6.2.2 试样的保存

消解后试样保存于聚乙烯瓶中，保证试样 pH<2。

349

6.3 试剂空白的制备

用超纯水代替试样，采用和试样制备相同的步骤和试剂，制备空白试验，即全程序试剂空白。

7 分析步骤

7.1 仪器工作条件

各实验室仪器型号不尽相同，最佳测定条件也会有所不同，可根据仪器使用说明书调至最佳工作状态。本标准推荐的仪器工作参数如表 2 所示。

表 2 仪器工作参数

名称	参数
测定波长 /nm	279.5
通带宽度 / nm	1.0
火焰类型	贫燃
灯电流 /mA	7.0

7.2 标准曲线

7.2.1 锰的标准曲线的绘制

准确移取锰标准使用液（4.7）0.00 ml、0.50 ml、1.00 ml、2.00 ml、3.00 ml、5.00 ml 于 100 ml 容量瓶中，用 1% 硝酸（4.2）定容至标线，摇匀，其锰的质量浓度分别为 0.50 mg/L、1.00 mg/L、2.00 mg/L、3.00 mg/L、5.00 mg/L。此质量浓度范围应包括试液中锰的质量浓度。按表 2 中的仪器测量条件由低到高质量浓度顺序测定标准溶液的吸光度。

用减去空白的吸光度与相对应的锰的质量浓度（mg/L）绘制标准曲线。

7.2.2 样品测定

按所选工作条件，测定试剂空白和试样的吸光度。由吸光度值在标准曲线上查得锰含量。如试样在测定前进行了稀释，应将测定结果乘以相应的稀释倍数。

8 结果计算与表示

8.1 结果计算

土壤样品中锰的含量 w（mg/kg）按照式（1）计算：

$$w = \frac{(\rho - \rho_0) \times V \times f}{m \times w_{\mathrm{dm}}} \qquad (2\text{-}4\text{-}2)$$

式中：w——土壤样品中锰的含量，mg/kg；

ρ——由标准曲线计算所得试样中锰的质量浓度，mg/L；

ρ_0——实验室空白试样中对应锰的质量浓度，mg/L；

V——消解后试样的定容体积，ml；

f——试样的稀释倍数；

m——称取过筛后样品的质量，g；

w_{dm}——土壤样品干物质的含量，%。

8.2 结果表示

小数位数的保留与方法检出限一致，结果最多保留 3 位有效数字。

9 精密度和准确度

9.1 精密度

实验室内对 4 种土壤有证标准样品（GSS-9、GSS-16，GSS-4，GSS-5）和 4 种土壤实际样品进行了测定（平行 6 次）。

微波消解法测定土壤中锰相对标准偏差范围为 4.3% ～ 1.6%；电热板法测定土壤中锰的相对标准偏差范围为 9.7% ～ 2.6%。

9.2 准确度

实验室内对 4 种土壤有证标准样品（GSS-9、GSS-16，GSS-4，GSS-5）进行准确度测定（平行 6 次）。

微波法测定土壤中锰相对误差范围为 -9.4% ～ -1.8%；电热板法测定土壤中锰的相对误差范围为 -15.7% ～ -5.2%。

9.3　加标回收率

实验室内对 3 种土壤实际样品按 1 倍量左右添加对应的水标样进行加标回收测定（平行 6 次）。

电热板法实际土壤中锰测定的加标回收率范围为 96.0%～116%；微波法用于实际土壤中锰测定的加标回收率范围为 96.5%～113%。

10　质量保证和质量控制

10.1　空白实验

每批样品至少要带 2 个全程序空白。空白值应符合下列的情况之一才能被认为是可接受的：①空白值应低于方法检出限；②低于标准限值的 10%；③低于每一批样品最低测定值的 10%

10.2　标准曲线

由于仪器状态、环境温度、湿度、试剂纯度和贮存时间等因素的不稳定性，每次测定应绘制标准曲线，其线性相关系数应大于 0.999。

10.3　平行样品

每 20 个样品或每批次（少于 20 个样品）应分析 1 个平行样，平行样测定结果相对偏差应小于 10%。

10.4　标准样品和加标回收率

每 20 个样品或每批次（少于 20 个样品）应分析 1 个土壤标准样品或者加标回收率进行测定，样品数量少于 20 时，应至少测定 1 个标准样品或者加标回收率，以控制样品测定的准确性。测定结果与标准样品标准值的相对误差绝对值应小于 20%。加标回收率范围为 90%～120%。

11　废弃物处理

实验中产生的废弃标准溶液、危险样品、废酸等废料应当回收，置于密闭容器中保存，委托有资质的单位进行处理。

12　注意事项

12.1　实验所用的玻璃器需先用洗涤剂洗净，再用硝酸溶液（1+1）浸泡 24 h，使用前再依次用自来水、去离子水洗净。对于新器皿，应作相应的空白检查后方可使用。

12.2　对所有试剂均应做空白检查。配制标准溶液与样品消解应使用同一瓶试剂。

12.3　实验中所使用的锰标准溶液为有毒化学品，高氯酸、硝酸具有强氧化性，盐酸、氢氟酸具有强挥发性，操作时应按规定要求佩戴防护用品，溶液配制及样品预处理过程应在通风橱中进行操作。

附录 A

土样水分含量测定

A.1　具盖容器和盖子于 105 ℃ ±5 ℃下烘干 1h，稍冷，盖好盖子，然后置于干燥器中至少冷却 45 min，测定带盖容器的质量 m_0，精确至 0.01 g。用样品勺将 10 ～ 15 g 风干土壤试样（100 目）转移至已称重的具盖容器中，盖上容器盖，测定总质量 m_1，精确至 0.01 g。取下容器盖，将容器和风干土壤试样一并放入烘箱中，在 105 ℃ ±5 ℃下烘干至恒重，同时烘干容器盖，置于干燥器中至少冷却 45 min，取出后立即测定带盖容器和烘干土壤的总质量 m_2，精确至 0.01 g。

A.2　以百分数表示的风干土样水分含量 f 按照式（2）计算：

$$f = \frac{(m_1 - m_2)}{(m_2 - m_0)} \times 100 \tag{2}$$